采矿工程技术综合实验指导书

主　编　任高峰
副主编　池秀文　谭　海　张聪瑞
主　审　王玉杰

WUHAN UNIVERSITY PRESS
武汉大学出版社

图书在版编目(CIP)数据

采矿工程技术综合实验指导书/任高峰主编. —武汉:武汉大学出版社,2018.1

ISBN 978-7-307-16020-0

Ⅰ.采… Ⅱ.任… Ⅲ.矿山开采—实验—高等学校—教学参考资料 Ⅳ.TD8 -33

中国版本图书馆 CIP 数据核字(2017)第 067156 号

责任编辑:郭 芳   责任校对:刘小娟   装帧设计:吴 极

出版发行:**武汉大学出版社** (430072 武昌 珞珈山)
        (电子邮件:whu_publish@163.com 网址:www.stmpress.cn)
印刷:虎彩印艺股份有限公司
开本:787×1092 1/16 印张:18.75 字数:442 千字
版次:2018 年 1 月第 1 版 2018 年 1 月第 1 次印刷
ISBN 978-7-307-16020-0 定价:35.00 元

前　言

当前，中国正在实现两大战略升级：一是传统产业向新兴产业的升级；二是传统业态向新业态的升级。这两大战略升级将有效降低国家对煤炭、钢铁、水泥等传统矿产品消费量的需求，对相关专业人才的需求量亦同步减少，但对采矿工程专业人才的综合素质提出了更高的要求。

实验教学作为培养高素质采矿工程专业人才手段的重要组成部分，得到了大家的一致公认。《采矿工程技术综合实验指导书》提出把资源开发、安全技术和空间信息技术作为新的技能增长点，以提高学生适应数字化资源开发和工程预演的能力，突显综合性、创新性以及学科交叉性。本书以能力培养为核心，坚持理论联系实际，培养严谨科学态度，深化理论认识，强化技能训练和工程训练，激发创新意识，促进学生知识、能力和素质协调发展。具体包括：优化四类实验——学科基础性实验、专业技能实验、综合设计性实验和研究创新性实验；实现五个结合——理论教学与实验教学结合，操作实验与虚拟实验结合，宏观观测实验与微观分析实验结合，教学实验与科研实验结合，专业实验与信息化数字手段结合。

本书立足验证、贯通和创新三方面的实验教学层次，将采矿全工艺过程所涉及的相关课程进行贯通，每一个实验都与前面的实验部分相关联，每项实验资料都尽量以前面的实验材料和数据为依据。而每个部分又涵盖三个层面：一是基本理论方法验证，二是综合贯通实验，三是研究创新性实验。

本书分为5个部分共12章，第1部分为地质与岩石力学实验，第2部分为采矿工艺设计实验，第3部分为矿井通风实验，第4部分为矿山检测和监测技术，第5部分为矿山数字化及仿真实验。

本书由武汉理工大学任高峰担任主编，池秀文、谭海、张聪瑞担任副主编，湖北名师、武汉理工大学王玉杰教授主审。参加编写的人员还有武汉理工大学陈先锋，武汉工程大学柴修伟副教授，武汉理工大学陈东方讲师、黄刚讲师。

由于编者水平有限，书中难免存在不当和错误之处，恳请读者批评指正。

编　者

2017 年 10 月

目　　录

第 1 部分　地质与岩石力学实验

第 2 部分　采矿工艺设计实验

第 3 部分　矿井通风实验

第 4 部分　矿山检测和监测技术

第5部分　矿山数字化及仿真实验

数字资源目录

第1部分

地质与岩石力学实验

1　主要造岩矿物和岩石的认识与鉴定

三大类岩石的认识与鉴定

1.1　三大类岩石的认识与鉴定

1.1.1　定义

岩石是在各种地质作用下由一种或多种矿物组成的集合体。不同地质作用形成的岩石,在产状、结构和构造以及矿物组合上都有其不同特征。所以在对岩石进行鉴定和研究的时候,必须广泛地使用野外地质学的方法,如地质制图、剖面测制、重点露头详细研究、采集各种类型的标本及样晶等。此外,在室内也应广泛使用各种测试技术和实验岩石学的方法,如偏光显微镜、油浸法、弗氏台X光法、化学分析法、差热分析法、电子显微镜法等,以对岩石样晶进行更深入、细致的观察和分析研究。

1.1.2　实验目的和要求

① 了解三大类岩石的主要特征(矿物成分、结构和构造)。
② 掌握肉眼观察、鉴别岩石的方法,并能够认识其中一些有代表性、与工程有关的岩石。

1.1.3　实验仪器与设备

由于本章主要侧重肉眼鉴别方法,因此只需要小刀、放大镜、地质锤、地质罗盘、稀盐酸等。

1.1.4　三大类岩石概述与鉴定

1.1.4.1　岩浆岩

1.岩浆岩的一般特征

岩浆岩是岩浆作用过程中由熔融状态的岩浆在地壳的不同部位冷却而成的。因此,岩浆岩本身具有与其成因相联系的特点,据此可与其他两大类岩石区分开来。这些特点可以从岩浆岩的产状、矿物成分、结构和构造等方面反映出来。

(1)岩浆岩的产状。

侵入岩(在地壳内冷却的)常见的产状有:岩基、岩株、岩墙、岩盘、岩床、岩脉等。

喷出岩(在地表面冷却的)有的可成层状,但岩体中无化石可与沉积岩区别。

岩浆岩的产状,需在野外观察,在室内只能通过地质图和模型来加以了解。

(2) 岩浆岩的矿物成分。

组成岩浆岩的矿物最主要的是石英、正长石、斜长石、云母、角闪石、辉石和橄榄石等原生的硅酸盐类矿物。这些矿物在岩浆岩类各种岩石中的组合具有一定规律,且规律与 SiO_2 的含量有关。

① 当 SiO_2 含量很多(达 65%～75%)时,才出现石英,与其共生的矿物主要为正长石和云母,而无橄榄石,为酸性岩类。

② 当 SiO_2 含量很少(小于 45%)时,才出现橄榄石,与其共生的矿物主要为辉石或角闪石,而无石英,其为超基性岩类。

③ 当 SiO_2 含量为上述两类之间时,有两种情况:一种是 SiO_2 含量为 52%～65% 时,主要是斜长石和角闪石共生在一起,石英偶尔可见,其为中性岩类;另一种是 SiO_2 含量为 45%～52% 时,主要是斜长石与辉石共生在一起,橄榄石偶尔可见,其为基性岩类。

由此可见,在一块岩石中,往往主要矿物只有两三种。因此,肉眼认识矿物对于鉴定岩石往往具有很重要的意义。

组成岩浆岩的主要矿物,按颜色分为深色、浅色矿物两类。浅色矿物如石英、正长石、斜长石等,深色矿物如橄榄石、辉石、角闪石、黑云母等。颜色是化学成分在矿物上的客观反映,浅色的主要由钾、钠、钙的铝硅酸盐和二氧化硅组成,称之为硅铝质矿物;深色的主要由铁、镁的硅酸盐组成,称之为铁镁质矿物。自酸性岩类到超基性岩类其组成矿物的特点是:浅色矿物越来越少而深色矿物越来越多。

(3) 岩浆岩中常见的结构。

矿物的结晶程度,颗粒的形状、大小及矿物之间的组合关系,称之为岩浆岩的结构。常见的结构有下列几种:

① 按岩石中矿物的结晶程度划分。

a. 显晶质结构。岩石中全部由显晶质且颗粒大小大致相等的矿物镶嵌而成的结构。显晶质结构也称粒状结晶结构,常见于侵入岩岩体中。一般颗粒粒径都大于 0.5 mm,按照颗粒大小可进一步划分为如下几种。

● 粗粒结构:矿物粒径大于 5 mm;
● 中粒结构:矿物粒径 2～5 mm 之间;
● 细粒结构:矿物粒径 0.2～2 mm 之间。

在自然界中,经常可以见到上述结构的过渡型结构,如中粗粒结构、中细粒结构等。

b. 隐晶质结构。岩石中全由结晶颗粒直径小于 0.2 mm 的矿物组成的结构,肉眼观察时可隐隐约约地见到少量颗粒状的矿物,但不可辨认其成分。这种结构常见于喷出岩及少数侵入岩中。

c. 玻璃质结构。岩石中全由未结晶的物质组成的结构,这是由于岩浆迅速冷凝而形成的,故为喷出岩所特有的结构。

显晶质结构和隐晶质结构也称全晶质结构,玻璃质结构也称非晶质结构。

② 按晶粒的大小及均匀程度划分。

a. 等粒结构。岩石中矿物颗粒大小近似相等的结构。根据晶粒的相对大小还可细分为如下几种。

- 巨粒结构：粒径大于 10 mm；
- 粗粒结构：粒径 5～10 mm；
- 中粒结构：粒径 1～5 mm；
- 细粒结构：粒径 0.1～1 mm；
- 微粒结构：粒径小于等于 0.1 mm。

b. 不等粒结构。岩石中矿物颗粒大小不相等的结构。由于岩石在结晶过程中，不同矿物的结晶速度和程度不同，因而形成矿物的晶粒大小也有所不同，大的、结晶完好的矿物称斑晶；小的称基底。如果基底为非晶质（玻璃质），则称为斑状结构；如果基底为显晶质，则称为似斑状结构。

（4）岩浆岩中常见的构造。

岩浆岩的各种组分在岩石中的排列方式或充填方式所反映出的特征，称为岩浆岩的构造。常见的构造有下列几种：

① 块状构造。岩石中的各种矿物无定向排列、均匀分布称为块状构造。块状构造为侵入岩常见的构造，如花岗岩等。

② 流纹状构造。岩石中的板状、柱状矿物定向排列或不同颜色的物质成分呈波纹带状分布称为流纹状构造。这是岩浆冷却前流动所形成，经冷却后而保留下来的现象，其为喷出岩中常见的构造。

③ 气孔状构造和杏仁状构造。岩石中分布着大小不同而呈圆形或椭圆形空洞，称为气孔状构造；当气孔被外来物质充填后称为杏仁状构造。

气孔状构造是岩浆中未逸出的气体所占的空间位置，当岩浆冷却后便形成空洞。杏仁状构造充填物常为硅质。气孔状构造和杏仁状构造是喷出岩特有的构造，在玄武岩中常见到。

2. 肉眼鉴定岩浆岩的方法和步骤

肉眼鉴定岩浆岩的主要依据是组成岩石的矿物成分、结构和构造特征，一般可遵循下列步骤来进行观察、鉴定。

① 观察岩石的颜色，因为它往往能反映岩石的矿物组成特征，并据此可初步确定其所属的大类（酸性、中性、基性和超基性岩类）。一般情况下，颜色较浅者为酸性或中性岩类，而颜色较深者为基性或超基性岩类。

在观察岩石的颜色时，要注意它的总体颜色，可从较远的距离来观察，并要观察新鲜面的颜色，对风化面的颜色也要注意。

② 观察岩石中主要的矿物成分，从而可确定其属于哪一大类。

在观察矿物成分时，对岩石中的矿物必须认真观察、鉴定。由于组成岩石的矿物常常呈镶嵌较紧的粒状，且颗粒较小，因此比单个矿物的鉴定要困难一些，常要借助于放大镜才能看得清楚。鉴定矿物时，应抓住各种矿物最主要的特点，如利用岩石中见到的矿物颜色的深浅,可以把浅色矿物和深色矿物分开,这样就把鉴定的范围缩小了。然后利用其他特点作进一步区分。如石英,呈粒状,有油脂光泽、无解理等,可与板柱状、玻璃光泽、有两组解理的长石相区别。正长石和斜长石又可根据它们各自具有的个体形状,并参考它们各自的颜色(正长石常为肉红色、斜长石常为灰白色)相区别。黑云母呈片状,且硬度小,用小刀可剥成小片,由此可与角闪石、辉石相区别。角闪石与辉石的区别在于,角闪石常呈长柱状,横断面呈菱形,有两组斜交解理;辉石常呈短柱或粒状,呈短柱状者横断面近于方形,两组解理近于直交。橄榄石则常呈粒状,无解理,有贝壳状断口。这样主要的矿物就可以区分开了。此外,利用矿物的共生组合规律也可以帮助我们鉴定岩浆岩中各种矿物。

③ 观察岩石的结构和构造特征。当我们观察、鉴定矿物时知道岩石所属的大类之后,接着观察岩石的结构和构造特征,从而确定其属于侵入岩还是喷出岩,这样就可以定出岩石的具体名称。构造比较好确定,只要岩石中各组分均匀分布,无定向排列都属于块状构造。若岩石中有流动的痕迹则属于流纹状构造,而气孔状构造和杏仁状构造的特征很容易识别。

在观察结构时,着重矿物颗粒的相对大小及其组合关系。若岩石中矿物全部结晶,颗粒大小又比较均匀,可确定为粒状结晶结构;若矿物大小很明显地分为两群,可确定为斑状结构。对粒状结晶结构中颗粒的大小、斑状结构中斑晶的数量的多少都要估计并描述。

另外,由于喷出岩冷却较快,矿物结晶颗粒一般都很小,甚至是非晶质的。因此,很难从岩石的颜色和矿物的成分划分出其所属的岩类。鉴定喷出岩主要是根据结晶的斑晶成分,并结合岩石的结构、构造等特点加以鉴别。例如斑晶为长石、石英,基质为隐晶质或玻璃质,具有流纹状构造时为酸性喷出岩——流纹岩;具有细粒结构或斑状结构,气孔状构造或杏仁状构造的常为基性喷出岩——玄武岩。

最后,综合所见到的特征,确定岩石的名称并进行描述。

3. 认识几种最常见的岩浆岩

依据 SiO_2 的含量可以将岩浆岩分为酸性岩、中性岩、基性岩和超基性岩。但其在地壳中冷却的部位又有侵入和喷出之分,因此各类岩石的种类是较多的。现将常见的各种岩浆岩的特征简介如下:

(1) 酸性岩类。

花岗岩:颜色较浅,多为肉红色,有时为灰白色,矿物成分主要为石英、正长石和斜长石。此外,还有黑云母、角闪石等次要矿物,石英含量大于 20%,具有粗粒结晶结构,块状构造。

花岗斑岩:颜色、矿物成分和构造与花岗岩一致,但具斑状结构,斑晶为石英、长石或少量暗色矿物,基质常为细粒或隐晶质。

流纹岩:颜色与花岗岩类似,但有的为紫红色,矿物成分与花岗岩相同。多为斑状结构。斑晶较小为细粒的石英和透长石(为无色透明的正长石),基质为隐晶质或玻璃质,具流纹状构造。

(2) 中性岩类。

闪长岩:颜色呈灰色、灰绿色。矿物主要有斜长石和角闪石、正长石,黑云母为次要矿物,偶尔出现石英,粒状结晶结构,块状构造。

闪长玢岩：主要特点与闪长岩相同，但具斑状结构，斑晶为斜长石、角闪石等，基质为细粒或隐晶质。

安山岩：颜色呈灰色、灰绿色、紫红色等颜色，具斑状结构，斑晶为斜长石、角闪石，有时可见辉石或黑云母，角闪石、黑云母多呈红褐色，这是由于岩浆喷出时矿物组分中二价铁氧化为三价铁，基质为隐晶质或玻璃质。

（3）基性岩类。

辉长岩：颜色呈灰黄色、暗绿色，矿物主要为斜长石和辉石。此外，可有角闪石、黑云母和橄榄石，常为中粒结晶结构，块状构造。

辉绿岩：颜色、成分和构造与辉长岩相同。常具辉绿结构。辉绿结构的特征：斜长石结晶程度好（自形较好），组成格架，而辉石或橄榄石结晶程度差（半他形）充填于格架间。在岩石新鲜面上可见闪亮的斜长石，长条状小晶体呈交叉分布，在风化面上，斜长石风化为土状而显白色，这种结构更清晰可见。当岩石具斑状结构，斑晶为斜长石、辉石等矿物，则称为辉绿玢岩。

玄武岩：颜色呈黑色、黑绿色、褐灰色等色，有时为暗紫色，矿物成分与辉长岩相同。常为细粒结晶结构或隐晶质结构，有时为斑状结构，斑晶为斜长石、辉石或橄榄石（风化变为棕红色、解理发育的伊利石）。除具块状构造外，常可见有气孔状构造和杏仁状构造，因此，这常作为识别玄武岩的标志。

（4）超基性岩类。

橄榄岩：颜色为暗绿色或黄绿色，矿物主要为橄榄石、辉石（橄榄石含量大于 25%）。其次有角闪石等，若岩石几乎全由橄榄石组成，称纯橄榄岩；当含磁铁矿较多时，可称为含矿橄榄岩。该岩石常发生次生变化，变为蛇纹石化橄榄岩或蛇纹岩（变质岩的一种）。

（5）其他。

黑耀岩：为火山玻璃岩（火山喷出的熔浆因迅速冷却来不及结晶而形成的具玻璃质结构的岩石）中的一种岩石，常为褐黑色或黑色，致密块状，具玻璃光泽和贝壳状断口。

浮岩：为火山玻璃岩中的一种岩石，常为白色或灰色，具气孔状构造，常因比重小于 1 而浮于水中。

岩浆岩分类见表 1-1。

岩浆岩分类表

表1-1

项目	超基性岩 钙碱性 橄榄岩-苦橄岩类	超基性岩 偏碱性 金伯利岩类	超基性岩 过碱性 霓霞岩-霞石岩类	超基性岩 过碱性 碳酸岩类	基性岩 钙碱性 辉长岩-玄武岩类	基性岩 碱性 碱性辉长岩-碱性玄武岩类	基性岩 过碱性	中性岩 过碱性 闪长岩-安山岩类	中性岩 钙碱性-碱性 正长岩-粗面岩类、二长岩-粗安岩类	中性岩 过碱性 霞石正长岩-响岩类	酸性岩 钙碱性 花岗岩-流纹岩类	酸性岩 碱性 碱性花岗岩-碱性流纹岩类
SiO_2 (m%)	38~45（<45）	20~38	38~45	<20	45~53	45~53	45~53	53~66	53~66	53~66	>66	>66
K_2O+Na_2O (m%)	<3.5	<3.5	>3.5	>3.5	平均3.6	平均4.6	平均7	平均5.5	平均9	平均14	平均6~8	平均6~8
δ					<3.3	3.3~9	>9	<3.3	3.3~9	>9	<3.3	3.3~9
石英含量 (V%)	不含	不含	不含	不含	不含	不含或少含	不含	<20	<20	不含	>20	>20
似长石含量 (V%)	不含	不含	含量变化大	可含	不含	不含或少含	>5	不含	不含	5~50	不含	不含
长石种类及含量	不含或含少	不含或含少	可含少量碱性长石	可含少量碱性长石	以基性斜长石为主	以碱性斜长石为主,也可有中,更长石	以碱性斜长石为主,也可有中,更长石	中性斜长石,可含碱性长石	以酸性长石为主,可含中性长石	碱性长石	碱性及中酸性斜长石	碱性长石
色率	>60	>60	30~90	30~90	40~10	40~10	40~10	15~40	15~40	15~40	<15	<15
代表性岩石：深成岩（全晶质、中粗粒、似斑状）	纯橄榄岩、橄榄岩、二辉橄榄岩、辉石岩	金伯利岩	霓霞岩、磷霞岩	碳酸岩	辉长岩、苏长岩、斜长岩	碱性辉长岩		闪长岩	正长岩、二长岩	霞石正长岩	花岗岩、花岗闪长岩	碱性花岗岩
代表性岩石：浅成岩（全晶质、细中粒、斑状）	苦橄玢岩	金伯利岩	霓霞岩、磷霞岩	碳酸熔岩	辉绿岩、辉绿玢岩	碱性辉绿岩	碱性辉绿玢岩	闪长玢岩	正长斑岩、二长斑岩	霞石正长斑岩	花岗斑岩、花岗闪长斑岩	霓细花岗岩
代表性岩石：喷出岩	苦橄岩、玻基纯橄岩、玻基辉橄岩、科马提岩	玻基辉橄岩	霞石岩	碳酸熔岩	拉斑玄武岩、高铝玄武岩	碱性玄武岩	碱玄岩、碧玄岩、白榴岩	安山岩	粗面岩、粗安岩	响岩	流纹岩、英安岩	碱性流纹岩、碱流岩

注：脉岩、火山碎屑岩未列入表内。

1.1.4.2 沉积岩

1.沉积岩的一般特征

（1）沉积岩矿物组分特征。

组成沉积岩的矿物有一百余种，但常见的只有二十余种，它们可以分为两大类：一类是碎屑矿物，即由原岩经机械破碎的矿物碎屑。常见的有较稳定的石英，其次是长石、云母等。另一类为自生矿物，即沉积岩形成过程中新生成的矿物，常见的有方解石、白云石、海绿石、黏土矿物（如高岭石等）、石膏、岩盐和有机质如煤等。

（2）沉积岩中常见的结构。

沉积岩的结构是指沉积岩各组成部分的形态、大小及结合方式，常见的结构有以下几种。

① 碎屑结构。为沉积的碎屑物（岩石和矿物碎屑）通过胶结物（主要有钙质、铁质、硅质和泥质等）黏结起来。它包括碎屑颗粒的大小、形态、分选性等。碎屑颗粒的大小（又称粒径）是碎屑岩分类的重要依据之一。常见的粒级划分如下：

- 粒径大于 2 mm 的称为砾；
- 粒径 0.05～2 mm 的称为砂；
- 粒径 0.005～0.05 mm 的称为粉砂；
- 粒径小于 0.005 mm 的称为黏土。

其中，砂可再细分为：

- 巨粒砂，粒径为 1～2 mm；
- 耀粒砂，粒径为 0.5～1 mm；
- 中粒砂，粒径为 0.25～0.5 mm；
- 细粒砂，粒径为 0.05～0.25 mm。

按照粒径的大小可将碎屑结构分为砾状、砂状和粉状碎屑结构等。

② 泥质结构。为颗粒直径小于 0.005 mm 的碎屑或黏土矿物所组成的结构。一般肉眼无法分辨颗粒大小，外表呈致密状，为黏土岩常具有的特征。

③ 结晶结构。为结晶的自生矿物镶嵌而成，为化学岩常具有的结构。按结晶颗粒的大小，又可分为如下几种。

- 粗的结构：粒径大于 2 mm；
- 中的结构：粒径 0.5～2 mm；
- 细的结构：粒径 0.1～0.5 mm。

对结晶颗粒小到肉眼无法分辨者，可描述为致密结构。

④ 生物碎屑结构。岩石中会有较多的生物遗体或生物碎片，此为生物化学岩所特有的结构。

（3）沉积岩中常见的构造。

沉积岩的构造是由沉积物质在成分和结构上的不均一性而引起的岩石宏观上的特征，在沉积岩中常见的有：

① 层理构造。这是沉积岩中由于物质成分、颗粒大小或颜色等方面的不同，而在垂直方向上显示出来的成层现象。

按层理的形态可分为:
- 水平层理;
- 交错层理;
- 斜层理。

有些沉积岩因层理厚度较大,在一块标本上不能反映出它的成层现象,所以必须综合野外观察。

② 层面构造。表现在岩层层面上的构造特征。常见的层面构造有波痕、泥裂、雨痕、足迹等。

③ 结核构造。在岩石中呈不规则或圆球形,而其成分与周围岩石的成分有明显不同。这种现象称为结核。如灰岩中的燧石结核。

④ 化石构造。为保留在岩石层中古代生物的遗体和遗迹。它为沉积岩所特有,是确定地层时代和沉积物形成环境的重要依据。

(4) 沉积岩的产状。

沉积岩分布于地球表部,呈层状或透镜。沉积岩的这种空间产出状态被称为沉积岩的产状。一般通过岩层的走向、倾向和倾角来确定,野外常见。

2. 肉眼鉴定沉积岩的方法和步骤

(1) 沉积岩的分类及主要特征。

沉积岩按其成因和组成物质可分为碎屑岩、黏土岩、化学岩及生物化学岩。现分述如下。

① 碎屑岩类:在内外地质作用过程中形成的碎屑物质以机械方式沉积下来,通过胶结而成的一类岩石,除沉积碎屑岩外,也包括火山碎屑岩。

沉积碎屑岩的碎屑物质来自母岩,是外动力地质作用的产物。按其粒径及其含量可分为砾岩、砂岩等。

a. 砾岩,为沉积的砾石经压固胶结而成的岩石,碎屑物中岩屑较多,砾石多为岩石碎块(可为多矿物组成的岩块,也可为单矿物岩块,如石英)。一般砾石含量大于 50%,依砾石的形状又可分为如下两种。
- 角砾岩:砾石棱角明显;
- 砾岩:砾石经磨蚀而具有一定的磨圆度。

b. 砂岩,为沉积的砂粒经压固胶结而成的岩石,其新鲜面的颜色主要取决于成分,多具较明显的层理构造,砂状碎屑结构,其中砂状碎屑结构按粒径还可进一步划分为粗粒碎屑结构、中粒碎屑结构、细粒碎屑结构和粉砂状碎屑结构,并根据这些结构特征分别命名为粗砂岩、中粒砂岩、细砂岩和粉砂岩。

砂岩的组分主要是石英和长石的矿物碎屑、岩屑。按照其成分及含量,又将砂岩分为如下类型,见表 1-2。

表 1-2　　　　　　　　　　　　　　　　　　　沉积岩分类简表

岩类		结构	岩石分类名称	主要亚类
碎屑岩类	火山碎屑岩	碎屑结构	火山集块岩	主要由粒径大于 100 mm 的熔岩碎块、火山灰尘等经压固胶结而成
			火山角砾岩	主要由粒径为 2～100 mm 的熔岩碎屑、晶屑、玻屑及其他碎屑混入物组成
			凝灰岩	由 50% 以上粒径小于 2 mm 的火山灰组成,其中有岩屑、晶屑、玻屑等细粒碎屑物质
	沉积碎屑岩		砾岩	角砾岩,由带棱角的胶粒胶结而成; 砾岩,由浑圆的砾石经胶结而成
			砂岩	石英砂岩,石英含量大于 90%,长石和岩屑小于 10%; 长石砂岩,石英含量小于 75%,长石含量大于 25%,岩屑含量小于 10%; 岩屑砂岩,石英含量小于 75%,长石含量小于 10%,岩屑含量大于 25%
			粉砂岩	主要由石英、长石的粉、黏粒及黏土矿物组成
黏土岩类		泥质结构粒径小于 0.005 mm	泥岩	主要由高岭石、微晶高岭石及水云母等黏土矿物组成
			页岩	黏土质页岩,由黏土矿物组成; 凝质页岩,由黏土矿物及有机质组成
化学岩及生物化学岩类		结晶结构及生物结构	石灰岩	石灰岩,白云石含量大于 90%,黏土矿物含量小于 10% 泥灰岩,方解石含量 50%～75%,黏土矿物含量 25%～50%
			白云岩	白云岩,白云石含量 90%～100%,方解石含量小于 10%; 灰质白云岩,白云石含量 50%～75%,方解石含量 25%～50%

（表中第一列结构列的具体行分布：粒径大于 100 mm；粒径 2～100 mm；粒径小于 2 mm；砾状结构粒径大于 2 mm；砂质结构粒径 0.06～2.00 mm；粉状结构粒径 0.005～0.05 mm）

火山碎屑岩是由火山喷出的碎屑物质沉积而成,火山喷出的碎屑含量大于 50%。火山碎屑岩为沉积岩与岩浆岩的一种过渡类型,常见的有如下类型。

● 火山集块岩:多数碎屑粒径大于 100 mm;

● 火山角砾岩:多数碎屑粒径介于 2～100 mm 之间;

● 凝灰岩:多数碎屑粒径小于 2 mm。

② 黏土岩类:主要由黏土矿物和粒径小于 0.005 mm 的碎屑物组成,泥质结构,层理构造,若层理极薄经风化或锤击可破裂成碎片,有层理构造的黏土岩叫页岩。

③ 化学岩及生物化学岩类:由化学方式或在生物参与作用下沉积形成的岩石。主要由岩盐类矿物(如方解石、石膏等)和生物遗体组成。有结晶结构或生物碎屑结构,层理构造。根据其成分及结构可进一步划分命名,如鳞状灰岩、竹叶状灰岩、白云质灰岩,含海绿石鳞状灰岩、贝壳灰岩、礁灰岩等。

（2）肉眼鉴定沉积岩的具体方法和步骤。

肉眼鉴定岩石是进一步鉴定岩石（如在显微镜下鉴定等）的基础。肉眼鉴定沉积岩的方法和步骤如下：

① 根据产状、组成物质成分、结构、构造等鉴定岩石属于哪一大类岩石。

② 鉴定岩石的结构类型。

③ 根据鉴定的岩石的所属碎屑结构，按粒径大小及其含量进一步区分。确定碎屑颗粒大小的方法是直接与已知标准作比较或者将颗粒放在坐标方格纸上，通过毫米格来对比。定名时，一般以含量大于50%者作为命名的基本名称。含量介于25%～50%之间者以"××质"表示；含量25%以下者以"含××"表示。例如，某岩石中碎屑颗粒砂级含量为80%左右，砾级为20%左右，根据上述原则和相应数量，可将该岩石命名为含砾砂岩。

④ 除碎屑外，还要对胶结物成分作鉴定。一般可通过岩石中胶结物的颜色、岩石的坚实程度、化学特征等来综合鉴定。铁质胶结物多为红色、褐色或黄褐色；钙质胶结物硬度较小（小刀可刻划），滴盐酸起泡并发出"嘶嘶"之声；泥质胶结的岩石较疏松；硅质胶结物硬度大（小刀刻不动），岩石坚硬，为了反映胶结物的特点，有时它也参加岩石命名（如钙质胶结砂岩）。

⑤ 对碎屑岩碎屑颗粒形态进行鉴定描述。除砾岩外，碎屑形态特点一般不参加岩石命名。

⑥ 组成岩石的物质成分鉴定，分两种情况：

a. 对于砂级碎屑岩、化学岩、生物化学岩及黏土岩，主要是鉴定其矿物成分及它们的数量，用肉眼鉴定矿物的方法，首先确定矿物的种类（如利用矿物的形态、颜色、光泽、解理、硬度、断口等特征），然后在岩石标本的一定范围内估算各组分占总组分含量的百分比，并由此考虑岩石的名称（如长石砂岩、白云质砂岩等）。

b. 对于含岩屑较多的岩石（如砾岩等），就应鉴定其中组成砾石的岩石种类，并注意含各类岩石的含量百分比。

⑦ 岩石构造的鉴定：应注意结合野外或模型来观察确定岩石的构造类型（层理、层面），有些构造特征也可参加岩石命名（如黄绿页岩、透镜状灰岩等）。

⑧ 岩石颜色的描述：岩石颜色的描述中应注意区别新鲜面与风化面的颜色，并分别描述它。由于岩石往往是由多种不同颜色的矿物组成的，因此要求描述岩石的总体颜色，即各种矿物的综合颜色，而不是指某一矿物的颜色，在描述用词上，通常是次要颜色写前，主要颜色写于后（如褐黄色则表示以黄色为主，略带褐色）。

1.1.4.3　变质岩

1. 变质岩的一般特征

变质岩是变质作用的产物。变质作用有两个最主要的特征：一个是这种作用表现在已经形成的岩石基本是固态状态下变化的；另一个它表现为由低温到高温的不断升温的过程，影响变质作用的主要因素是温度、压力和化学活动性流体，正因为如此，变质作用的特点必将反映到其产物即变质岩的一系列特征上。下面简要介绍肉眼能够直接观察到的变质岩的基本特征。

（1）变质岩的矿物成分。

组成变质岩的矿物成分可分为两部分，一部分是岩浆岩、沉积岩都有的矿物（如石英、长石、云母、角闪石等），但不同的是它们的颗粒较原先的大（因经过重结晶作用）或者矿物本身表现有压碎、扭歪、拉长等现象（因经受压力作用）；另一部分常常为变质岩所特有的矿物，即主要为变质作用过程中所形成的矿物（如红柱石、阳起石、石榴子石、石墨、滑石等），有的沉积岩中虽然也可以有石榴子石矿物，但它不是沉积岩中的自生矿物，而是由含石榴子石的变质母岩经风化、剥蚀、搬运再沉积后保留下来的一种矿物。

（2）变质岩中常见的结构。

组成变质岩的矿物的粒径、形态和它们之间的相互关系称为变质岩的结构。肉眼常见的有如下几种结构类型。

① 变余结构，为变质岩中所保留的原岩结构（如变余碎屑结构、变余斑状结构等）。变余结构常见于变质轻微的岩石中，可借此了解遭受变质作用前的岩石性质。

② 变晶结构，为岩石在变质作用过程中重结晶所形成的结构。它为变质岩中最主要的一种结构，按照矿物颗粒的大小，可将变晶结构划分为如下三种。

● 粗粒变晶结构：粒径大于 3 mm；

● 中粒变晶结构：粒径 1～3 mm；

● 细粒变晶结构：粒径小于 1 mm。

按矿物的形态可将变晶结构分为如下四种。

① 粒状变晶结构：岩石主要由粒状矿物（如石英、方解石等）所组成，无明显的定向排列，如石英岩、大理岩等常见于此种结构。根据矿物颗粒的相对大小又可继续分等粒、不等粒及斑状变晶结构（如某些矽卡岩）。

② 鳞片变晶结构：由片状矿物（如云母、绿泥石等）所组成并具有定向排列的一种结构。如绿泥石片岩即表现出这种结构。

③ 片状变晶结构：主要由长支柱状矿物所组成，并具定向排列或放射状、束状的特点。多见于角闪片岩、阳起石片岩中。

④ 碎裂结构：组成岩石的矿物在定向压力作用下发生破碎、裂开或移动等所形成的结构，在动力变质岩中常见。

此外，变质岩中常见有交代结构等，类型较多，但多为微观现象。

（3）变质岩中常见的构造。

变质岩中各种矿物的空间分布和排列等特点称为变质岩的构造。按照成因将其分为变余构造、变成构造、混合岩化构造等三类。这里着重介绍变成构造，即变质过程中所形成的构造。变成构造类型如下：

① 板状构造，又称劈理构造。其特征为岩石中的矿物晶粒小（肉眼无法辨认）或非晶质呈致密而平整的板状，且易劈成厚度较为均匀的薄板。这种构造在低级区域变质岩中常见，是强应力、低温条件下形成的构造。

② 千枚状构造。矿物已初步定向排列，但重结晶不强烈，矿物颗粒肉眼还不能分辨，仅在片理面上见有弱丝绢光泽，有时见许多小皱纹，此种构造常见于千枚岩中。

③ 片理状构造。岩石主要由云母、绿泥石及角闪石等片状、柱状矿物平行排列连续成层状,其粒径较千枚岩的矿物粗。这是片岩所特有的构造。

④ 片麻状构造。岩石主要由粒状矿物组成,而片状、柱状矿物是定向排列连续分布于粒状矿物之间。如片麻岩即具此构造。

⑤ 块状构造。岩石中的矿物成分和结构都很均匀,无定向排列,如石英岩、大理岩及部分矽卡岩等都具这种构造。

(4) 变质岩的产状。

变质岩的产状取决于原岩的产状与变质作用的类型,一般情况是接触变质的变质岩常呈环带状分布,动力变质岩常呈狭长的条带状分布,区域变质岩常呈大面积的层状或厚层的块状分布。

2. 肉眼观察变质岩的具体方法和步骤

(1) 区别常见的几种变质岩的构造(如板状、千枚状、片状、片麻状等)。首先直接观察结晶颗粒大小,肉眼不易分辨的可能属板状、千枚状。然后进一步观察破裂面的特点(对肉眼不易分辨颗粒者)。若破裂面光滑平整,易劈成厚度均匀的薄板状则为板状构造岩石,片理面上有强烈的丝绢光泽而且有许多明显的小皱纹则为片理构造。对片理和片麻理的区分,首先观察矿物的形态特点,然后注意定向排列的连续性。若由片状或柱状矿物所组成,但呈连续分布则为片理构造;反之,若以粒状矿物为主,片状、柱状矿物定向排列,但不连续成层,则为片麻构造。若岩石全部由粒状矿物组成,不显定向性,则可定为块状构造。

(2) 在观察结构时,除了认识前面介绍过的几种结构类型外,由于变质岩中矿物组成既有粒状,又有片状、柱状或纤维状,在这种情况下其结构可按主次综合描述。如片麻岩主要由长石、石英的粒状矿物组成,并有少量的片状矿物(黑云母)或粒状矿物(角闪石)。片状、粒状矿物又呈定向但不连续的排列,其结构特征可描述为鳞片粒状变晶结构。

(3) 除了观察岩石的结构、构造外,对其矿物成分必须作出准确的鉴定,并目测各种矿物的含量,方法同前所述。要注意变质矿物的形态和物理性质的特征,如石榴子石、阳起石、绿泥石、绿帘石等。

(4) 观察变质岩的颜色也要注意其总体和新鲜面的颜色。然后,根据分类命名原则,确定所要鉴定的岩石名称。

3. 认识几种常见的变质岩

变质岩种类繁多,这里只介绍几种常见的变质岩。

(1) 板岩,板理构造,基本为原岩的结构,没有明显的重结晶现象,原岩一般为泥质、砂质岩石。它是属于变质程度较低的一类岩石。根据颜色或所含杂质可进一步划分命名。如黄绿色板岩、碳质板岩、凝灰质板岩等。

(2) 千枚岩,千枚构造,一般为细鳞片变晶结构,矿物成分以绢云母、石英为主,原岩基本同上,变质程度属中低级,进一步命名可按其颜色、所含特征变质矿物及其他杂质来进行。如银灰色千枚岩、钙质千枚岩、硬绿泥石千枚岩等。

（3）片岩，有特征的片状构造，鳞片变晶结构或斑状变晶结构，片状或柱状矿物占 1/2 左右或更多，浅色粒状矿物中石英含量大于长石，详细命名方式为"特征变质矿物＋主要的片状或柱状矿物＋片岩"。如十字石黑云母片岩、绿泥石片岩等。

（4）片麻岩，片麻构造，中粗粒鳞片粒状变晶结构，其中石英质矿物占 1/2 左右或更多。一般长石含量大于石英。这类岩石进一步分类命名的方式是"特征矿物＋主要的柱状矿物或片状矿物＋长石种类＋片麻岩"。当无法鉴定长石种类时，该项可取消，如黑云母片麻岩等。

（5）石英岩，一般为块状或片麻状构造，等粒变晶结构。在岩石中矿物的总含量中石英大于 75%，均属此类。

（6）大理岩，碳酸盐矿物占 1/2 以上的岩石均属此类。一般为等粒变晶结构，其进一步详细命名的方式为"颜色＋变质矿物＋碳酸盐的种类＋大理岩"。如白色镁橄榄石、白云质大理石等。

4.实习记录

岩石鉴别记录见表 1-3。

表 1-3　　　　　　　　　　　　　岩石鉴别记录表

岩石编号	颜色	结构	构造	矿物成分	其他	岩石名称

1.2　节理裂隙调查与描述

1.2.1　定义

（1）节理。岩石受力的作用形成的破裂面或裂纹，称为节理。它是破裂面两侧的岩石没有发生明显位移的一种构造。节理的产状可用走向、倾向和倾角进行描述。

（2）节理组和节理系。在同一时期，同一成因条件下形成的，彼此相互平行或近于平行的一群节理叫节理组；在同一构造应力作用下，形成有规律组合的节理组，叫节理系。

（3）节理与裂隙的关系和区别。

节理是存在于岩体中的裂缝，是岩体受力断裂后两侧岩块没有显著的位移的小型断裂构造，也称为裂隙。

节理是裂隙的一种，裂隙是指岩石的裂缝，包括节理、劈理、面理、小断层。节理是在裂缝形成的两个断面一般没有或很少发生相对位置的移动。节理可以向任何一个方向延伸，就像裂纹可以向任何一个方向裂开一样。但垂直的节理更多一些。有些节理的断面可以很平滑,有些则很粗糙。

所以节理与裂隙并没有根本区别。但一定程度上裂隙包含的范围比节理要大一些。

1.2.2　节理的分类

1. 按节理的成因分类

(1) 原生节理:指岩石形成过程中形成的节理,如玄武岩的柱状节理。

(2) 构造节理:岩石受地壳构造应力作用产生的节理。这类节理具有明显的方向性和规律性,发育深度较大,对地下水的活动和工程建设的影响也较大。构造节理与褶皱、断层及区域性地质构造有着非常密切的联系,它们常常相互伴生,是工程地质调查工作中的重点对象(相对于原生节理、表生节理)。

(3) 表生节理:又称风化节理、非构造节理,是岩石受外动力地质作用(风、水、生物等)产生的,如由风化作用产生的风化裂隙等。这类节理在空间分布上常局限于地表浅部岩石中,对地下水的活动及工程建设有较大的影响。

2. 按力学性质分类

(1) 张节理:在垂直于主张应力方向上发生张裂而形成的节理,叫张节理。张节理大多发育在脆性岩石中,尤其在褶皱转折端等张拉应力集中的部位最发育,它主要有以下特征:

① 裂口是张开的,剖面呈上宽下窄的楔形,常被后期物质或岩脉填充;

② 节理面粗糙不平,一般无滑动擦痕和摩擦镜面;

③ 产状不稳定,沿其走向和倾向都延伸不远即行尖火;

④ 在砾岩或砂岩中发育的张节理常常绕过砾石、结核或粗砂粒,其张裂面明显凹凸不平或弯曲;

⑤ 张节理追踪 X 形剪节理发育呈锯齿状。

(2) 剪节理:岩石受剪应力作用发生剪切破裂而形成的节理,叫剪节理。它一般在与最大主应力呈 45°夹角的平面上产生,且共轭出现,呈 X 状交叉,构成 X 形剪节理。它具有以下特征:

① 剪节理的裂口是闭合的,节理面平直光滑,常见有滑动擦痕和磨光镜面;

② 剪节理的产状稳定,沿其走向和倾向可延伸很远;

③ 在砾岩或砂岩中发育的剪节理常切砾石、砂粒、结核和岩脉,而不改变其方向;

④ 剪节理的发育密度较大,节理间距小而且具有等间距性,在软弱薄层岩石中常常密集呈带出现。

张节理与剪节理示意图见图 1-1。

(a)　　　　　　　　　　　　　　　(b)

图 1-1　张节理与剪节理

（a）张节理；（b）剪节理

3. 按节理与岩层走向的关系[图 1-2(a)]分类

（1）走向节理：节理延伸方向大致与岩层走向平行。

（2）倾向节理：节理延伸方向大致与岩层走向垂直。

（3）斜交节理：节理延伸方向与岩层走向斜交。

4. 按节理与褶皱轴向的关系[图 1-2(b)]分类

（1）纵节理：节理走向与褶皱轴向平行；

（2）横节理：节理走向与褶皱轴向直交；

（3）斜节理：节理走向与褶皱轴向斜交。

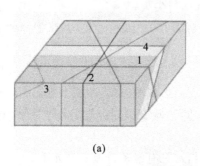
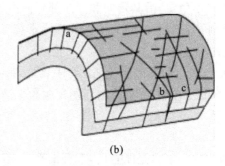

(a)　　　　　　　　　　　　　　　(b)

图 1-2　节理与岩层走向及节理与褶皱轴向的关系

（a）节理与岩层走向的关系；（b）节理与褶皱轴向的关系

5. 按张开程度分类

（1）宽张节理：节理缝宽度大于 5 mm；

（2）张开节理：节理缝宽度 3～5 mm；

（3）微张节理：节理缝宽度 1～3 mm；

（4）闭合节理：节理缝宽度小于 1 mm。

1.2.3　节理的现场调查

1.调查内容

(1) 地质背景:地层、岩性、褶皱和断层的发育;

(2) 节理的产状:走向、倾向和倾角;

(3) 节理的张开和填充情况:张开的程度、充填的物质等;

(4) 节理壁的粗糙程度:粗糙的、平坦的、光滑的;

(5) 节理的充水情况。

2.调查方法

一般而言,现场节理裂隙调查的方法无外乎测线测量法和窗口测量法两种,两种方法如图 1-3 所示。

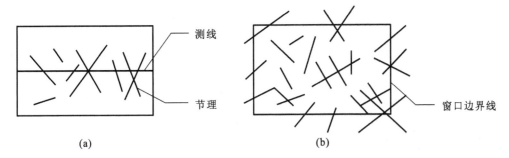

图 1-3　节理测量示意图

(a) 测线测量法;(b) 窗口测量法

测线测量法的基本思想是:在岩体表面布置一条测线,统计测线上每条节理裂隙的产状信息,然后将测量的裂隙信息进行分类分析,获取结果。与窗口测量法相比,测线测量法较为复杂,但能更为清晰地了解节理裂隙的各类信息。因此,在地质调查过程中,为了更加全面地了解节理裂隙分布情况,多采用测线测量法对节理裂隙进行测量。

在现场调查中,需要针对节理裂隙的产状、规模等进行分析研究。确定节理的成因,分期统计节理的间距、数量、密度,确定节理的发育程度和主导方向(节理方位)等。节理的分期可根据节理的交切关系进行,如后期形成的节理常将先期形成的节理错开,或者受到先期形成的节理的限制。节理方位使用倾角和倾角表示,并将调查结果利用专业软件采用极点等密图的形式进行分析和展示。节理间距则用线裂隙率(条/m)表示。

节理裂隙观测登记表范例如表 1-4 所示。

3.资料整理

根据测量数据,使用 Dips、理正岩土等软件完成电算处理,绘制节理玫瑰图和等密图等,如图 1-4 所示,便于后续分析。

表 1-4

岩体节理裂隙统计调查表

工程名称：＿＿＿＿＿　　窗口出露地点：＿＿＿＿＿　　坐标：N：＿＿＿ ，E：＿＿＿ ，H：＿＿＿　　天气：＿＿＿＿＿　　日期：＿＿＿ 年 月 日

露头岩性：＿＿＿＿＿　　窗口产状：＿＿＿ ° ∠ ° 　　露头颜色：＿＿＿＿＿　　风化程度：＿＿＿＿＿　　构造关系：＿＿＿＿＿

序号	节理端点坐标/m 端点1 X₁	端点1 Y₁	端点2 X₂	端点2 Y₂	产状/(°) 倾向	倾角	节理(出露形态)几何描述 延伸/m	宽度/mm 表面形态	深度/cm	充填特征 物质成分	粒度成分	充填度/%	含水状况	颜色	抗压强度/MPa	节理壁风化蚀变描述	节理裂隙组数与间距/cm
1																	/
2																	/
3																	/
4																	/
5																	/
6																	/
7																	/
8																	/
9																	/
10																	/
11																	/
12																	/
13																	/
14																	/
15																	/
16																	/
17																	/
18																	/
19																	/
20																	/

观察者：　　　　　记录：

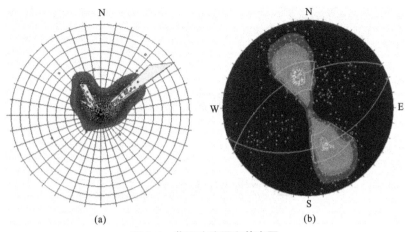

图 1-4 节理玫瑰图和等密图

(a) 节理玫瑰图;(b) 等密图

1.2.4 节理的描述

1. 充填胶结特征

节理面的充填胶结可以分为无充填和有充填两类。节理面之间无充填时处于闭合状态,岩块之间结合较为紧密;节理面之间有充填时,首先要看充填物的成分,若硅质、铁质、钙质以及部分岩脉充填胶结节理面,其强度经常不低于岩体的强度。

2. 形态特征

节理面的形态分为平直形、波浪形、锯齿形、台阶形四种,主要表现凹凸度与强度的关系。根据规模大小,可将它分为两级,第一级凹凸度称为起伏度;第二级凹凸度称为粗糙度。起伏角愈大,结构面的抗剪强度也愈大。起伏角为 0°时,节理面为平直形;起伏角为 10°~20°时,节理面为波浪形;起伏角更大时,节理面变为锯齿形。粗糙度可分为极粗糙、粗糙、一般、光滑、镜面五个等级。

3. 节理面的空间分布

节理面的空间分布大体是指结构面的产状(即方位)及其变化、节理面的延展性、节理面密集的程度、节理面空间组合关系等。

(1) 节理面的产状及其变化是指节理面的走向与倾向及其变化。

(2) 节理面的延展性是节理面在某一方向上的连续性或节理面连续段长短的程度。节理面的延展性为三种形式:非贯通性的、半贯通性的、贯通性的。

(3) 节理面密集的程度:用节理面的裂隙度、间距或体密度表示。

1.2.5 节理的工程评价

(1) 节理的成因:构造节理分布范围广、埋藏深度大,并向断层过渡,对工程稳定性影响较大。

(2) 节理的受力特征:张节理比剪节理的工程性能差。

(3) 节理产状:倾向和边坡一致的节理稳定性差。

(4) 节理密度和宽度:一般用节理发育程度来表示,节理越发育,对工程影响越大。

(5) 节理面间的充填物:充填有软弱介质的节理,工程地质条件差。

(6) 节理的充水程度:饱水的节理,其稳定性差。

2 岩石物理性质实验

岩石取样

2.1 岩石取样及岩样制作实验

与物探、坑探相比,钻探有其突出的优点,即它可以在各种环境下进行,一般不受地形、地质条件的限制;能直接观察岩芯和取样,勘探精度较高;能提供做原位实验的材料,可用于监测工作中,最大限度地发挥综合效益;勘探深度大,效率较高。

为了准确查明岩土的物理力学性质,在取样过程中必须注意保持岩土的天然结构和湿度,尽量减少人为的扰动破坏。

2.1.1 一般地质条件钻芯取样

根据《岩石物理力学性质实验规程》(DZ/T 0276.1—2015)规定,一般地质条件钻芯取样注意如下几点。

① 岩石采样工作的完善,是决定煤和岩石物理力学性质测定结果正确性和可靠性的重要因素。在选择采样方法以及在采样操作过程中,应使试样原有的结构和状态尽可能不受破坏,以便最大限度地保持岩(煤)样原有的物理力学性质。一般用打钻采样,也可在巷道中或回采工作面采空区及煤壁直接采样。

② 采样地点应符合研究目的的要求,并应特别注意岩样的代表性。在研究某一局部地点的岩石性质时,应在所研究地点附近找具有代表性的采样点采样;在研究较大范围内的岩石性质时,应根据岩性变化情况,分别在几个具有代表性的采样点采样;当沿层厚岩性变化较大时,应分别在上、中、下不同部位采样,每组岩样应采自岩性相同的同一层位。对岩性变化很大的岩层,禁止将在不同地点和不同部位采取的岩样编为一组。岩(煤)样层理方向见图 2-1。

③ 钻孔采样应尽量垂直层面打钻,偏斜不大于 5°。有特殊困难(如倾角大的岩层在地面打钻时)不能达到上述要求时,应注明偏斜角度。尽量不采用爆破方法采样,以防产生大量人为裂隙。如只能用爆破方法采样,也应降低炮眼的装药量,以减少其影响。所采煤块和岩石块的规格大体为长×宽×高 = 20 cm×20 cm×15 cm 的六面体。

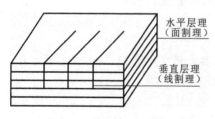

图 2-1 岩(煤)样层理方向

④ 采样时应由专人做好岩样描述记录和编号工作。岩块岩样编号方式可采用(1-2/Ⅱ)、(2-1/Ⅱ)、…标记,其中罗马数字表示煤层别,前一个阿拉伯数字表示岩层顶板(或底板)的第几层,后一个阿拉伯数字表示该岩层的第几块岩样。阿拉伯数字在上(为分子时)者表示为顶板岩样,在下(为分母时)者表示为底板岩样。煤块煤样编号方式可采用(Ⅱ-1)、(Ⅱ-2)、…,罗马数字表示煤层别,阿拉伯数字表示第几块煤样。钻孔采样时应附柱状图,岩芯岩样编号可采用柱状图上的岩层序号。编号用颜色漆写在岩样上,同时在岩样上用符号"±"标明其层理方向。

⑤ 每组岩样的数量,应满足试样制备的需要,按要求测定的项目确定。各项实验所需标准试样尺寸和最低数量如表 2-1 所示。考虑到加工中的损耗以及偏离度大于 20°时,试样数要适当增加等因素,采样时一般应按表中所列数量的两倍采取。对于软岩,采样的数量还应更大一些。

表 2-1   **各项实验所需标准试样尺寸与最低数量**

测定内容	标准试样尺寸/cm	试样最低数量	备注
真密度	岩粉	300 g	可用测视密度试样粉碎
视密度、吸水性、含水率			用量积法时,可用测力试件;用不规则试样,可用边角料
单轴抗压强度	$5 \times 10 (D \times H)$	3 个	岩块尺寸大于等于 10 cm,在岩块上、中、下部位采样
变形参数	$5 \times 2.5 (D \times H)$	3 个	
单轴抗拉强度	$5 \times 10 (D \times H)$	3 个	
抗剪实验(变角法)	$5 \times 5 \times 5 (D \times W \times H)$	9 个	
抗剪强度	$2.5 \times 12 (D \times H)$		
三轴实验	$5 \times 10 (D \times H)$	5 个	
坚固系数	岩块	6 个	
膨胀率	$H=2, D/H \geqslant 2.5$	3 个	
膨胀应力	$H=2, D/H \geqslant 2.5$	3 个	
耐崩解性	球形,每个 40~50 g	450 g	
点载荷强度	$D=5, D/H=0.8 \sim 1.4$	5 个	规则实验
	两点间距 0.3~0.5	15 个	不规则实验

注:D—岩样直径;H—岩样高度;L—岩样长度;W—岩样宽度。

⑥ 岩样采好后,迅即用纸包好,写上编号,运到井上后立即浸蜡整体封固。对松软易吸水风化的岩石最好能在现场立即包装封固,试样封固后装入上、下及四周均填塞木屑的木箱内,木箱用铅丝扎紧,并编上号码,发运到实验单位。在装箱时应填写"岩样送验单"及"岩样装箱编号对照表"各一式两份,一份寄给实验单位,一份由委托单位留底。

实验单位制备试件剩余的大块岩样,自实验结果提交委托单位之日起保存 20 d。"岩样说明书"及"送验单"等应与实验原始记录及结果一并归档,作为长期资料保存。

与一般的岩土工程钻探相比,深部钻探有如下特点。

① 钻探工程的布置,不仅要考虑自然地质条件,还需结合工程类型及其结构特点。如房屋建筑与构筑物一般应按建筑物的轮廓线布孔。

② 除了深埋隧道以及为了解专门地质问题而进行的钻探外,孔深一般十余米至数十米,所以经常采用小型、轻便的钻机。

③ 钻孔多具综合目的,除了查明地质条件外,还要取样、作原位实验和监测等。有些原位实验往往与钻进同步进行,所以不能盲目追求进尺。

④ 在钻进方法、钻孔结构、钻进过程中观测编录等方面,均有特殊的要求。岩土工程钻探的特殊要求如下。

a. 岩土层是岩土工程钻探的主要对象,应可靠地鉴定岩土层名称,准确判定分层深度,正确鉴别土层天然的结构、密度和湿度状态。

b. 岩芯采取率要求较高。

c. 钻孔水文地质观测和水文地质实验是岩土工程钻探的重要内容,借以了解岩土的含水性,发现含水层并确定其水位(水头)和涌水量大小,掌握各含水层之间的水力联系,测定岩土的渗透系数等。

d. 在钻进过程中,为了研究岩土的工程性质,经常需要采取岩土样。

岩土工程勘探采用的钻探方法有冲击钻探、回转钻探和振动钻探等;按动力来源又将它们分为人力和机械两种。机械回转钻探的钻进效率高,孔深大,又能采取岩芯,所以在岩土工程钻探中使用最广泛。目前我国岩土工程勘探中采用的主要钻具规格见表 2-2。

表 2-2　　　　　　　　　　　　　工程地质钻孔及钻具口径系列

钻孔口径/mm	钻具规格/mm									
	岩芯外管		岩芯内管		套管		钻杆		绳索钻杆	
	D	d	D	d	D	d	D	d	D	d
36	35	29	26.5	23	45	38	33	23	—	—
46	45	38	35	31	58	49	43	31	43.5	34
59	58	51	47.5	43.5	73	63	54	42	55.5	46
75	73	65.5	62	56.5	89	81	67	55	71	61
91	89	81	77	70	108	99.5	67	55	—	—
110	108	99.5	—	—	127	118			—	—
130	127	118	—	—	146	137			—	—
150	146	137	—	—	168	156			—	—

注:D—岩样外径;d—岩样内径。

2.1.2　复杂地质体钻芯取样技术

(1) 无泵钻进。

在钻进过程中不用水泵,而是利用孔内水的反循环作用,不使钻头与孔壁或岩芯黏结,同时将岩粉收集在取粉管内。这种钻进技术较简便,但它可防止由于水泵送水而冲刷岩芯及孔壁,较顺利地穿透软弱、破碎岩层,并提高岩芯采取率和基本保持岩层的原状结构。

无泵钻进与干钻不同,需定时地串动钻具,利用孔内水的反循环作用,将岩粉沉淀于取粉管和岩芯管内,以便孔底保持干净而顺畅地钻进。

因无泵钻进劳动强度大,钻进效率较冲洗液钻进低,所以在钻穿软弱、破碎岩层并做完水文地质实验后,应即下入套管,改用冲洗液钻进。

(2)双层岩芯钻进。

双层岩芯钻进是复杂地层中最普遍采用的一种钻进技术。一般岩芯钻采用的是单层岩芯管,其主要的缺点是钻进时冲洗液直接冲刷岩芯,致使软弱、破碎岩层的岩芯被破坏。而双层岩芯管钻进时,岩芯进入内管,冲洗液自钻杆流下后在内、外两管壁间隙循环,并不进入内管冲刷岩芯,所以能有效地提高岩芯采取率。

双层岩芯管有双层单动和双层双动两类结构,以前者为优。

(3)套钻和岩芯定向钻进。

套钻和岩芯定向钻进工艺是黄河水利委员会勘测设计院于 20 世纪 80 年代中期研制成功的,它有效地保证了软弱夹层和破碎地层获取高质量的岩芯。

钻进的工艺过程为:采用金刚石钻具以 91 mm 孔径钻进至预定的复杂地层深度后,先用直径 46 mm 的导向钻具在钻孔中心钻出一个约 1 m 深的小孔,然后插筋并灌注化学黏结剂,待凝固后再以 91 mm 孔径用随钻定向钻具钻进并取出管芯。岩芯采取率几乎可以达到 100%,而且能准确地测得孔内岩层的产状。但是所采取的岩芯不能作为力学实验的样品。

(4)深原砂卵石层钻进新工艺。

成都水电勘测设计院采用金刚石钻进与 SM 和 MY-1 型植物胶体作冲洗液的钻进工艺,在深原砂卵石层中裸孔钻进,深度已超过 400 m,不仅孔身结构简化,而且钻进效率和岩芯采取率大大提高。砂卵石岩芯表面被特殊的冲洗液包裹着,从而可获取近似原位的柱状岩芯以及夹砂层、夹泥层的岩芯。

(5)绳索取芯钻进的应用。

绳索取芯钻进技术是小口径金刚石钻进技术发展到高级阶段的标志。此项钻进技术的主要优点是:① 可穿透破碎易坍塌地层;② 提高岩芯采取率及取芯的质量;③ 节省辅助工作时间,提高钻进效率;④ 延长钻头使用寿命,降低成本。

绳索取芯钻进可以直接从专用钻杆内用绳索将装有岩芯的内管提到地面上取出岩芯,简化了钻进工序。

2.2 岩石比重(颗粒密度)实验

岩石比重(颗粒密度)实验

岩石比重是试样干重与同体积 4 ℃时的蒸馏水质量的比值(岩石颗粒密度是岩石固相物质的质量与体积的比值,在数值上与比重相同)。本书主要介绍采用比重瓶法测定岩石比重。除含有水溶性矿物的岩石用煤油测定外,其余岩石均采用蒸馏水测定,采用煤油测定时的方法与采用蒸馏水测定的方法一致。

2.2.1　试样制备

① 用于测定比重的试样需破碎成岩粉,使之全部通过孔径为 0.25 mm 筛孔。

② 对于非磁性岩石,采用高强度的耐磨的优质钢磨盘粉碎,并用磁铁块吸去铁屑。

③ 对于磁性岩石,根据岩石的坚硬程度,分别采用磁研钵或玛瑙研钵粉碎样品。

2.2.2　试样描述

试样粉碎前的描述包括岩石名称、颜色、结构、矿物成分、颗粒大小和胶结物性质。

2.2.3　主要仪器与设备

① 粉碎机,研钵,孔径为 0.25 mm 的筛。② 称重为 200 g,感量 0.001 g 的天平。③ 烘箱和干燥器。④ 真空抽气机和煮沸设备。⑤ 恒温水槽和砂浴。⑥ 容积 100 mL 或 50 mL 的比重瓶。

2.2.4　实验步骤

① 将制备好的试样,置于 105～110 ℃下烘 12 h,然后放于干燥器内冷却至室温。

② 将比重瓶置于 105～110 ℃下烘 12 h,然后放在干燥器内冷却至室温。

③ 将比重瓶编号,并称其质量。

④ 用四分法取两个试样,每个试样 15 g 左右(用 100 mL 比重瓶)或 10 g 左右(用 50 mL 比重瓶)。

⑤ 将取好的试样通过漏斗倒入编好号码的比重瓶内,然后称比重瓶和试样的质量。

⑥ 向比重瓶内注入蒸馏水至比重瓶容积一半处。

⑦ 采用煮沸法排出气体时,煮沸时间在加热沸腾以后,不得少于 1 h。

⑧ 采用真空抽气法排出气体时,抽气的真空度必须达到 740 mm 以上的水银柱负压力,抽气时间维持 1～2 h,或抽至不再发生气泡为止。

⑨ 采用煮沸法或真空排气法排出试样气体时,均按同样的方法配制未放试样的蒸馏水。

⑩ 试样排气之后,把煮沸或者经真空抽气的蒸馏水注入比重瓶至近满,然后置于恒温水槽内,使瓶内温度保持稳定并使上部悬液澄清。

⑪ 塞好瓶塞,使多余的水分自瓶塞毛细孔中溢出,将瓶外擦干,称瓶、水试样合重。

⑫ 倒掉试样,洗净比重瓶。注入与⑩项中同温度的蒸馏水至满,按⑩、⑪两步称瓶、水合重。

⑬ 本实验称重精度,要求精确至 0.001 g。

2.2.5　实验结果整理

(1) 计算岩石比重。

$$\Delta_s = \frac{g_s}{g_1 + g_s - g_2} \times \Delta_0 \tag{2.1}$$

式中，Δ_s 为岩石比重；g_s 为试样干重，g；g_1 为水、瓶合重，g；g_2 为瓶、水试样合重，g；Δ_0 为与实验温度同温的蒸馏水的比重。

（2）蒸馏水的比重计算见表 2-3。

表 2-3　　　　　　　　　　　　　　$t\ ℃$ 下蒸馏水的比重 Δ_0 值

$t/℃$	Δ_0	$t/℃$	Δ_0	$t/℃$	Δ_0	$t/℃$	Δ_0	$t/℃$	Δ_0
4	1.000000	11	0.999633	18	0.998623	25	0.997074	32	0.995054
5	0.999992	12	0.999525	19	0.998433	26	0.996813	33	0.994731
6	0.999968	13	0.999404	20	0.998232	27	0.996542	34	0.994399
7	0.999930	14	0.999271	21	0.998021	28	0.996262	35	0.991059
8	0.999876	15	0.999127	22	0.997799	29	0.995974		
9	0.999809	16	0.998970	23	0.997567	30	0.995369		
10	0.999728	17	0.998802	24	0.997326	31	0.995369		

2.3　岩石密度实验

岩石密度实验

岩石密度，即单位体积的岩石质量，是试样质量与试样体积之比。根据试样的含水量情况，岩石密度可分为烘干密度、饱和密度和天然密度。一般未说明含水情况时，即指烘干密度。根据岩石类型和试样形态，分别采用下述方法测定其密度。

矿粉密度实验

① 凡能制备成规则试样的岩石，宜采用量积法。

② 除遇水崩解、溶解和干缩湿胀性岩石外，可采用水中称重法。

③ 不能用量积法和水中称重法进行测定的岩石，可采用蜡封法。

用水中称重法测定岩石密度时，一般用测定岩石吸水率和饱和吸水率的同一试样同时进行测定。

2.3.1　试样制备

（1）量积法。

① 试样的形态，可以用圆柱体、立方体或方柱体，根据密度实验后的其他实验要求选择。

② 制备的试样，应具有一定的精度，其精度要求应满足其他实验项目的规定。

③ 每组实验需制备 3 个试样，它们须具有充分的代表性。

（2）蜡封法。

① 试样取边长为 4～6 cm 的近似立方体的岩块。

② 如需测定天然密度时，拆除密封后立即称试样重。

③ 每组实验需制备 3 个试样，它们须具有充分的代表性。

2.3.2 试样描述

① 岩石名称、颜色、结构、矿物成分、颗粒大小、胶结物质等特征。

② 节理裂隙的发育程度及其分布。

③ 试样形态及缺角、掉棱角等现象。

2.3.3 主要仪器与设备

(1) 量积法。

① 钻石机、切石机、磨石机或其他制样设备。

② 烘箱和干燥器。

③ 称量大于 500 g,感量为 0.01 g 的天平。

④ 精度为 0.01 mm 的测量平台或其他仪表。

(2) 蜡封法。

① 烘箱和干燥器。

② 石蜡和熔蜡用具。

③ 称量大于 500 g,感量为 0.01 g 的天平。

④ 水中称重装置。

2.3.4 实验步骤

(1) 量积法。

① 试样两端和中间三个断面,测量其互相垂直的两个直径或边长,计算平均值。

② 测量均匀分布于周边的四点和中间点的五个高度,计算平均值。

③ 将试样置于烘箱中,在 $105 \sim 110\ ℃$ 的温度下烘 24 h,取出后,即放入干燥器内,冷却至室温后称重。

④ 本实验要求测量精确至 0.01 mm,称重精确至 0.01 g。

(2) 蜡封法。

① 将试样置于烘箱中,在 $105 \sim 110\ ℃$ 的温度下烘 24 h,取出后,即放入干燥器内,冷却至室温后称重。

② 用丝线缚住试样,于温度 60 ℃ 左右的熔化石蜡中 $1 \sim 2$ s,使试样表面均匀涂上一层蜡膜,其厚度约 1 mm。蜡封好后,发现有气泡时,用热针刺穿并用蜡涂平孔口,然后称试样重。

③ 将蜡封试样置于水中称重,然后取出擦干表面水分,在空气中称重。如蜡封试样浸水后的质量大于浸水前的质量,应重做实验。

④ 本实验所有称重均精确至 0.01 g。

2.3.5 实验结果整理

① 用量积法测定试样密度,按下式计算:

$$\rho_d = \frac{m_d}{AH} \qquad (2.2)$$

式中,ρ_d 为岩石烘干密度,g/cm³;m_d 为试样烘干质量,g;A 为平均面积,cm²;H 为平均高度,cm。

② 用蜡封法测定试样容重,按下式计算:

$$\rho_d = \frac{m_d}{m_1 - m_2 - \dfrac{m_1 - m_d}{\rho_n}} \tag{2.3}$$

式中,m_1 为蜡封试样在空气中质量,g;m_2 为蜡封试样在水中质量,g;ρ_n 为石蜡密度,g/cm³（石蜡密度可用水中称重法测定）。

③ 如需天然密度,可按下式计算:

$$\rho_0 = \rho_d \times (1 + 0.01w) \tag{2.4}$$

式中,ρ_0 为岩石天然密度,g/cm³;w 为岩石的天然含水量,%。

④ 根据实测岩石比重和密度,按下式计算总孔隙率:

$$n = \left(1 - \frac{\rho_d}{\Delta_s}\right) \times 100\% \tag{2.5}$$

式中,n 为岩石总孔隙率,%;Δ_s 为岩石比重。

2.4 岩石冻融实验

岩石的冻融实验是指岩石在 ±25 ℃的温度区间内,反复降温、冻结、升温、融解,其抗压强度有所下降,岩石试件冻融前的抗压强度与冻融后的抗压强度的比值,即为抗冻系数。

2.4.1 试样制备

① 试样可用钻孔岩芯或坑、槽探中采取的岩块,试件制备中不允许有人为裂隙出现。按相关规程要求标准试件为圆柱体,直径为 5 cm,允许变化范围为 4.8~5.2 cm。高度为 10 cm,允许变化范围为 9.5~10.5 cm。对于非均质的粗粒结构岩石,取样尺寸小于标准尺寸者,允许采用非标准试样,但高径比必须保持为 2∶1~2.5∶1。

② 试样数量,视所要求的受力方向或含水状态而定,一般情况下必须制备 3 个。

③ 试样制备的精度,在试样整个高度上,直径误差不得超过 0.3 mm。两端面的不平行度最大不超过 0.05 mm。端面应垂直于试样轴线,最大偏差不超过 0.25°。

2.4.2 试样描述

实验前的描述,应包括如下内容:

① 岩石名称、颜色、结构、矿物成分、颗粒大小、胶结物性质等特征。

② 节理裂隙的发育程度及其分布,并记录受载方向与层理、片理及节理裂隙之间的关系。

③ 测量试样尺寸,并记录试样加工过程中的缺陷。

2.4.3 主要仪器与设备

① 钻石机、锯石机、磨石机或其他制样设备。

② 游标卡尺、天平(称量大于 500 g,感量 0.01 g),烘箱和干燥箱,水槽、煮沸设备。

③ 低温实验箱。

2.4.4　实验步骤

① 取三块饱和试件进行冻融前的单轴抗压强度实验。

② 将另外三块试件放入铁皮盒内,一起放入低温实验箱中,在(−20±2)℃温度下冷冻 4 h,然后取出铁皮盒,往盒内注入水浸没试件,水温应保持在(20±2)℃,融解 4 h,即为一个循环。

③ 根据工程需要确定冻融的次数,以 20 次为宜,严寒地区不少于 25 次。

④ 冻融结束后,从水中取出试件,擦干表面水分并称量,进行抗压强度实验。

注意:岩石试件的干燥、吸水、饱和处理应符合岩石力学实验相关的规定。

2.4.5　实验结果整理

① 冻融质量损失率、冻融系数计算公式:

$$L_f = \frac{m_s - m_f}{m_s} \times 100\% \tag{2.6}$$

$$R_s = \frac{P_s}{A} \tag{2.7}$$

$$R_f = \frac{P_f}{A} \tag{2.8}$$

$$K_f = \frac{\overline{R_f}}{\overline{R_s}} \tag{2.9}$$

式中,L_f 为冻融质重损失率,%;m_s 为冻融实验前试件的饱和质量,g;m_f 为冻融实验后试件的饱和质量,g;P_s 为冻融前饱和试件破坏载荷,N;R_s 为冻融前的饱和单轴抗压强度,MPa;R_f 为冻融后的饱和单轴抗压强度,MPa;P_f 为冻融后饱和试件破坏载荷,N;K_f 为冻融系数;$\overline{R_f}$ 为冻融实验后饱和单轴抗压强度,MPa;$\overline{R_s}$ 为冻融实验前饱和单轴抗压强度,MPa。

② 计算结果保留三位有效数字。

③ 实验记录包括工程名称、岩石名称、取样地点、实验人员、实验日期等信息。

3 岩石强度实验

荷载作用下,当荷载达到或超过某一极限时,岩块就会产生破坏。根据破坏时的应力类型,岩块的破坏有抗拉破坏、剪切破坏和流动破坏三种基本类型。岩块抵抗外力破坏的能力称为岩块的强度(strength of rock)。由于受力状态的不同,岩块的强度也不同,如单轴抗压强度、单轴抗拉强度、剪切强度、三轴压缩强度等。各种岩石的单轴抗压强度如表3-1所示。

表 3-1　　　　　　　　岩石的单轴抗压强度(恒温、恒湿条件下)

岩石名称	抗压强度 σ_t/MPa	岩石名称	抗压强度 σ_t/MPa	岩石名称	抗压强度 σ_t/MPa
花岗岩	100～250	石灰岩	30～250	泥岩	12～20
闪长岩	180～300	白云岩	80～250	砾石	2～60
粗玄岩	200～350	煤	0.2～50	粉砂岩	25～40
玄武岩	150～300	片麻岩	50～200	细砂岩	8.6～29
砂岩	20～170	大理岩	100～250	中砂岩	60～115
页岩	10～100	板岩	100～200	粗砂岩	20～80

3.1 岩石的抗压强度实验

3.1.1 岩石单轴抗压强度实验

无侧限岩石试样在单向压缩条件下,岩块能承受的最大压应力,称为单轴抗压强度(uniaxial compressive strength),简称抗压强度。抗压强度是反映岩块基本力学性质的重要参数,它在岩体工程分类、建立岩体破坏判据中都是必不可少的。抗压强度测试方法简单,且与抗拉强度和剪切强度之间有着一定的比例关系,如抗拉强度为抗压强度的 3%～30%,抗弯强度为抗压强度的 7%～15%,从而可借助抗压强度大致估算其他强度参数。

岩石单轴抗压
强度实验

岩石压缩实验

3.1.1.1 试件几何形状及加工精度

试件几何形状的影响表现在,在试件断面积和高径比相同的情况下,断面为圆形的试件强度大于多边形试件强度。在多边形试件中,边数增多,试件强度减少。其原因是多边形试件的棱角处易产生应力集中,棱角越尖应力集中越强烈,试件越容易被破坏,岩块抗压强度也就越低。

试件尺寸越大,岩块强度越低,这称为尺寸效应(又称尺度效应)。尺寸效应的核心是结构效应。因为大尺寸试件包含的细微结构面比小尺寸试件多,结构也复杂一些,所以,试件的破坏概率也大。

试件的高径比,即试件高度 h 与直径或边长 D 的比值,它对岩块强度也有明显的影响。一般来说,随 h/D 增大,岩块强度降低,其主要原因是 h/D 增大导致试件内应力分布及其弹性稳定状态不同所致。当 h/D 很小时,试件内部的应力分布趋于三向应力状态,因而试件具有很高的抗压强度;相反,当 h/D 很大时,试件由于弹性不稳定而易于破坏,降低了岩块的强度;$h/D=2\sim3$ 时,试件内应力分布较均匀,且容易处于弹性稳定状态。因此,为了减少试件的尺寸影响及统一实验方法,国内有关实验规程规定:抗压实验应采用直径或边长为 5 cm,高径比为 2 的标准规则试件。

目前,在很多情况下,由于岩石实验的特殊性,还做不到只进行标准形态岩样的实验。使用非标准件岩样的主要原因有:① 现场取样采用口径小于 50 mm 或者大于 80 mm 的钻头;② 取芯后,需对径劈半保存,使试样尺寸减小;③ 岩样长轴方向与钻孔岩芯不同;④ 取样困难,需以较少的岩块完成多项(件)实验;⑤ 岩性松软或颗粒尺寸较大等原因,难以制成标准件。

当试件尺寸不符合标准时,采用经验公式来修正。

① 岩样高径比非标准室内实验,采用高径比修正系数:

$$K_{h/D} = \frac{8}{7 + \dfrac{2D}{h}} \tag{3.1}$$

② 对岩样尺寸大小非标准室内单轴实验,用直径修正系数:

$$K_D = \left(\frac{D}{50}\right)^{0.18} \tag{3.2}$$

③ 对小直径岩样的三轴实验,轴向应力计算公式:

$$\sigma_1 = \sigma_2 + \frac{P - P_0}{A} K_D \tag{3.3}$$

式中,$K_{h/D}$ 为高径比修正系数;K_D 为直径修正系数;σ_1 和 σ_2 分别为轴向应力和侧向应力,N;P 和 P_0 为轴向载荷和侧向应力由 0 增加至 σ_2 时对应的轴向初始载荷,N;A 为圆柱体试样截面积,mm^2。

上述方法,在应用方面具有较好的可靠性、比性、通用性和可操作性。

测定岩块的抗压强度通常是用岩石圆柱体或立(长)方体样品置于压力机承压板之间加轴向荷载,直至试件破坏。

岩石的抗压强度一般在室内压力机上进行加压实验测定。试件通常用圆柱形(钻探岩芯)或立方柱状(用岩块加工磨成的)。圆柱形试件采用直径 $D=50$ mm,也有采用 $D=70$ mm 的;立方柱状试件,采用 50 mm×50 mm×100 mm 或 70 mm×70 mm×140 mm。试件的高度应当满足下列条件:

① 圆柱形试件。

$$h = (2 \sim 2.5)D \tag{3.4}$$

② 立方柱状试件。

$$h = (2 \sim 2.5)\sqrt{A} \tag{3.5}$$

式中,D 为试件的横断面直径,mm;A 为试件的横断面面积,mm^2。当试件高度不足时,其两端与加载板之间的摩擦力会影响测定强度的结果。

在破坏时的应力值称为样品的抗压强度,其关系式是:

$$\sigma_c = \frac{P}{A} \tag{3.6}$$

式中,P 为试件破坏时的荷载(即最大破坏载荷),N;A 为垂直于加载方向的横断面面积,mm^2;σ_c 为岩块的单轴抗压强度,MPa。

3.1.1.2 实验仪器与设备

岩石的单轴抗压强度实验设备包括:① 制样设备:钻岩机、切石机及磨片机;② 测量平台、游标卡尺、放大镜等;③ 烘箱、干燥箱;④ 水槽、煮沸设备或真空抽气设备;⑤ 压力机(普通压力机、刚性实验机 RMT 或 MTS)。

压力机应满足下列要求:

① 有足够的吨位,即能在总吨位的 10%～90% 之间进行实验,并能连续加载且无冲击。

② 承压板平整光滑且有足够的刚度,必须采用球形座。承压板直径不小于试样直径,且也不宜大于试样直径的两倍。如大于两倍以上需在试样下端加辅助承压板,辅助承压板的刚度和平整光滑度应满足压力机承压板的要求。

③ 压力机的校正与检验应符合国家计量标准的规定。

3.1.1.3 实验操作步骤

岩石的单轴抗压强度实验操作步骤包括以下几个方面:① 试样制备;② 试样描述;③ 试样烘干或饱和处理;④ 测量试样尺寸;⑤ 安装试样、加载荷;⑥ 描述试样破坏后的形态,并记录有关情况;⑦ 计算岩石的单轴抗压强度。

(1) 试样制备。

① 试样规格:一般采用直径 5 cm、高 10 cm 的圆柱体,以及断面边长为 5 cm,高为 10 cm 的方柱体,每组试样必须制备 3 块。

② 试样制备精度要求:a.试样可用钻孔岩芯或坑、槽探中采取的岩块,试件制备中不允许有人为裂隙出现。按规程要求标准试件为圆柱体,直径为 5 cm,允许变化范围为 4.8～5.2 cm。高度为 10 cm,允许变化范围为 9.5～10.5 cm。对于非均质的粗粒结构岩石,或取样尺寸小于标准尺寸者,允许采用非标准试样,但高径比必须保持 $h:D = 2:1 \sim 2.5:1$。b.试样数量,视所要求的受力方向或含水状态而定,一般情况下制备 3 个。c.试样制备的精度,在试样整个高度上,直径误差不得超过 0.3 mm。两端面的不平行度不超过 0.05 mm。端面应垂直于试样轴线,最大偏差不超过 0.25°。

(2) 试样描述。

实验前应对试样进行描述,实验前的描述,应包括如下内容:① 岩石名称、颜色、结构、矿物成分、颗粒大小,胶结物性质等特征。② 节理裂隙的发育程度及其分布,并记录受载方向与层理、片理及节理裂隙之间的关系。③ 测量试样尺寸,并记录试样加工过程中的缺陷。

(3) 测量试样尺寸。

按照量积法实验的要求,测量试样断面的边长,求取其断面面积 A。

(4) 安装试样、加载荷。

将试样置于实验机承压板中心,调整球形座,使之均匀受载,然后以每秒 $0.5 \sim$ 1.0 MPa 的加载速度加荷,直至试样破坏,记下破坏(最大)荷载 P。

(5) 描述试样破坏后的形态,并记录有关情况。

(6) 计算岩石的单轴抗压强度。

根据公式计算单轴抗压强度,计算结果取 3 位有效数字。

注意:

① 当试样临近破坏时,需适当放慢加荷速度,并事先设防护罩(玻璃钢),以防止脆性坚硬岩石突然破坏时岩屑飞溅。

② 在对试样加荷前,应检查试样是否均匀受压。

3.1.1.4　实验报告内容

整理记录表及试样描述资料(表 3-2)。

表 3-2　　　　　　　　　　　**岩石单轴抗压强度实验记录表**

工程名称:　　　　　　　　　　　　　　　　　　　　实验时间:　　年　月　日

试样编号	受力方向	实验状态	尺寸/mm		横截面积 A/ mm^2	破坏荷载 P/ N	单轴抗压强度/MPa	
			直径(长、宽)	高			单值	平均值

试样描述

实验:　　　　　计算:　　　　　校核:　　　　　班级:　　　　　组别:

3.1.1.5　影响岩石单轴抗压强度的因素

影响岩石的抗压强度的因素主要有以下几个方面。

① 结晶程度和颗粒大小;② 胶结情况;③ 矿物成分;④ 生成条件;⑤ 水的作用;⑥ 容重的影响;⑦ 风化作用;⑧ 实验方法;⑨ 加载速率。

图 3-1、图 3-2 为岩石试件在单轴向压力作用下的破坏情况。实验证明,破裂面与荷载轴线的夹角近似为 $\beta = 45° - \dfrac{\phi}{2}$($\beta$ 为破坏角),这一结果与理论上的角度相吻合。

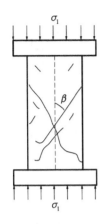

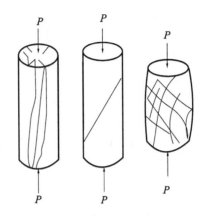

图 3-1　抗压实验　　　　　　图 3-2　岩石试件在单轴压缩时的破坏

3.1.2　岩石饱水抗压强度实验

岩石在饱水状态下的抗压强度与干燥状态下的抗压强度之比,称为岩石的软化系数。若分别测出饱水试件和干燥试件的单轴抗压强度,即可求得岩石的软化系数。

求岩石的饱水抗压强度,应首先对试件进行饱水处理,然后按本实验规定的步骤和要求测定其抗压强度;岩石的干燥抗压强度,可采用室内风干试样,也可用烘干试样,按本实验的方法测定,并按下式计算岩石的软化系数:

$$K_{d} = \frac{\sigma_{cw}}{\sigma_{cd}}$$ （3.7）

式中,K_d 为岩石的软化系数;σ_{cw} 为岩石饱水抗压强度,MPa;σ_{cd} 为岩石干燥抗压强度,MPa。

实验步骤如下:

根据实验要求对试样进行烘干或饱和处理。

① 烘干试样:在 105～110 ℃温度下烘干 24 h。

② 自由浸水法饱和试样:将试样放入水槽,先注水至试样高度的 1/4 处,以后每隔 2 h 分别注水至试样高度的 1/2 和 3/4 处,6 h 后全部浸没试样,试样在水中自由吸水 48 h。

③ 煮沸法饱和试样:煮沸容器内的水面,且注水面始终高于试样,煮沸时间不少于 6 h。

④ 真空抽气法饱和试样:饱和容器内的水面始终高于试样,真空压力表读数宜为 100 kPa,直至无气泡逸出为止,但总抽气时间不应少于 4 h。

3.1.3　岩石假(常规)三轴抗压强度实验

三轴实验是针对岩土材料采用的较成熟的力学实验方法,三轴实验通常指常规三轴实验,即 $\sigma_2 = \sigma_3$,在给定围压 σ_3 时,测定破坏时轴向压应力 σ_1。岩石常规三轴实验是将圆柱体规则试件置于三维压应力($\sigma_1 > \sigma_2 = \sigma_3 > 0$)状态,研究其强度特性。岩石三轴压缩条件下的强度与变形参数主要有:三轴压缩强度、内摩擦角、内聚力以及弹性模量和泊松比。室内三轴压缩实验是将试样放在一个密闭容器内,施加三向应力至试件破坏,在加载过程中同时测定不同荷载下的应变值。绘制出($\sigma_1 - \sigma_3$)应变关系曲线以及强度包络线,求得岩石的三轴压缩强度(σ_1)、内摩擦角(ϕ)、内聚力(C)以及弹性模量(E)和泊松比(μ)等参数。

3.1.3.1 试样制备

① 试样可用钻孔岩芯或坑槽中采取的岩块,试样制备中不允许人为裂隙出现。

② 试样为圆柱体,直径不小于 5 cm,高度为直径的 2～2.5 倍。试样的大小可根据三轴实验机的性能和研究要求选择。

③ 试样数量,根据受力方向或含水状态而定,每种情况下必须制备 5～7 个。

④ 试样制备的精度,在试样整个高度上,直径误差不得超过 0.3 mm。两端面的不平行度最大不超过 0.05 mm。端面应垂直于试样轴线,最大偏差不超过 0.25°。

⑤ 试样描述见本书其他章节。

3.1.3.2 假三轴压缩实验仪器及加载方式

假三轴压缩实验(或称等侧压三轴压缩实验、常规三轴压缩实验),应力状态为 $\sigma_1 > \sigma_2 = \sigma_3 > 0$。假三轴压缩实验主要仪器与设备见表 3-3。三轴室构造示意图见图 3-3。

表 3-3　　　　　　　　　　　　　　　实验所需仪器与设备

序号	名称	规格	单位	数量
1	压力实验机	YE-1000、MTS-815、TYS-500、RMT	台	1
2	三轴室		台	1
3	油泵		台	1
4	耐油胶套		个	3
5	电阻应变仪		台	1

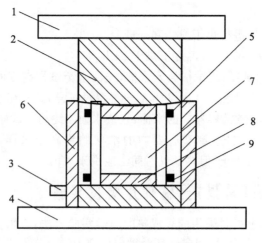

图 3-3　三轴室构造示意图

1—压力机;2—三轴室活塞;3—油泵进油口;4—压力机下压板;
5—试件上封油塞;6—三轴室;7—岩石试件;8—耐油胶套;9—试件下封油塞

3.1.3.3 实验步骤

① 在试样表面上涂上薄层胶液(如聚乙烯醇缩醛胶等),待胶液凝固后,将圆柱体试件两端放好上、下封油塞,再在试样上套上耐油的薄橡皮保护套或塑料套,两端用封油圈扎紧,

确保试件不与油接触及试样破坏后碎屑落入压力室,三轴压力室及试件安装图见图 3-4。

② 将试件放入三轴压力室内,并保证试件轴心线与三轴压力室轴心线对准。

③ 启动围压油泵,向三轴压力室内注油,至液面充满压力室后关闭油泵,放好活塞,将油泵控制阀置于最大泄油位置,施加小的轴向载荷,使活塞与试件端面严密接触。

④ 启动油泵和压力实验机,施加侧向压力,并同时施加轴向载荷,当侧向压力达到预定围压时,以 0.5~1 MPa·s⁻¹ 的应力速率施加轴向载荷,直至试件完全破坏,记录破坏载荷值。

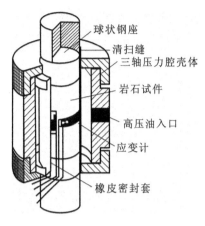

图 3-4 三轴压力室及试件安装图

3.1.3.4 实验数据处理

根据《水利电力工程岩石实验规程》(DL/T—2007),三轴实验数据分析方法如下。

(1) 作图法。

作图法是根据强度理论莫尔-库仑准则,该准则认为所有三轴实验破坏的应力圆都近似地和某一直线相切,切点的应力值就是破裂面的正应力 σ 和剪应力 τ,即

$$\left.\begin{array}{l} \sigma = -\dfrac{2(\sigma_1 + \sigma_3)}{\sin\phi(\sigma_1 - \sigma_3)} \\[3mm] \tau = \dfrac{\cos\phi(\sigma_1 - \sigma_3)}{2} \end{array}\right\} \tag{3.8}$$

它们近似满足线性关系,即

$$\tau = C + \sigma\tan\phi \tag{3.9}$$

式中,C 为内聚力,MPa;ϕ 为内摩擦角,(°)。

用侧向应力 σ_3 作横坐标,轴向应力 σ_1 作纵坐标,绘制 σ_1-σ_3 关系曲线。如图 3-5 所示。

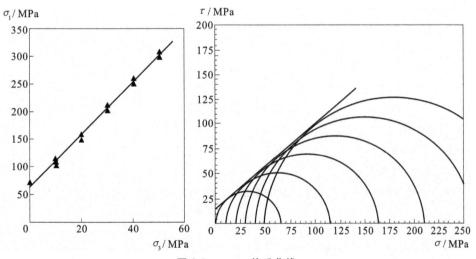

图 3-5 σ_1-σ_3 关系曲线

常数 a、b 和 C、ϕ 的关系为

$$\left.\begin{aligned} \sin\phi &= \frac{b-1}{b+1} \\ C &= \frac{a(1-\sin\phi)}{2\cos\phi} \end{aligned}\right\} \tag{3.10}$$

（2）p-q 法。

用最小二乘法得回归方程：

$$P = \frac{\sigma_1 - \sigma_3}{2} = A + Bq = A + \frac{B(\sigma_1 + \sigma_3)}{2} \tag{3.11}$$

常数 A、B 和 C、ϕ 的关系为

$$\left.\begin{aligned} \sin\phi &= B \\ C &= \frac{A}{\cos\phi} \end{aligned}\right\} \tag{3.12}$$

低围压下可将强度曲线简化为直线，即直线形强度曲线。将全部散点 (σ_1, σ_3) 线性回归，得到回归系数按下式计算

$$b = \frac{\sum_{i=1}^{n} \sigma_{3i} - \overline{\sigma_3}(\sigma_{1i} - \overline{\sigma_1})}{\sum_{i=1}^{n}(\sigma_{3i} - \overline{\sigma_3})^2} \tag{3.13}$$

$$a = \overline{\sigma_1} - b\,\overline{\sigma_3} \tag{3.14}$$

相关系数 r 计算公式如下：

$$r = \frac{\sum_{i=1}^{n}(\sigma_{3i} - \overline{\sigma_3})(\sigma_{1i} - \overline{\sigma_1})}{\sqrt{\sum_{i=1}^{n}(\sigma_{3i} - \overline{\sigma_3})^2 \sum_{i=1}^{n}(\sigma_{1i} - \overline{\sigma_1})^2}} \tag{3.15}$$

内摩擦角 ϕ 和内聚力 C 分别按下式计算

$$\phi = \arcsin\frac{b-1}{b+1} \tag{3.16}$$

$$C = a\,\frac{1-\sin\phi}{2\cos\phi} \tag{3.17}$$

式中，ϕ 为岩石内摩擦角，$(°)$；C 为岩石的内聚力，MPa；σ_{3i} 为第 i 块试件的破坏侧向应力，MPa；σ_{1i} 为第 i 块试件的破坏轴向应力，MPa。

计算结果精确至小数点后一位。

（3）应力-应变曲线法。

① 试件的应变计算。用测微表测定变形时，按下式计算轴向应变：

$$\varepsilon_a = \frac{\Delta L_1 - \Delta L_2}{L} \tag{3.18}$$

式中，ε_a 为轴向应变值；L 为试件高度，mm；ΔL_1 为由测微表测定的总变形值，mm；ΔL_2 为压力机系统的变形值，mm。

用电阻应变仪测应变时,按下式计算试件的体积应变值:

$$\varepsilon_V = \varepsilon_a - 2\varepsilon_c \tag{3.19}$$

式中,ε_V 为某一应力下的体积应变值;ε_a 为同一应力下的轴向应变值;ε_c 为同一应力下的横向应变值。

② 绘制应力$(\sigma_1 - \sigma_3)$-应变关系曲线,并根据应力$(\sigma_1 - \sigma_3)$-应变关系曲线求岩石的弹性模量和泊松比。如图 3-6 所示。

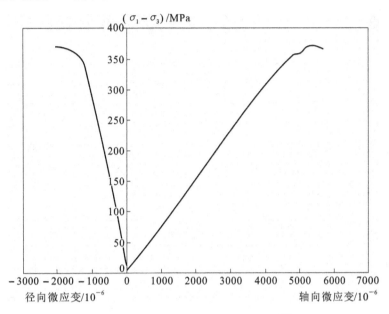

图 3-6 三轴抗压强度应力-应变曲线图

$$E_{50} = \frac{(\sigma_1 - \sigma_3)_{50}}{\varepsilon_{h50}} \tag{3.20}$$

式中,E_{50} 为弹性模量,MPa;$(\sigma_1 - \sigma_3)_{50}$ 相当于 50% 主应力差的应力值;ε_{h50} 为应力为抗压强度 50% 时的纵向应变值,MPa。取应力为抗压强度 50% 时的横向应变值和纵向应变值计算泊松比。

$$\mu = \frac{\varepsilon_{d50}}{\varepsilon_{h50}} \tag{3.21}$$

式中,μ 为泊松比;ε_{d50} 为应力为主应力差的 50% 时的横向应变值;ε_{h50} 为应力为主应力差的 50% 时的纵向应变值。

计算结果精确至小数点后三位。

3.1.3.5 实验报告

① 整理记录表格。

② 绘制侧向应力(σ_3)-轴向应力(σ_1)曲线,并根据曲线求岩石的内摩擦角(ϕ)和内聚力(C)。

③ 绘制应力$(\sigma_1 - \sigma_3)$-应变关系曲线,并根据曲线求岩石的弹性模量(E)和泊松比(μ)。

④ 整理试样描述资料。

3.1.3.6　实验注意事项

① 实验过程中,应认真观察各部件变化情况,严格按操作规程操作,当操作台指针出现突然停顿现象时,说明试件即将破坏,此时应注意测量和记录读数。

② 在安装试件中应打开排气阀,以排出压力室内的空气,向压力室注油应适量,不宜过多,以防止溢油过多。

劈裂抗拉强度实验

岩石巴西劈裂实验测抗拉强度

3.2　岩石的抗拉强度实验

在巷道钻进和爆破过程中,岩石往往处在拉伸应力状态,顶板和底板出现拉伸破坏。因此,详细地研究岩石的抗拉强度是必要的。

在测定岩石抗拉强度的直接实验中,最大的困难是试件的夹持问题。为使拉应力均匀分布并便于夹持,需要专门制备试件,而制备试件又是不容易的。因此,为了测定岩石的抗拉强度曾研究出了大量的间接方法,其中最常用的是劈裂法(巴西法)。各种岩石的单轴抗拉强度见表 3-4。

表 3-4　　　　　　　　　　　　岩石的单轴抗拉强度

岩石名称	抗拉强度 σ_t/MPa	岩石名称	抗拉强度 σ_t/MPa	岩石名称	抗拉强度 σ_t/MPa
花岗岩	7～25	砂岩	4～25	煤	2～5
闪长岩	15～30	页岩	2～10	片麻岩	5～20
粗玄岩	15～35	石灰岩	5～25	大理石	7～20
玄武岩	10～30	白云岩	15～25	板岩	7～20

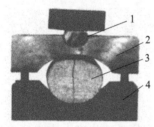

图 3-7　测定劈裂法岩石抗拉强度示意图

1—半球座;2—上加载颚;
3—试件;4—下加载颚

劈裂法是在圆柱体试样的直径方向上,施加相对的线性载荷,使之沿试样直径方向破坏的实验(图 3-7)。

劈裂法可以用于测烘干、自然干燥、饱和的试样,不适用于软弱岩石。

3.2.1　试样制备

① 试样可用钻孔岩芯或岩块,在取样、试样运输和制备过程中应避免扰动,更不允许人为裂隙出现。制备试件时应采用纯净水作冷却液。

② 标准试件采用圆柱体或圆盘形,直径 50 mm、厚 25 mm,高度为直径的 0.5～1.0 倍;也可采用 50 mm×50 mm×50 mm 的方形试件。试样尺寸的允许变化范围不宜超过 5%。

③ 对于非均质的粗粒结构岩石,或取样尺寸小于标准尺寸者,允许使用非标准试样,但高径比必须满足标准试样的要求。

④ 试样个数视所要求的受力方向或含水状态而定,一般情况下至少制备 3 个。

⑤ 试样制备精度。整个厚度上,直径最大误差不应超过 0.1 mm。两端不平行度不宜超过 0.1 mm。端面应垂直于试样轴线,最大偏差不应超过 0.25°。

⑥ 对于遇水崩解、溶解和干缩湿胀的岩石,除应满足干法制备试件的规定外,还应符合下列规定。

a.试件劈裂面的受拉方向应与岩石单轴抗压实验的受力方向一致。

b.试件应采用圆柱体,直径宜为 48~54 mm,高径比宜为 0.5~1.0,试件高度应大于岩石最大颗粒粒径的 10 倍。

3.2.2 试件描述

试件描述应包括下列内容:① 岩石名称、颜色、矿物成分、风化程度;② 试件层理、裂隙及其与加载方向的关系;③ 试件在制备过程中出现的问题;④ 试件尺寸和加工精度;⑤ 含水状态。

3.2.3 主要仪器与设备

① 量测工具:劈裂法实验夹具,试样加工设备等有关仪器详见 3.1.1.2。

② 加载设备:压力实验机详见 3.1.1.2,因岩石的抗拉强度远低于抗压强度,为了提高实验精度,选择压力实验机的吨位不宜过大。

③ 垫条:在岩石劈裂实验中,目前国内外规程中,有加单条、劈裂压模、不加垫条三种,《水利电力工程岩石实验规程》(DL/T 5368—2007)建议采用电工用的胶木板或硬纸板,其宽度与试样直径之比为 0.08~0.1;国际岩石力学学会(ISRM)建议采用压模,压模圆弧直径为试样直径的 1.5 倍;日本、美国等矿业规程建议采用不加垫条,使试样与承压板直接接触。三种方法相比,最后一种比较简单,所以用得较广泛。

3.2.4 实验步骤

① 通过试件直径的两端,在试件的侧面沿轴线方向画两条加载基线,将两根垫条沿加载基线固定。对于坚硬和较坚硬岩石,应选用直径为 1 mm 钢丝为垫条;对于软弱和较软弱的岩石,应选用宽度与试件直径之比为 0.08~0.1 的硬纸板或胶木板为垫条。

② 将试件置于实验机承压板中心,调整球形座,使试件均匀受力,作用力通过两垫条所确定的平面。

③ 以每秒 0.1~0.3 MPa 的速率加载直至试件破坏,软岩和较软岩应适当降低加载速率。

④ 试件最终破坏应通过两垫条决定的平面,否则应视为无效实验。

⑤ 观察试件在受载过程中的破坏发展过程,并记录试件的破坏形态。

3.2.5 实验结果整理

岩石的抗拉强度计算:

$$\sigma_t = \frac{2P}{\pi DH} \tag{3.22}$$

式中，σ_t 为岩石的抗拉强度，MPa；P 为试样破坏时的最大载荷，N；D 为试样直径，mm；H 为试样高度，mm。

计算结果取 3 位有效数字。

金属的剪切实验

3.3　岩石的抗剪强度实验

岩石的剪切强度是岩石抵抗剪应力破坏的最大能力，根据实验时的应力状态和实验条件，又可将岩石剪切强度细分为以下三种。

① 抗剪断强度，指岩石在一定法向应力下沿某一剪切面能抵抗的最大剪应力，实验证明，岩石的抗剪断强度与法向应力近似地服从于库仑定律，即

$$\tau = \sigma\tan\phi + C \tag{3.23}$$

式中，ϕ 为内摩擦角，(°)；C 为内聚力，MPa。

② 抗切强度，指岩石在法向应力为零时，能抵抗的最大应力，根据式(3.23)，由于法向应力为零，因此抗切强度等于内聚力。

③ 抗剪强度，指岩石沿原有破坏面，在一定法向应力作用下能抵抗的最大剪应力。这时的岩石剪切强度主要取决于内摩擦阻力，而内聚力则很小甚至趋于零。

目前，室内测定岩石剪切强度的实验方法很多，如单面和双面剪切等直接剪切实验和变角板法，冲孔实验以及三轴实验等，本节主要介绍国内外常用的变角板及双面(单面)剪切实验。标准岩石试样在有正应力的条件下，剪切面受剪力作用而使试样剪断破坏时的剪力与剪断面积之比，称为岩石试样的抗剪强度。

利用几个不同角度的抗剪夹具做实验，得出试样沿剪断面破坏的正应力和剪应力之间的关系，以确定岩石抗剪强度曲线的一部分。

3.3.1　变角板法

变角板法是利用压力机施加垂直荷载，通过一套特制的夹具使试样沿某一剪切面产生剪切破坏，然后通过静力平衡条件解析剪切面上的法向压应力和剪应力，从而绘制法向压应力 σ 与剪应力 τ 的关系曲线，求得岩石的内聚力 C 和内摩擦角 ϕ。

3.3.1.1　试样制备

试样为 50 mm×50 mm×50 mm 或 70 mm×70 mm×70 mm 的立方体，误差小于 0.2～0.3 mm，试样各端面严格平行，不平行度小于 0.07 mm，四面凸起小于 0.03 mm。试件数量应根据实验方式确定，当取 5 个以上的剪切角度，每个角度下作 1 个试件的剪切实验时，所需试件最少数量为 5 个；当取 3 个剪切角度，每个角度下作 3 个试件的剪切实验，取其算术平均值时，所需试件最少数量为 6～9 个。当采取第二种实验方式时，在计算平均值的同时，应计算偏离度。若偏离度超过 20%，则应增补试件数量，使偏离度不大于 20%。

3.3.1.2 主要仪器与设备

① 制样设备:钻石机、切石机、磨石机;② 压力机:技术要求同上述实验;③ 变角板剪切夹具一套,要求在 45°～70° 范围内有 4～5 个角度可供调整,见图 3-8;④ 卡尺:精度为 0.02 mm。

3.3.1.3 实验步骤

① 试样制备:本实验需边长为 5 cm 的立方体试样,每组加工 4～8 块。试样加工精度要求:相邻面间应互相垂直,偏差不超过 0.25°,相对两面需互相平行,不平行度不得大于 0.005 cm。

② 试样描述及尺寸测量:试样描述同 3.2.2 节中的内容。描述后测量预定剪切面的边长,求出剪切面面积,并做好标记。根据实验要求对试样进行烘干或饱水处理,处理方法与前述相同。

③ 安装试样:将变角板剪切夹具用绳子拴在压力机承压板间,应注意使夹具的中心与压力机的中心线相吻合,然后调整夹具上的夹板螺钉,使刻度达到所要求的角度,将试样安装于变角板内。

④ 加载:启动压力机,同时降下压力机横梁,使剪切夹具与压力机承压板接触,然后调整压力表指针到零点,以每秒 0.5～0.8 MPa 的加荷速度加荷,直至试样破坏,记录破坏荷载 P。

⑤ 破坏试样描述:升起压力机横梁,取出被剪破的试样进行描述,内容包括破坏面的形态及破坏情况等。

⑥ 重复实验:变角板夹具的角度 α,一般在 45°～70° 内选择,以 5° 为间隔如 45°、50°、55°、60°、65°、70°,重复步骤③～⑤进行实验,取得不同角度下的破坏荷载。

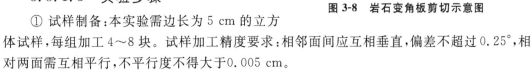
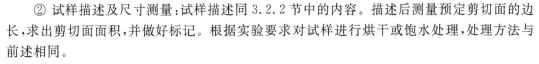

图 3-8　岩石变角板剪切示意图

(图中标注:上承压板、辊轴、变角板、岩石试件、下承压板)

3.3.1.4 实验数据整理

① 按下式计算作用在剪切面上的剪应力和正应力:

$$\tau = \frac{P}{A}(\sin\alpha - f\cos\alpha) \tag{3.24}$$

$$\sigma = \frac{P}{A}(\cos\alpha - f\sin\alpha) \tag{3.25}$$

式中,τ 为剪应力,MPa;σ 为正应力,MPa;P 为试样破坏荷载,N;A 为试样剪切面面积,mm^2;α 为试样放置角度(变角板角度),(°);f 为辊轴摩擦系数;$f = \frac{1}{nd}$,n 为辊轴根数,d 为辊轴直径,mm。

② 按下式计算岩石的抗剪断强度参数:

$$\phi = \arctan \frac{n\sum_{i=1}^{n}\sigma_i\tau_i - \sum_{i=1}^{n}\sigma_i\sum_{i=1}^{n}\tau_i}{n\sum_{i=1}^{n}\sigma_i^2 - \left[\sum_{i=1}^{n}\sigma_i\right]^2} \tag{3.26}$$

$$C = \dfrac{n\sum\limits_{i=1}^{n}{\sigma_i}^2 \sum\limits_{i=1}^{n}\tau_i - \sum\limits_{i=1}^{n}\sigma_i \sum\limits_{i=1}^{n}\sigma_i\tau_i}{n\sum\limits_{i=1}^{n}{\sigma_i}^2 - \left[\sum\limits_{i=1}^{n}\sigma_i\right]^2} \tag{3.27}$$

式中,ϕ 为岩石内摩擦角,(°);C 为岩石的内聚力,MPa;σ_i 为第 i 块试样的破坏正应力,MPa;τ_i 为第 i 块试样的破坏剪应力,MPa;n 为试样块数。

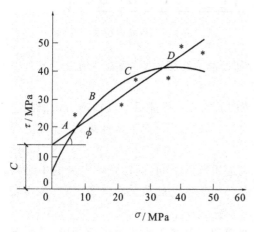

图 3-9　剪应力 τ 与法向应力 σ 关系曲线

计算结果精确至小数点后一位。

在图 3-9 中,以剪应力 τ 为纵坐标,法向应力 σ 为横坐标,将每一试样的 σ、τ 标在坐标系中,以最佳方法拟合一条直线(强度包络线),并在图中求得岩石的内摩擦角 ϕ 和内聚力 C。将各测定内摩擦角下的平均正应力和平均剪应力值画在直角坐标系中,用曲线板连成曲线,或者将数据输入计算机通过绘图软件自动绘图。A、B、C、D 各点分别为不同角度下的平均测值。

为便于工程上的应用,可将岩石强度曲线简化为直线,简化后可用以下方程表示:

$$\tau = C + \sigma\tan\phi \tag{3.28}$$

式中,C 为岩石强度曲线在 τ 轴上的截距,即岩石的内聚力,MPa;ϕ 为岩石强度曲线的倾角,即岩石的内摩擦角,(°)。

岩石强度曲线的简化方法:在曲线上的 A、B、C、D 各点间试作直线,使该直线通过的点为最多,并使不在直线上的点均匀分布在直线的两侧,各点距直线距离最小,该直线即为反映实验结果的最佳直线。

C 和 ϕ 值的计算:在简化后的直线上任意取两点,求出剪应力 τ_1 和 τ_2,正应力 σ_1 和 σ_2,代入下面公式,即可求出 C 和 ϕ 值。

$$C = \tau_2 - \sigma_2\tan\phi \tag{3.29}$$

$$\phi = \arctan\frac{\tau_2 - \tau_1}{\sigma_2 - \sigma_1} \tag{3.30}$$

式中,C 值计算结果取到小数点后一位,ϕ 最小位数取到分。

以上两种求内摩擦角(ϕ)和内聚力(C)的方法可任选一种,也可两种同时用,以便比较。

3.3.1.5　实验报告内容

① 整理记录表格。

② 整理试样描述记录。

3.3.1.6　实验注意事项

① 实验时夹具周围应用木板或其他板材,护住压力机立柱,以避免试样突然破坏,夹具

滑出而打坏压力机。

② 在变动变角板角度时,应先调整上承压板,同时调整过程中要用手托住变角板以防止变角板掉下来,上承压板角度整好后,再调下承压板,这时须放一块四方柱形铁块代替试样。

3.3.2 双面(单面)剪切法

双面剪切的夹具是由三块钻有圆孔的钢块构成的,实验时,用圆柱形试件放入圆孔中,在中间部分加载,试件沿两个面被剪断。

单面剪切的夹具则由试件固定框架和加荷剪切刀具组成,实验时,由加荷刀具将固定在框架中的试件切断,以求岩石的抗剪强度。

双面(单面)剪切实验的目的是测定岩石的抗剪强度,由于剪切面上的法向应力为主导,因此抗剪强度仅取决于岩石的内聚力。

3.3.2.1 主要仪器与设备

① 制样设备:切石机、钻石机及磨石机等;② 压力机;③ 双面剪切夹具或单面剪切夹具(图 3-10 和图 3-11);④ 测量平台、卡尺、放大镜等;⑤ 其他:烘箱、干燥器。

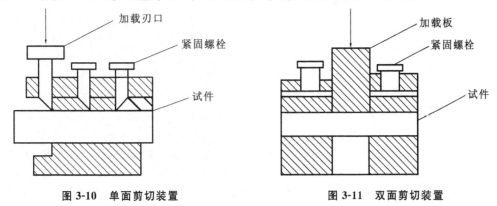

图 3-10　单面剪切装置　　　　　图 3-11　双面剪切装置

3.3.2.2 实验步骤

① 试样制备:双面剪切实验采用直径为 9 cm,长为 20 cm 的岩芯柱体。单面剪切实验采用长 12 cm、宽 4 cm、高 2 cm 的长方柱体。以上试样每组需制备 3 块,试样加工精度为 0.01 mm。

② 试样描述及尺寸量测:试样描述同 3.2.2 节中的内容;描述后须根据实验要求对试样进行烘干或饱和处理,处理方法与前面章节相同。根据量积法中规定要求,测量试样尺寸,求得预定剪切面的面积 A,做好标记。

③ 安装试样用双面剪切夹具时,将试样放在剪切夹具内,旋紧两边的固定螺栓,并将加载板对准试样中间受剪切的标记处。用单面剪切夹具时,将试样放在固定框架内固定好,并将剪切刀具对准试样受剪切的标记处,然后固定螺栓。

④ 加荷:将安装有试样的剪切夹具置于压力机承压板中心,启动压力机并调整指针到零,然后以每秒 0.3~0.5 MPa 的加荷速度加荷,直至试样破坏,记下破坏荷载。

3.3.2.3　实验数据整理

对于双面剪切：

$$\tau_c = \frac{P}{2A} \tag{3.31}$$

对于单面剪切：

$$\tau_c = \frac{P}{A} \tag{3.32}$$

式中，τ_c 为岩石的抗剪强度，MPa；P 为试件破坏荷载，N；A 为剪切面的面积，cm^2。

计算结果精确至小数点后一位。

3.3.3　结构面抗剪强度实验

便携式剪切仪测定岩体中结构面剪切强度参数。该仪器由上、下剪切盒，水平和垂向千斤顶，以及测微器件和钢丝绳组成。

实验时将制备好的试样装入剪切盒中，先通过垂向千斤顶加预定的法向应力，然后通过水平千斤顶分级施加剪应力至破坏，测得破坏时的极限剪应力 τ_{max}。若分别用多个试样，在不同正应力下，求取其破坏极限剪应力，便可根据库仑定律 $\tau = \sigma\tan\phi + C$，来确定剪切面的抗剪强度参数（内摩擦角 ϕ 和内聚力 C）。

3.3.3.1　试样制备

① 采样：现场采取试样，其规格为长 8～10 cm，高 7～8 cm 的近似方块体，也可采大块试样回室内加工成前述规格的试样，注意应使试样保持原状，并在现场用油漆标出剪切方向，用细铁丝将试样捆扎好，以保证试样不被扰动，并现场进行编号登记，取出试样后，立即在试样表面涂 1～2 层凡士林。

② 受剪面积的粗测：若试样不规则，可用细铁丝紧贴试样受剪面绕一周，获得一个用铁丝圈成的与受剪面轮廓相应的面积，并将它绘在纸上，用求积仪求出受剪面的粗略面积。

③ 试样浇注：浇注前，在样模内壁涂上一层薄黄油，并覆上一张牛皮纸，以使浇注好的试样易与样模脱离。然后，在半个样模内加少量的水泥砂浆，将试样居中放入，使受剪面高出样模边框 4～5 mm，并使之水平；同时，保持剪切方向与模具框长边方向一致，随后注入水泥砂浆填满捣实，待水泥砂浆凝固（约 12 h）后，在另一半空样模内先加适量砂浆，在模具边框两端各放一根开缝垫条，将已凝固的那一半样模倒转，盖在另一半样模上对齐。最后，从开缝中向空模注入砂浆，填满捣实，24 h 后拆去取出试样，进行养护，每组需制备 4～6 块，见图 3-12。

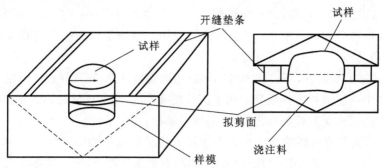

图 3-12　试样制作示意图

3.3.3.2 主要仪器与设备

① 便携式剪切仪(图 3-13),由以下三部分组成。

a. 上、下剪切盒:最大剪切面为 16 mm × 16 mm。

b.加荷和测力装置:包括 2 个油泵、3 个千斤顶,每个千斤顶出力 78.4 kN,2 个压力表。

c.6 个百分表。

② 制样模具(5 套)及开缝垫条(10 根)。

③ 其他:调土刀、钢锯条、大剪刀、求积仪、红色仪、红色铅笔、细铁丝、高标号水泥、粗砂及碎石、黄油、牛皮纸及透明纸等。

图 3-13 便携式剪切仪

3.3.3.3 实验步骤

岩石抗剪强度实验步骤包括以下几个部分。

① 描述试样的颜色、颗粒、层理方向、加工精度等情况,在试样上画出剪切线。

② 用游标卡尺量测试样的高、宽、长,精确到 0.05 mm,并计算剪切面的面积。

③ 把试样和抗剪夹具一起放在压力实验机的承压板上,夹具与垫板之间放滚轴以消除摩擦力,试样和抗剪夹具周围放防护罩。

④ 以每秒 0.5~1.0 MPa 的速度加载,直到试样剪断为止,记录下破坏时的载荷。

⑤ 按 20°、30°、45°不同夹具,分别逐个进行实验,每个角度做 3 件试样。

⑥ 安装试样。将制备好的试样置于剪切仪的下剪切盒中,盖上上剪切盒;将油泵与千斤顶连接,稍加垂直和水平荷载,使钢丝绳拉直,剪断(或锯断)捆扎试样的铁丝,注意勿伤及试样。最后,安装垂向和水平百分表,并调零。

⑦ 加正应力。用垂直加荷系统加预定的正应力,预定的正应力按下式换算成压力表读数。

$$I_\sigma = \frac{\sigma' A_\text{j}' - G}{A_\text{v}} \qquad (3.33)$$

式中,I_σ 为垂直压力表读数,MPa;σ' 为预定的正应力,MPa;A_j' 为粗测的受剪切面面积,mm^2;G 为上剪切盒、垂直千斤顶和上半试样的总重量,N;A_v 为垂直千斤顶活塞面积,mm^2。

在加正应力过程中,分级记录各垂直百分表读数。

⑧ 加剪应力。将正应力保持恒定,逐级施加剪应力,每 30 s 加一级,直至试样剪断。剪断标志:水平压力表指针不再上升,甚至下降,或者剪切位移持续增大,每级剪应力的大小,可按正应力的 2‰~5‰取值。在施加每级剪应力之前,应测记剪切位移 L_h 和垂直位移 L_v。

⑨ 剪切面积测量与描述。实验结束后,掀去试样上半部分,称取其质量,并测量剪切面积。测量时,可用透明纸覆于剪切面上,用笔勾画出剪切面周围的轮廓线,用求积仪计算出剪切面积的精确面积 A_j。

⑩ 重复实验。改变不同的正应力,重复步骤②~⑤,对其余试样进行实验。

3.3.3.4　实验数据整理

① 正应力和剪应力计算。

$$\sigma = \frac{I_\sigma A_v + G}{A_j} \tag{3.34}$$

$$\tau = \frac{I_\tau A_k}{A_j} \tag{3.35}$$

式中，σ 为正应力，MPa；τ 为剪应力，MPa；A_j 为剪切面实测面积，mm²；I_σ 为轴向压力，MPa；I_τ 为横向剪切压力表读数，MPa；A_k 为横向千斤顶活塞面积，mm²；其余符号意义同前。

② 以剪应力为纵坐标，剪切位移为横坐标绘制剪应力 τ 与剪切位移 L_h 关系曲线（图 3-14），同时，选取曲线上的峰值或稳定值作为抗剪强度 τ_{max} 值。

③ 以抗剪强度为纵坐标，正应力为横坐标绘制抗剪强度 τ_{max} 与正应力 σ 的关系曲线（图 3-15），然后拟合最佳直线，并求取其结构面的内摩擦角 ϕ 和内聚力 C。

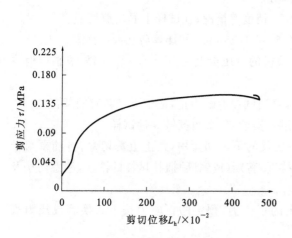

图 3-14　剪应力-剪切位移关系曲线　　图 3-15　抗剪强度-正应力关系曲线

④ 整理记录表格。

⑤ 绘制 σ-τ 关系曲线，并求结构面的内摩擦角 ϕ 和内聚力 C。

3.3.3.5　实验注意事项

① 为使水泥砂浆快速凝固，需在砂浆中加入速凝剂，且水泥∶砂（加碎石）∶水的配比大致是 1∶0.5∶0.4。

② 如需进行饱水实验，还需将试样先行饱和，饱和方法与本书其他章节所述相同；实验时，需将剪切仪放入水中，并使水浸过剪切面。

3.3.4　不规则试件抗剪强度实验

由于软岩强度比较低、遇水膨胀等特点，难以加工成规则试件，因此，不规则试件抗剪强度实验适合软岩。

（1）设备、量具及材料。

设备、量具及材料同前。

（2）试件规格、数量和含水状态。

试件应近似于圆柱体，不得采用圆锥体或双锥体，其表面要求比较平滑。试件高度约 6 cm，直径 4.5～5.0 cm，试件数量和含水状态同以上章节。

（3）实验步骤。

① 制作衬模。将不规则试件表面涂防水油漆后风干（或用防水套扎紧），然后用加速凝剂的高铝水泥或高标号水泥胶固在 7.07 cm×7.07 cm×7.07 cm 的方形试模中，在试模中部平面上铺一层厚约 1 mm 的云母片或云母粉，作为试件的剪切面（图 3-16 和图 3-17）。经 24 h 后拆模，用湿毛巾覆盖，喷水养护 28 d。

注：模具形状为方形，云母为粉状或片状，胶固在模具的水泥为高铝水泥或高标号水泥。

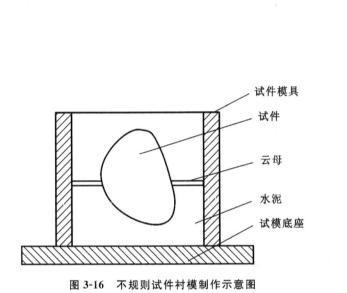

图 3-16　不规则试件衬模制作示意图　　　　图 3-17　不规则试件抗剪示意图

② 将制作好的不规则试件衬模加工成 7 cm×7 cm×7 cm 的立方体试件。

（4）实验结果计算和数据整理。

利用玻璃板或透明纸，将不规则试件的剪切面素描下来，然后求积仪或者用坐标纸画出的方格网，计算出剪切面积。

实验结果计算和数据整理与其他章节相同。

3.4　岩石的点荷载实验

点荷载实验是将岩石试样置于两个球形圆锥状压板之间，对试样施加集中荷载，直至破坏，然后根据破坏荷载求得岩石的点荷载强度。点荷载强度，可作为岩石强度分类及岩体风化分类的指标，也可用于评价岩石强度的各向异性程度，预估与之相关的其他强度如单轴抗压强度和抗拉强度等指标。

3.4.1　试样制备

① 试样分组。将肉眼可辨的、工程地质特征大致相同的岩石试样分为一组,如果岩石是各向异性的(如层理、片理明显的沉积岩和变质岩),还应再分为平行和垂直层理加荷的亚组,每组试样约需 15 块。

② 本实验可用岩芯样,规则或不规则岩块样。对不同形状试样的尺寸要求如下:岩芯径向实验,试样的径长比应大于 1.0;轴向实验,试样的径长比应等于或小于 1.0;不规则岩块样,其长(L)、宽(W)、高(h)应尽可能满足 $L \geqslant W \geqslant h$,试样高度 h 一般控制在 0.5～10 cm之间,使之能满足实验仪器加载系统对试样尺寸的要求。另外,试样加荷点附近的岩面要修平整。

③ 根据实验要求对试样进行烘干或饱水处理。烘干试样,是在 105～110 ℃温度下烘干 12 h;饱水试样,是先将试样逐步浸水,按试样高的 1/4、1/2、3/4 及 4/4 等份用 6 h 将试样全部浸入水中(如试样高度很小,允许分 1/2、1 等份浸水),自由吸水 48 h,然后用煮沸法或真空抽气法饱和试样。

④ 描述试样。描述内容:除岩性外,重点应对其结构构造特征(如颗粒粗细、排列以及节理、层理等发育特征)及风化程度等进行描述。

⑤ 试样尺寸粗测。对岩芯样及规则样,分别测量各试样的长(L)、宽(W)、高(h)的尺寸;对不规则岩块样,可通过试样中心点测量试样的长(L)、宽(W)、高(h)的尺寸。

3.4.2　主要仪器与设备

点荷载实验仪,如图 3-18 所示,它包括以下组成部分。

① 加载系统,由手摇卧式油泵、承压框架及球端圆锥状压板组成。油泵出力一般约为50 kN;承压框架应有足够的刚度,要保证在最大破坏荷载反复作用下不产生永久性扭曲变形;球端圆锥状压板球面曲率半径为 5 mm,圆锥的顶角为 60°(图 3-19),采用坚硬材料制成。

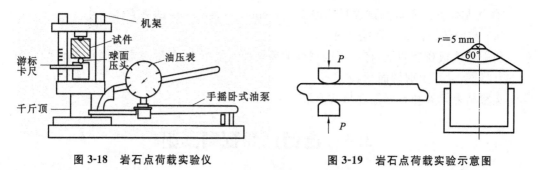

图 3-18　岩石点荷载实验仪　　　　　　图 3-19　岩石点荷载实验示意图

② 油压表。量程约为 10 MPa,其测量精度应保证达到破坏荷载读数 P 的 2%,整个荷载测量系统应能抵抗液压冲击和振动,不受反复加载的影响。

③ 标距测量部分。采用 0.2 mm 刻度钢尺或位移传感器,应保证试样加荷点间的测量精度达±0.2 mm。

④ 测量仪器。卡尺或钢卷尺,地质锤。

3.4.3 实验步骤

(1)安装试样。

试样安装前,先检查实验仪器的上、下两个加荷锥头是否准确对中,然后将试样放置于实验仪中,摇动手摇卧式油泵升起下锥头,使加荷锥头与试样的最短边方向紧密接触,注意让接触点尽量与试样中心重合。若需要测定结构面(层理、片理、节理等)的强度,则应确保两加荷点的连线在同一结构中,如图 3-20 所示。

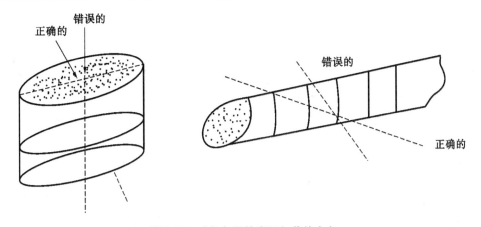

图 3-20 对各向异性岩石加载的方向

(2)加载。

试样安装后,调整压力表指针到零点,以在 10～60 s 内能使试样破坏(相当于每秒 0.05～0.1 MPa)的加荷速度匀速加荷,直到试样破坏,记下破坏时的压力表读数 F。

(3)描述试样破坏的特点。

正常的试样破坏面应同时通过上、下两个加荷点,如果破坏面只通过一个加荷点,如图 3-21 所示,便产生局部破坏,则该次实验无效,应舍弃。破坏面的描述还应包括破坏面的平直或弯曲等情况。

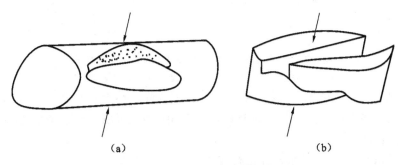

图 3-21 不正确实验的破坏模式

(a)不正确的径向实验;(b)不正确的轴向实验

（4）破坏面尺寸测量。

试样破坏后，须对破坏面的尺寸进行测量，测量的尺寸包括上、下两加荷点间的距离 D 和垂直于加荷点连线的平均宽度 W_f，其方法见图 3-22，分岩芯径向实验、岩芯轴向实验和不规则块体实验三种情况说明了 D 和 W_f 的测量方法，测量误差不超过 ± 0.2 mm。

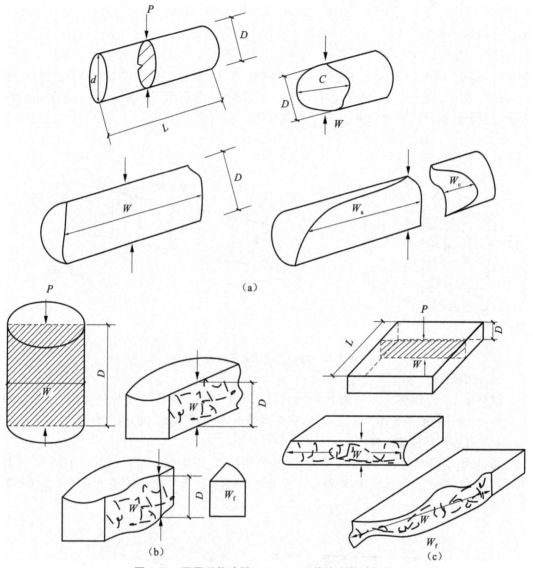

图 3-22 不同形状试样 L、W、D、W_f 的确定及破坏面

（a）岩芯径向实验；（b）岩芯轴向实验；（c）不规则块体实验

注：图 3-22 中，P 为荷载；L 为试样长度；W_f 为试样破坏面近似宽度；D 为试样破坏面上的荷载之间的距离；W_a 为试样破坏面最大宽度；W_c 为试样破坏面最小宽度。

（5）重复实验。

重复步骤（1）～（4），对其余试样进行实验。

3.4.4　实验数据整理

① 按下式计算试样破坏荷载：

$$P = CF \tag{3.36}$$

式中，P 为试样破坏时总荷载，N；C 为仪器标定系数（为千斤顶的活塞面积，mm^2），一般在各仪器的说明书都有该仪器的标定系数供参考；F 为试样破坏时的油压表读数，MPa。

② 按下式计算试样的破坏面面积和等效圆直径的平方值：

$$A_f = DW_f \tag{3.37}$$

$$D_e^2 = \frac{4A_f}{\pi} \tag{3.38}$$

式中，A_f 为试样的破坏面面积，mm^2；D 为在试样破坏面上测量的两加荷点之间的距离，mm；W_f 为试样破坏面上垂直于加荷点连续的平均宽度，mm；D_e 为等效圆直径，为面积与破坏面面积相等的圆的直径，mm。

③ 按下式计算岩石试样的点荷载强度：

$$I_s = \frac{P}{D_e^2} \tag{3.39}$$

式中，I_s 为试样点荷载强度，MPa；其余符号同前。

④ 求平均值。当测得的点荷载强度数据在每组 15 个以上时，将最高和最低值各删去 3 个。如果测得的数据较少时，则仅将最高和最低值删去，然后求其算术平均值，作为该组岩石的点荷载强度，最后结果取至小数点后两位。

3.4.5　实验报告内容

① 整理记录表格。
② 整理试样描述资料。

3.4.6　实验注意事项

① 由于岩石点荷载强度一般都比较低，因此在实验中一定要控制好加载速度，慢慢加压，使压力表指针慢慢而均匀地前进。

② 安装试样时，上、下加载点应注意对准试样中心，并使其加荷面垂直于加荷点的连线。

③ 在对软岩进行实验时，加荷锥头常有一定的嵌入度。因此，在测量加荷点间距离 D 时，应将卡尺对准试样破坏上加荷锥留下来的两个凹痕底进行测量。

4 岩石变形实验

岩石的变形是指岩石在外在荷载作用下,因内部颗粒间相对位置变化而产生大小的变化。反映岩石变形性质的参数常用的有:变形模量和泊松比。

岩石变形模量是指试样在单向压缩条件下,压应力与纵向应变之比,又可分为以下几种。

① 初始模量。应力-应变曲线原点处的切线斜率。

② 切线模量。应力-应变曲线上某一点处的切线斜率。

③ 割线模量。应力-应变曲线某一点与原点 O 连线的斜率,一般取单轴抗压强度的 50% 应变点与原点连线的斜率代表该岩石的变形模量。

泊松比是指单向压缩条件下横向应变与纵向应变之比,一般用单轴抗压强度的 50% 对应的横向应变与纵向应变之比作为岩石的泊松比。

岩石变形实验是将岩石试样置于压力机上加压,同时用应变统计或位移计测记不同压力下的岩石变形值,求得应力-应变曲线,然后通过该曲线求岩石的变形模量和泊松比。目前,测记变形(或应变)的仪表很多,如电阻应变仪、千分表、线性差动变换器等,其中以电阻应变仪使用最广。

4.1 电阻应变片的粘贴技术

电阻应变片的
粘贴技术

4.1.1 实验简介

应力测量是结构实验中很重要的测量内容,一般均采用电阻应变法测量应变而求得。

电阻应变法具有精度高、灵敏度高并可远距离、多点测量及快速数据采集处理等优点。另外,用电阻应变片作为转换元件加上一些弹性元件能制作各种电阻应变式传感器来测定结构实验中各种物理量的变化。

由于构件的变形是通过应变片的电阻变化来测定,因此,应变测试中,应变片的粘贴是极为重要的一个技术环节。应变片的粘贴质量直接影响测试数据的稳定性和测试结果的准确性。在实验中要求认真掌握应变片粘贴技术。应变片粘贴过程有应变片的筛选、测点表面处理与测点定位、应变片粘贴固化、导线焊接与固定和应变片粘贴质量检查等。

4.1.2 实验目的

学习并掌握常温电阻应变片的粘贴技术。

4.1.3 实验仪器、设备及耗材

常用仪器与设备包括：试件，电阻应变片，接线端子，数字万用电表，测量导线，砂布、丙酮、药棉等清洗器材，502胶，防潮剂，玻璃纸，胶带，划针，电烙铁，剪刀。

这里对电阻应变片进行简要说明。

电阻应变片（简称应变片）是由很细的电阻丝绕成栅状或用很薄的金属箔腐蚀成栅状，并用胶水粘贴固定在两层绝缘薄片中制成，如图4-1所示。栅的两端各焊一小段引线，以供实验时与导线连接。应变片的基本参数有灵敏系数 K、初始电阻值 R、标距 L 和宽度 B。

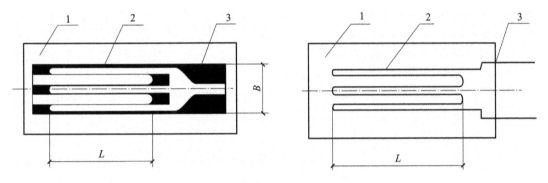

图 4-1 电阻应变片示意图

1—基体；2—合金丝或栅状金属箔；3—金属丝引线

实验时，将应变片用专门的胶水牢固地粘贴在构件表面需测应变处。当该部位沿应变片 L 方向产生线变形时，应变片亦随之一起变形，应变片的电阻值也产生了相应的变化。实验证明，在一定范围内应变片的电阻变化率 ΔR 与该处构件的长度变化 ΔL 成正比，即

$$\frac{\Delta R}{R} = \frac{K \Delta L}{L} \tag{4.1}$$

式中，R 为应变片的初始电阻值，Ω；ΔR 为应变片电阻变化值，Ω；K 为应变片的灵敏系数，表示每单位应变所造成的相对电阻变化，由制造厂家抽样标定给出的，一般 K 值在 2.0 左右。

4.1.4 实验步骤

（1）应变片的筛选。

① 应变片的外观检查。要求其基底、覆盖层无破损折曲；敏感栅平直、排列整齐；无锈斑、霉点、气泡；引出线焊接牢固。可在放大镜下检查，以免遗漏微小瑕疵。

② 应变片阻值与绝缘电阻的检查。用万用电表检查应变片的初始电阻值，对于同一测区的应变片阻值之差应小于±0.5 Ω，剔除短路、断路的应变片。

（2）测点表面处理与测点定位。

① 为了使应变片牢固地粘贴在构件表面，必须要进行表面处理。测点表面处理是在测点范围内的试件表面上，用机械方法，粗砂纸打磨，除去氧化层、锈斑、涂层、油污，使其平整光洁。再用细砂纸沿应变片轴线方向成45°角打磨，以保证应变片受力均匀。然后，用脱脂棉球蘸丙酮或酒精沿同一方向清洗贴片处，直至棉球上看不见污迹为止。

② 对于混凝土试件,要清除表面浮浆及污物,贴片位置应避开空洞或石子,在贴片区涂上防水底层。

③ 构件表面处理的面积应大于电阻应变片的面积。

④ 测点定位。用划针或铅笔在测点处划出纵横中心线,纵线方向应与应变方向一致。

(3) 应变片粘贴固化。

应变片粘贴,即将电阻应变片准确、可靠地粘贴在试件的测点上。分别在构件预贴应变片处及电阻应变片底面涂上一薄层胶水(如 502 瞬时胶),将应变片准确地贴在预定的画线部位上,垫上玻璃纸,以防胶水糊在手指上;然后,用拇指沿同一方向轻轻滚压,挤去多余胶水和胶层的气泡;最后,用手指按住应变片 1~2 min,待胶水初步固化后,即可松手。粘贴好的应变片应位置准确;胶层薄而均匀,密实而无气泡。室温固化黏结剂在完成上述工序后,即可自然干燥固化,一般时间为 1~2 min;502 胶水黏结时,采用自然干燥固化。有时为促进固化,提高黏结强度,可在贴好的应变片上垫海绵后用重物压住;为了加快胶层硬化速度,可以用紫外线灯光烘烤。

(4) 导线焊接与固定。

导线是将应变片的感受信息传递给测试仪表的过渡线,其一端与应变片的引出线相连接,另一端与测试仪表(如电阻应变仪)相连接。应变片的引出线很细,且引出线与应变片电阻丝的连接强度较低,很易被拉断。所以,导线与应变片之间通过接线端子连接,如图 4-2 所示。接线端子在粘贴应变片的同时紧挨端子测量导线应变片端头粘贴上,不应有间距。将应变片引出线焊接到接线端子的一端,然后将接线端子的另一端与导线焊接。所有连接必须用锡焊焊接,以保证测试线路导电性能的质量,焊点要小而牢固,防止烧坏应变片或虚焊。引线至测量仪器间的导线规格、长度应一致,排列要整齐,分段固定。导线的固定可采用医用胶布、703 胶及橡皮泥等。

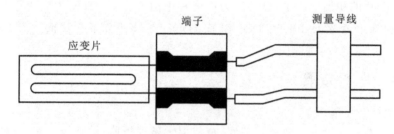

图 4-2　导线、端子、应变片连接示意图

(5) 应变片粘贴质量检查。

用放大镜观察黏合层是否有气泡,整个应变片是否全部粘贴牢固,有无短路、断路等部位。检查应变片粘贴的位置是否正确,其中线是否与测点预定方向重合。用万用电表检查应变片的电阻值,一般粘贴前后不应有大的变化。若发生明显变化,应检查焊点质量或者断线。应变片与试件之间的绝缘电阻应大于 200 MΩ。

（6）应变片的防护处理。

为了防止应变片受机械损伤或受外界的水、蒸气等介质的影响，应变片需加以防护。短期防护可用烙铁熔化石蜡覆盖应变片区域，长期防护可涂上一层保护胶，如703胶、环氧树脂等。根据实验条件和要求采取相应的防护措施，如图4-3所示。

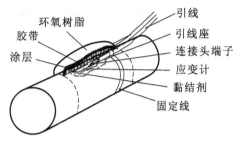

图4-3　应变片防护处理示意图

4.1.5　实验注意事项

粘贴应变片时，注意不要被502胶粘住手指或皮肤。若被粘上，可用丙酮泡洗掉。502胶有刺激性气味不宜多闻，切不要溅入眼睛。

4.2　DH3816N 静态应变测试分析系统的使用

静态应变测试分析系统的使用

DH3816N 静态应变测试分析系统是一款新型的应变测试分析系统，具有精确、便捷、易于操作的特点，适用于实验室内的结构实验以及各种复杂工程现场实验。

4.2.1　安装与调试

（1）通过网线将计算机和 DH3816N 进行连接；使用多台仪器时，需将所有仪器与交换机连接后再与计算机连接。

（2）打开 DH3816N 的软件安装包进行安装，安装类型选择"典型"。

（3）配置计算机 IP 地址，将计算机的 IP 地址改为目的地址。在桌面上右击"网上邻居"，在弹出的菜单中选择"属性"；右键点击"本地连接"，选择"属性"；在弹出的对话框里，选择"Internet 协议（TCP/IP）"，点击"属性"按钮；在随后打开的窗口里，选择"使用下面的 IP 地址(S)"；将 IP 地址设为"192.168.0.×××"（×××在200～254之间），设置完成后点击"确认"提交设置，再在本地连接"属性"中点击"确定"保存设置。

（4）查找仪器。将仪器连接好后，点击图标打开软件，界面如图4-4所示。

查找仪器的步骤如下所示：

① 点击"设置"里的"端口设置"，"通讯端口"选择"Network"，确定。

② 点击"设置"里的"网络设置"，进入网络设置对话框。

③ 点击"扫描设备"，若查找到仪器，左边一栏即显示仪器的设备号。

④ 单击扫描到的仪器与设备号，右边的"以太网通信参数"会显示网关 IP 地址、子网掩码、设备 IP 地址以及目的 IP 地址，如图4-5所示。

⑤ 得到目的 IP 地址后，点击"退出"，关闭软件。

⑥ 将计算机的本地 IP 地址改为目的 IP 地址，子网掩码为：255.255.255.0。

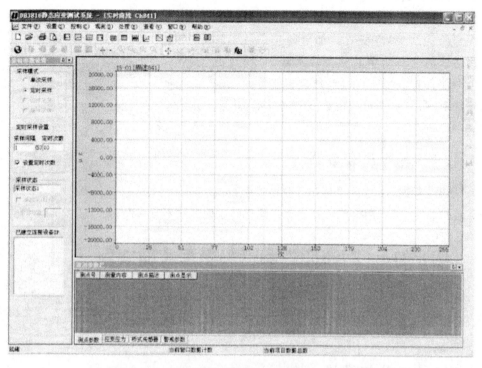

图 4-4 DH3816N 静态应变测试分析系统软件界面

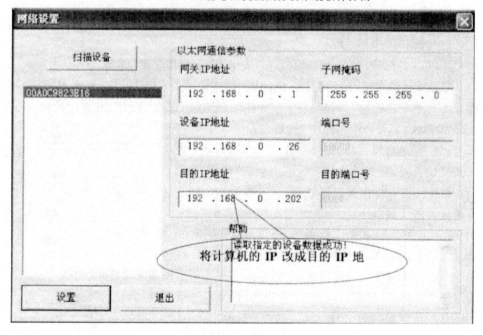

图 4-5 网络设置界面

⑦ 重启仪器,打开软件,在软件最右边的菜单栏点击图标"🔍",出现如图 4-6 所示界面,即表示查找到机箱。

多台 DH3816N 的连接方法如下。

① 设置计算机 IP 地址为"192.168.0.×××"(××× 在 200～254 之间),子网掩码设置为:255.255.255.0。

② 通过交换机将多台仪器连到计算机上,打开软件点击 "网络设置",扫描设备,左边一栏显示扫描到的所有仪器,单击一台设备号,将这台设备的目的 IP 地址设置成计算机 IP 地址,后点击"设置"。设置成功后,再单击下台仪器的设备号,再次设置仪器的目的 IP 地址,改为计算机的 IP 地址。

③ 所有仪器的目的 IP 地址都设置成计算机 IP 地址后,将软件和仪器都重启,点击"查找设备"按钮,即会找到所有仪器的通道。

图 4-6　查找机箱成功界面

4.2.2　测量过程

(1) 与应变片进行连接。应变片的灵敏度系数一般是 2.0 左右,在应变片的技术指标上都会标明,测量的时候直接输入软件。

(2) 设备查找成功后,首先新建项目,点击工具栏上"□"按钮或在菜单栏上选择"文件"→"新建文件",弹出如图 4-7 所示的对话框。

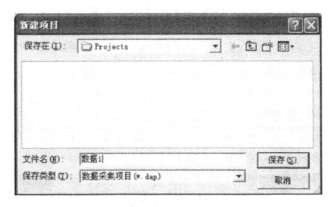

图 4-7　"新建项目"对话框

输入项目名称后,点击"保存"按钮。

(3) 新建项目后,首先是通道参数的设置,如图 4-8 所示。

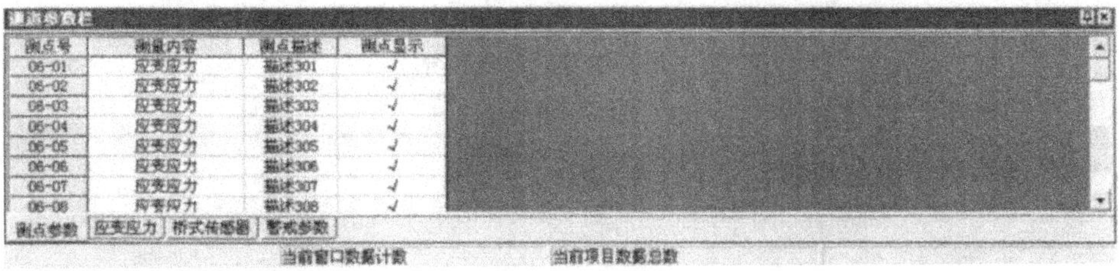

图 4-8　通道参数设置界面

对于应变测量,通道子参数界面如图 4-9 所示。

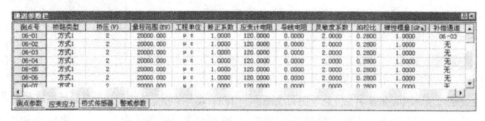

图 4-9　应变测量通道子参数设置界面

根据实验情况对"桥路类型"、"应变计电阻"、"导线电阻"、"灵敏度系数"、"弹性模量(GPa)"、"泊松比"、"补偿通道"进行设置。

注:

① 当选择方式 1(公共补偿)时,补偿通道接补偿片,默认为该排通道的补偿通道,且此横排通道只能接 1/4 桥。桥路类型详见 4.2.3。导线电阻输入为两根实际导线电阻之和。

② 当选择方式 1(三线制)时,该排通道桥路可以方式 1(三线制)、半桥、全桥混接,公共补偿端不接。详见 4.2.3。导线电阻输入为单根实际导线电阻。

③ 当选择方式 2、方式 3、方式 4 时,将应变计分别用两根导线接至数据采集箱,导线电阻为两根实际导线电阻之和。若将两组应变计的一端连接成公共线后再引线至数据采集箱,导线电阻为单根实际导线电阻。

④ 当选择方式 5、方式 6 时,导线电阻为两根实际导线之和。

计量注意事项:

① 当应变源为半桥接法时,软件设置为方式 2;

② 当应变源为全桥接法时,软件设置为方式 6,由于桥路的程控切换,实际结果为采集到的数据的 4 倍;

③ 采样之前,一定要进行导线电阻测量,并输入实际导线电阻值。

(4) 设置警戒参数。警戒参数的设置如图 4-10 所示。可根据自己的需求设置,是否参加警戒、报警类型、警戒上限以及警戒下限。

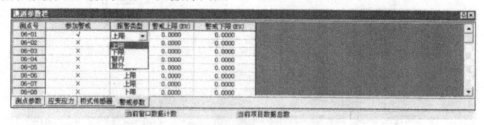

图 4-10　设置警戒参数界面

(5) 平衡清零。开始采样前,先进行平衡操作。

(6) 开始采样。点击图标"　　"开始采样。

4.2.3　桥路类型

桥路类型是指在应变电桥中,根据不同的测试情况,接应变计的数量和方式不同。在DH3816N 静态应变测试分析系统中,具体分为方式 1 到方式 6,表 4-1 为应变片贴片方式及与采集箱的连接方式。

注:只有方式 1(公共补偿)才是用面板所标识的"补偿"通道。

表 4-1　　　　　　　　　　　　　**应变片贴片方式及与采集箱的连接方式**

序号	说明	示例	应变片的连接
方式 1 (公共补偿)	1/4 桥 (1 片工作片, 1 片补偿片) 适用于测量简单拉伸压缩或弯曲应变		
方式 1 (三线制)	1/4 桥 (三线制自补偿) 适用于测量简单拉伸压缩或弯曲应变		
方式 2	半桥 (1 片工作片, 1 片补偿片) 适用于测量简单拉伸压缩或弯曲应变, 环境较恶劣		

序号	说明	示例	应变片的连接
方式 3	半桥 （2 片工作片） 适用于测量简单 拉伸压缩或 弯曲应变,环境 温度变化较大		
方式 4	半桥(2 片工作片) 适用于只测弯曲 应变,消除了拉伸 和压缩应变		
方式 5	全桥 （4 片工作片） 适用于只测拉伸 压缩的应变		
方式 6	全桥 （4 片工作片） 适用于只测弯曲 应变		

4.3　岩石在单轴静态压缩条件下的变形实验

岩石的静态压缩变形参数反映岩石在静态荷载作用下的变形性质。静态压缩变形测试方法简单,且可与抗拉强度、剪切强度同时进行测量。

4.3.1　试样制备

① 样品可用钻孔岩芯或在坑槽中采取的岩块,在取样和试样制备过程中,不允许发生人为裂隙。

② 试件规格:采用直径 5 cm,高为 10 cm 的圆柱体。各尺寸允许变化范围为:直径及边长为±0.2 cm,高为±0.5 cm。

③ 试样制备的精度应满足如下要求。

a. 沿试样高度,直径的误差不超过 0.03 cm;

b. 试样两端面不平行度误差,最大不超过 0.005 cm;

c. 端面应垂直于轴线,最大偏差不超过 0.25°;

d. 方柱体试样的相邻两面应互相垂直,最大偏差不超过 0.25°。

4.3.2　主要仪器与设备

① 制样设备:钻岩机、切石机、磨片机等;② 测量平台;③ 压力机;④ DH3816N 静态应变测试分析系统;⑤ 电阻片以及贴片设备;⑥ 电线及焊接设备。

4.3.3　实验步骤

(1) 试样描述。

描述内容包括:岩石名称、颜色、矿物成分、结构、风化程度、胶结物性质等,加荷方向与岩石试样内层理、节理、裂隙的关系及试样加工中出现的问题。

(2) 试样尺寸测量。

① 圆柱体试样:直径应沿试样整个高度上分别测量两端面和中点三个断面的直径,取其平均值作为试样直径;高度应在两端等距取三点测量试样的高,取其平均值,作为试样的高,同时检验两端面的不平整度。

② 方柱体:每个边长取四个角点及中心点五处分别测量五个尺寸,取其平均值。尺寸测量均应精确到 0.001 cm。

(3) 试样含水状态处理。

在进行实验前应按要求的含水状态进行风干、烘干或饱和处理。

① 天然状态试样。应在拆除密封后立即制样实验,并测定其含水量。

② 风干试样。在室内放置 4 d 以上。

③ 烘干试样。在 105～110 ℃ 温度下烘干 12 h。

④ 饱水试样。温度为室温,向盛水器中注水,第一次注至试样高度的 1/4 记号处,以后每间隔 2 h 注水一次,分别注至试样高度的 1/2、3/4 处,直至最后注水到高出试样,浸泡 48 h。将试样从盛水器中取出,用湿毛巾擦去表面水分。

(4) 粘贴电阻应变片并进行防潮处理,详见本章第 1 节内容。纵向、横向应变片的数量不少于两片,其绝缘电阻值要大于 200 MΩ。

(5) 与 DH3816N 静态应变测试分析系统进行连接,对采样模式和定时采样进行设置。为求得完整的应力-应变曲线,所测应变值不应小于 10 个。DH3816N 静态应变测试分析系统的应用详见本章第 2 节内容。

(6) 施加荷载。

① 将准备好的试样放置在压力机的承压板中心,启动实验机,使承压板与试样接触。

② 以 0.5~0.8 MPa/s 的速度施加荷载,直至试样破坏或至少超过抗压强度的 50%,在加压过程中,测记各级压力下岩石试样的纵向和横向应变的变化值。

4.3.4 实验数据整理

(1) 按下式计算各级应力值:

$$\sigma = \frac{P}{A} \tag{4.2}$$

式中,σ 为压应力值,MPa;P 为垂直荷载,N;A 为试样横断面面积,mm^2。

(2) 应力-轴向应变曲线、应力-横向应变曲线及应力-体积应变曲线如图 4-11 所示。体积应变按下式计算:

$$\varepsilon_V = \varepsilon_a - 2\varepsilon_1 \tag{4.3}$$

式中,ε_V 为某一级应力下的体积应变;ε_a 为同一级应力下的轴向应变;ε_1 为同一级应力下的横向应变。

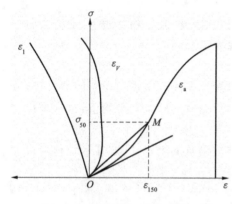

图 4-11 轴向应变、横向应变以及
体积应变与应力的关系曲线

(3) 求变形模量及泊松比。

在应力-应变曲线上,作原点 O 与抗压强度 50%点 M 的连线,变形模量按下式计算:

$$E_{50} = \frac{\sigma_{50}}{\varepsilon_{150}} \tag{4.4}$$

取应力为抗压强度 50%时的轴向应变和横向应变值计算泊松比。

$$\mu_{50} = \frac{\varepsilon_{a50}}{\varepsilon_{150}} \tag{4.5}$$

式中,E_{50} 为岩石割线弹性模量,MPa;μ_{50} 为岩石泊松比;σ_{50} 为相当于抗压强度 50% 的应力值,MPa;ε_{150} 为应力为 σ_{50} 时的轴向应变;ε_{a50} 为应力为 σ_{50} 时的横向应变。

岩石变形模量取 3 位有效数字,泊松比计算值精确至 0.01。

4.3.5 实验报告内容

① 整理记录表格。

② 根据记录资料作应力-轴向应变曲线、应力-横向应变曲线及应力-体积应变曲线,并计算变形模量和泊松比值。

4.3.6 实验注意事项

① 如压力机承压板的尺寸大于试样尺寸的两倍,需在试样上、下端加辅助承压板。

② 贴片时胶要涂得薄而均匀,贴后需细心检查,不能有气泡存在。

③ 在试样加压之前,应检查试样是否均匀受压。其方法是给试样加上少许压力,观测两轴向应变值是否接近,如相差很大,应重新调整试样。

4.4 岩石在动荷载条件下的变形实验

岩石的动力变形参数是反映岩石在动荷载作用下变形性质的参数,常用的动力变形参数有:动弹性模量 E_d、动泊松比 μ_d 及动剪切模量 G_d 等。室内测定岩石的动力变形参数的方法是声波实验法。其基本原理是:在岩石试样中的同测线上分别测量声波的纵波和横波传播速度,然后根据纵波、横波速度与岩石以及变形参数间的关系,求得动弹性模量、动泊松比及动剪切模量。

4.4.1 试样制备

(1)试样制备方法和规格。

试样制备方法和加工精度与岩石压缩实验相同。试样规格采用直径为 5 cm、高为 10 cm 的圆柱体或边长为 5 cm、高为 10 cm 的方柱体,常用做岩石变形实验或单轴抗压强度的试样先行测定其动力变形参数。

(2)试样尺寸测量及描述。

试样尺寸测量方法同量积法。试样描述内容包括:岩石名称、结构构造、结构面发育情况及风化程度等。

4.4.2 主要仪器与设备

① 岩石超声波参数测定仪;
② 换能器,包括纵波换能器和横波换能器,频率范围为 $50\sim1.5$ MHz;
③ 耦合剂,测横波波速一般用铝箔或铜箔,测纵波波速一般用黄油、凡士林;
④ 游标卡尺,精度为 0.02 mm。

4.4.3 实验步骤

(1)仪器调试。

首先接通电源,开机预热 $3\sim5$ min;然后分别测试换能器系统的延迟时间。方法是:将发射、接收两个换能器对接[图 4-12(a)],中间加耦合剂,旋动"扫描延时"旋钮至波形曲线起始点,即可读出换能器与仪器系统的延迟时间(底数) t_{0P} 和 t_{0S}。

(2)测定纵、横波在试样中传播时间。

将纵波换能器上加耦合剂,并与试样耦合[图 4-12(b)],旋动"增益""衰减"等相应旋钮,以调节波形使示波器荧光屏上显示的波清晰可辨,然后调节"扫描延迟",使"起点"指向纵波初始位置(图 4-13),这时显示器中显示的数字即为纵波在试样中传播的时间。

换上横波换能器,用测纵波在试样中传播时间同样的方法,测定横波在试样中的传播时间。

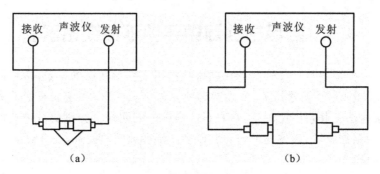

图 4-12　测定纵、横波在试样中的传播

（a）换能器；（b）岩石试样

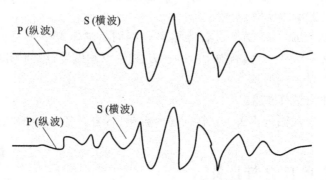

图 4-13　纵波、横波波形示意图

4.4.4　实验数据整理

① 按下式计算纵波及横波的传播时间：

$$t_P = t_P' - t_0 \tag{4.6}$$

$$t_S = t_S' - t_0 \tag{4.7}$$

式中，t_P、t_S 为纵波、横波在岩石试样中的传播时间，μs；t_P'、t_S' 为测试时的仪器读数，μs；t_0 为延迟时间，μs。

② 按下式计算纵波及横波速度：

$$v_P = \frac{l}{t_P} \tag{4.8}$$

$$v_S = \frac{l}{t_S} \tag{4.9}$$

式中，v_P、v_S 为纵波、横波速度，km/s；l 为岩石试样长度，mm；其余符号意义同前。

③ 按下式计算岩石的动力变形参数：

$$\left. \begin{array}{l} E_d = v_P^2 \rho \dfrac{(1+\mu_d)(1-2\mu_d)}{1-\mu_d} = 2v_S^2 \rho(1+\mu_d) \\[3mm] \mu_d = \dfrac{v_P^2 - 2v_S^2}{2(v_P^2 - v_S^2)} \\[3mm] G_d = \dfrac{E_d}{2(1+\mu_d)} v_S^2 \rho \end{array} \right\} \tag{4.10}$$

式中，μ_d 为动泊松比；E_d 为动弹性模量，GPa；G_d 为动剪切模量，GPa；ρ 为岩石密度，g/cm³；其余符号意义同前。计算结果取至小数点后两位。

4.4.5　实验报告内容

整理实验记录表格。

4.4.6　实验注意事项

实验时应尽量使换能器与试样密合，否则接收到的波形会模糊不清，这时可适当加压力，至接收到的波形清晰为止。

4.5　岩石在高(低)温条件下的变形实验

岩石在高(低)温条件下的变形实验

高温和低温应变测量技术，在航空、航天、原子能、石油、化工和动力等部门有着广泛的应用。在高(低)温条件下进行应变测量的转换元件，一般都采用特制的高(低)温电阻应变片，其工作原理和常温电阻应变片是相同的，测量方法也类似，即利用应变片组成测量电桥，由电阻应变仪测得应变数据。但是，由于在高(低)温条件下进行应变测量的工作温度与常温相差较大，因而，有其特殊要求：① 选用适合于高(低)温下工作的应变片；② 选用适合高(低)温的黏合剂及应变片的安装固定工艺；③ 在高(低)温条件下，温度引起应变片及连接导线的热输出严重，故在组接测量电桥时，必须考虑应变片及连接导线的温度补偿；④ 处理数据时，为了减少温度变化引起的误差，应对温度影响进行修正。

4.5.1　高(低)温应变片的结构和类型

高(低)温应变片包括：700 ℃以内的不同类型的静态测量用应变片和1000 ℃动态测量用应变片以及−100 ℃、−200 ℃的低温应变片。

(1) 高温应变片的结构和类型。

① 单丝式高温应变片。这种应变组片的敏感栅是用丝材制成的。丝材采用耐高温的金属丝，如镍铬丝、铁铬铝丝、卡玛合金丝等。高温应变片的基底通常采用下列几种：

a. 浸胶玻璃纤维布基底[图 4-14(a)]，这种基底只能在 300 ℃以下使用。

b. 合金薄片基底[图 4-14(b)]，如镍铬薄片基底、卡玛合金片基底、不锈钢片基底等，这种基底使用温度较高，一般在 350～700 ℃。

c. 临时基底[图 4-14(c)]，即用铜框架或塑料框架作为应变片的临时基底。使用时，利用高温黏合剂或陶瓷喷涂，先将框架窗口内的丝栅粘贴在被测构件上，然后用溶剂将临时框架去掉，再将其余未粘贴的丝栅粘贴在构件上。临时基底适用于更高的温度，一般在 700 ℃以上。

单丝式高温应变片制造工艺简单，成本低。但它的热输出大，使用时，必须采用温度补偿片或利用热输出曲线进行修正。

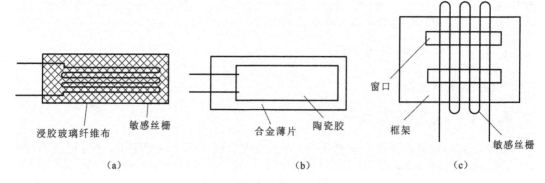

图 4-14　高温应变片的基底形式

(a)浸胶玻璃纤维布基底;(b)合金薄片基底;(c)临时基底

② 自补偿高温应变片。这是一种自身能实现温度补偿的应变片。自补偿高温应变片有以下几种形式。

a.单丝式自补偿高温应变片。这种应变片是利用某些金属丝材由于冶炼、热处理及冷加工工艺不同而其电阻温度系数也不同的特性制成的。

温度引起的应变片电阻变化量为:

$$\Delta R_t = [\alpha + K_s(\beta_m - \beta_s)]R\Delta_t \tag{4.11}$$

式中　ΔR_t——温度引起应变片电阻值的变化;

　　　α——电阻温度系数;

　　　K_s——电阻丝电阻变化率与长度变化率的比值;

　　　β_m——试件的线膨胀系数;

　　　β_s——电阻丝的线膨胀系数;

　　　R——应变片电阻值;

　　　Δ_t——温度变化。

对于线膨胀系数为某一数值的被测试件,应选用电阻温度系数 $\alpha = -K_s(\beta_m - \beta_s)$ 的丝材制成敏感栅。它能在一定的温度范围内实现温度补偿。

b.组合式自补偿高温应变片。这种应变片的敏感栅,是选用电阻温度系数正、负相反的两种金属丝,按一定比例串接组合成的。一定的温度范围内,使两段丝栅因温度引起的电阻变化量大小相等,符号相反而互相抵消,从而实现温度自补偿。这种自补偿应变片的温度补偿效果较好,补偿的温度范围也比单丝式自补偿高温应变片大。组合式自补偿高温应变片结构如图 4-15 所示。

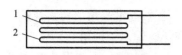

图 4-15　组合式自补偿高温应变片

1—电阻温度系数为正的丝栅;

2—电阻温度系数为负的丝栅

c.热敏电阻式自补偿高温应变片。这种应变片的敏感栅,由工作栅 R_C 和补偿栅 R_T 两部分串接而成,电阻值 $R_C \geqslant R_T$。工作栅作为应变片的应变感受元件,采用电阻温度系数小、电阻率大的高温金属丝材(如镍铬)。

(2)高(低)温应变片的安装。

目前,安装高(低)温应变片常采用下列三种方法。

① 粘贴法。粘贴高(低)温应变片的工艺和粘贴常温应变片的工艺类似,只是前者须使用高温黏合剂,其固化温度较高。高温黏合剂分为有机和无机两类。

a. 有机黏合剂,由高分子有机硅树脂、无机填料及溶剂配制而成。这种黏合剂的使用温度一般不超过 500 ℃。

b. 无机黏合剂(又称陶瓷胶),采用磷酸氢铝等黏合材料,加入氧化硅或金属氧化物等填料配制而成。这种黏合剂的使用温度可超过 500 ℃。

国内常用的几种高(低)温黏合剂见表 4-2。

表 4-2　　　　　　　　　　　　国内常用的高(低)温黏合剂

名称	成分	凝固条件	使用温度
酚醛环氧黏合剂	酚醛、环氧树脂、石棉或云母粉	150~250 ℃(2 h)	−150~+250 ℃
聚酰亚胺黏合剂	聚酰亚胺、环氧树脂	350 ℃(2 h)	≤350 ℃
有机硅黏合剂	有机硅树胶	100 ℃(1 h)	−400~+500 ℃
有机硅黏合剂	有机硅树胶、云母粉、氧化铬、刚玉粉	300 ℃(3 h)	−50~+100 ℃
有机硅黏合剂	有机硅树胶、氧化硅、石棉粉	300 ℃(3 h)	−50~+450 ℃
有机硅黏合剂	有机硅树胶、氧化硅、磷铵酰	100 ℃(4 h)	−50~+100 ℃
无机磷酸盐黏合剂	磷酸氢铝、氧化硅、氧化铝、氧化铬	100 ℃(1 h)	−550~+700 ℃
超低温黏合剂	四氢呋喃聚酰改性环氧树脂、590 固化剂	10 ℃(4 h)	≤196 ℃

② 陶瓷喷涂法。此法适用于安装临时基底式高温应变片。安装时,利用氧-乙炔火焰或等离子火焰,将高纯度的氧化物 Al_2O_3 喷涂于构件表面,并将应变片的丝栅固定。喷涂的 Al_2O_3 涂层与构件的黏结力强,使用温度可达 1000 ℃。

③ 焊接法。此法只适用于安装金属薄片基底的应变片。安装时,采用点焊或滚焊将应变片的金属片基底固定在试件上。

对于低温应变片的安装,通常都采用粘贴法,使用合适的低温黏合剂将应变片粘贴在被测构件上。

(3) 高(低)温应变片的防护。

根据应变片工作环境的不同,对应变片采取不同的防护措施。对于高温应变片,在 300 ℃以下,无气体、液体冲刷作用时,可采用涂耐热树脂进行防护;高于 300 ℃,只能采用不锈钢薄片焊接密封防护。对于低温应变片,一般采用涂耐低温树脂进行防护。

(4) 高(低)温条件下应变片的连接。

在高温条件下,应变片应采用电阻温度系数小、电阻率低而且在高温下不易氧化的导线连接。温度低于 350 ℃时,可使用铂钨线的绝缘套管,根据使用温度的高低来选用。温度在 350 ℃下,可使用玻璃纤维套管;温度更高时,使用陶瓷管、应变片引出线与外接导线连接,采用电火花焊接。

在低温条件下,应变片不能采用一般的塑料或橡胶外皮的导线连接。塑料和橡胶在低温下会变硬发脆,此时可采用聚酰亚胺漆包线可聚四氯乙烯外皮的应变片引出线与外接导线的连接,采用锡焊。

在连接应变片时,为了消除连接导线的电阻随温度变化的影响,对于不用温度补偿片的自补偿高(低)温应变片,应采用三线法连接。

4.5.2　高(低)温应变测量的加热装置

对于 500 ℃(实际上多数用于 350~400 ℃以下)以下的温度,可以用整个围压容器进行加热的办法(即从容器外部加热的方法)来实现。对于 500 ℃以上的温度,一方面,由于在这种较高温度下,金属材料的强度会发生变化;另一方面,由于多数压力密封材料无法承受这样的高温状态,这时必须在容器内部加热,即把一只加热炉放在容器之内,紧紧靠着岩石样品,通过加热炉,仅对岩石加热,使其达到预定的高温状态,而在加热炉外部包裹绝热材料,避免热量传至容器,同时容器外部装备有冷却系统,这样容器内部岩样可达很高温度,而整个容器却处于低温状态之中。在内加热系统中,压力介质几乎全部使用空气。

具体步骤见 4.3 节。

5 岩石声波测试实验

岩石声波探测技术是以人工的方法,向介质发射声波,观测声波在介质中传播的情况和特性,利用介质的物理性质与声波传播速度等参数之间的关系来分析或测定岩石的物理力学性质和地质特征,是一种比较重要的探测方法。

在岩石内传播的声波物理特性,与实验系统的发射和接收的特性、换能器的性能、耦合情况、实验条件等有关。当这些条件确定后,它主要与岩石的结构特征(如节理、层理、原生裂隙等的存在与分布)、孔隙率、矿物成分、残余应力等因素有关;也与岩体(或岩石)在受力作用下,微裂隙的扩展和新裂隙的产生有关。当声波通过这些裂隙面(或结构面)时,就引起声波的反射、折射、绕射与散射等现象,使波列的形态与路程发生了改变,相关的各项声学参数也发生了变化。这就是应用声波技术研究岩石力学问题的物理基础。

5.1 岩石声波传播速度室内实验

岩石声波传播
速度室内实验

5.1.1 实验目的

(1) 通过测定岩石声波速度并计算岩石的弹性参数。
(2) 加深对声波探测原理和应用的理解。

5.1.2 实验原理

本实验采用直透法测量岩石声波速度。如图 5-1 所示,实验时将试样(岩石)置于发射换能器和接收器换能器之间。脉冲发生器(声波仪)向发射换能器提供短时的电脉冲,电脉冲经发射换能器变成机械波(脉冲声波)传递到试样上。脉冲声波通过试样以后,被接收换能器接收,再转换成电信号,最后显示在声波仪的屏幕上,声波传过试样所需的时间也就可以确定了。这样通过测量脉冲通过试样所需的时间和测量试样的长度,可算出声波速度。然后根据纵波、横波速度与岩石以及变形参数间的关系,求得动弹性模量 E_d、动泊松比 μ_d 以及动剪切模量 G_d。

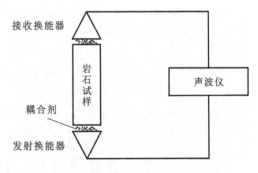

图 5-1 岩石声波传播速度室内测定装置

5.1.3　实验步骤

（1）仪器的连接。

在关闭采集仪电源的情况下，连接发射和接收声波探头至采集仪。

（2）仪器相关参数设置。

a. 启动 RSM-SY5，在主界面下方，将"增益"设为"自动"，"延迟"设为 $-50\ \mu s$，其他默认，如图 5-2 所示。

图 5-2　仪器状态设置界面

b. 点击设置，进入设置界面，设置参数，如图 5-3 所示。

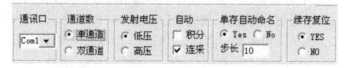

图 5-3　参数设置界面

c. 在"通道数"栏中选择"单通道"。

d. 在"发射电压"栏中选择"低压"。

e. 在"自动"栏中选择"连采"。

f. 在"续存复位"栏中选择"YES"。

（3）校零。

将两探头紧密接触，在主界面下方，点击"采样"，待波速稳定后，用鼠标确定首波位置，读取首波声时值并记录。

（4）量取试样长度 L。

（5）探头布置。

将发射、接收两探头分别布置在试样两端，两个探头的方向一定要对齐，试样与探头接触面选用黄油作为耦合剂，且适当加压，保证探头与试样紧密接触。

（6）采样。

在主界面下方，点击"采样"，待波速稳定后，用鼠标确定首波位置，读取首波声时值并记录。

（7）分别选用纵波探头和横波探头确定试样纵波首波声时值和横波首波声时值并记录。

5.1.4　实验数据记录与整理

（1）试样岩性描述（红色花岗岩、灰色花岗岩、白色大理石、尾矿砖）。

（2）记录实验过程中的特殊情况。见表 5-1。

表 5-1 　　　　　　　　　　　　　声波测速记录表

试件编号	1	2	3	4
试样岩性描述				
长度				
纵波(横波)走时				
系统零延时				
备注				

（3）测试成果整理。

① 按下列公式计算岩石的纵波速度和横波速度。

a.纵波速度：

$$v_P = \frac{L}{t_P - t_0} \qquad (5.1)$$

b.横波速度：

$$v_S = \frac{L}{t_S - t_0} \qquad (5.2)$$

式中，v_P 为纵波速度，m/s；v_S 为横波速度，m/s；L 为发射、接收换能器中心间的距离，m；t_P 为纵波在试件中行走的时间，s；t_S 为横波在试件中行走的时间，s；t_0 为仪器系统的零延时，s。

② 计算值取 3 位有效数字。

5.2 岩石声波传播速度现场实验

5.2.1 硐室围岩声波现场实验

岩石声波的传播速度可以在硐室侧面或平坦的岩石上测定。

（1）测定方法。

现场测量弹性波速度的方法如图 5-4 所示。

量出声源与接收器之间的距离 D_1 或 D_2 如图 5-4 所示，测出 P 波和 S 波传播的时间，计算弹性波速度 v_P 和 v_S。

（2）测点布置。

测点布置应符合下列要求。

① 测点可选择在平洞、钻孔、风钻孔或地表露头。

② 对各向同性岩体的测线，宜按直线布置，对各向异性的测线，宜分别按平行和垂直岩体主

岩石声波传播
速度现场实验

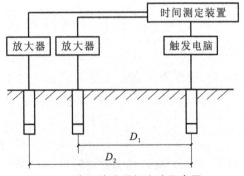

图 5-4　岩石波速现场实验示意图

要结构面布置。

③ 相邻两测点的距离,当采用换能器激发时,距离宜为 1~3 m;当采用火花激发时,距离宜为 10~30 m;当采用锤击激发时,距离应大于 3 m,单孔实验时,距离不得小于 0.2 m。

④ 在钻孔或风钻孔中进行孔间穿透实验时,换能器每次移动距离宜为 0.2~1.0 m。

(3) 主要仪器和设备。

主要仪器和设备应包括下列各项。

岩体声波参数测定仪、空中接收发射换能器、一发双收单孔实验换能器、弯曲式接收换能器、夹心式发射换能器、干孔实验设备、声波激发锤、电火花振源。

(4) 岩体表面声波速度实验准备。

岩体表面声波速度实验准备应包括下列内容:

① 测点表面应大致修凿平整,并对各测点编号。

② 测点表面应擦净。纵波换能器应涂 1~2 mm 厚的凡士林或黄油,横波换能器应垫多层铝箔或铜箔。并应将换能器放置在测点上压紧。

③ 量测接收换能器与发射换能器或接收换能器与锤击点之间的距离。量距相对误差应小于 1%。

(5) 钻孔或风钻孔中岩体声波速度实验准备。

钻孔或风钻孔中岩体声波速度实验准备应包括下列内容。

钻孔或风钻孔应冲洗干净,将孔内注满水,并对各孔进行编号。进行孔间穿透法实验时,量测两孔口中心点的距离,测距相对误差应小于 1%,当两孔轴线不平行时应量测钻孔的倾角和方位角,计算不同深度处两测点间的距离。软岩宜采用干孔实验。架设仪器并开机预热。当采用换能器激发声波时,应将仪器置于内同步工作方式;当采用锤击或电火花振源激发声波时,应将仪器置于外同步工作方式。

(6) 实验及稳定标准。

实验及稳定标准应符合下列规定。

将荧光屏上的光标关门讯号调整到纵、横波初始位置,测读声波传播时间,或者利用自动关门装置,测读声波传播时间。每一对测点读数 3 次,读数之差不宜大于 3%。实验结束前,应确定仪器与换能器系统的延时值。

5.2.2　围岩松动圈声波现场实验

(1) 围岩松动圈声波现场实验原理。

为获得硐室稳定状况,对围岩松动圈的范围进行现场实验。

根据弹塑性介质中波动理论,应力波波速:

$$v_p = \sqrt{\frac{E(1-\mu)}{\rho(1+\mu)(1-2\mu)}}$$ (5.3)

式中,E 为介质的动态弹性模量;ρ 为密度,kg/m^3;μ 为泊松比。

弹性模量与介质的强度之间存在相关性。超声波在岩土介质和结构物中的传播参数

(声时值、声速、波速、衰减系数等)与岩土介质和结构物的物理力学指标(动态弹性模量、密度、强度等)之间的相关关系就是超声波检测的理论依据。声波随介质裂隙发育、密度降低、声阻抗增大而降低,随应力增大、密度增大而增高。因此,可根据松动圈理论,测出各段岩体中声波波速的大小,波速减小的区域为松动圈所在的范围。测量出离孔口不同深度 L 处的纵波波速 v_p,绘制 v_p-L 曲线图,再结合围岩具体情况便可知道围岩松动圈的厚度与分布情况。

利用声波在岩体中传播速度与岩体所受应力大小和裂隙情况有关的原理,将探头放入钻孔中,测定岩体的声速变化,反映围岩的松动范围及应力的变化。声速的测定则是通过声波在钻孔中一定距离内所传播时间的量测来实现的。图 5-5 为仪器的原理图。

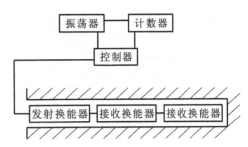

图 5-5 声波探测原理图

(2)围岩松动圈声波现场实验方法。

① 双收法。在钻孔中放入发射换能器 F、接收换能器 S_1 和 S_2。发射换能器 F 在钻孔中发射超声波,在孔壁周围产生滑行波沿着钻孔传播。当首波传播到接收换能器 S_1 时,S_1 将声能转换成电能,经过放大整形,使控制器翻转,将计数门开启。当滑行波继续传播到接收换能器 S_2 时,S_2 亦将声能转换成电能,经接收器放大整形,使控制器翻转回来,将计数门关闭,计数器停止计数,完成一次测量,显示读数。

超声波从接收器 S_1 到 S_2 的时间间隔,即为计数门开启的时间,以 $t(\mu s)$ 表示,两个接收换能器的间距为 L,则超声波速度 v:

$$v = \frac{L}{t} \times 10^3 \tag{5.4}$$

式中,L 为两换能器间距,mm;t 为时间间隔,μs。

② 单收法。做单收法测量时,发射换能器 F 在发射超声波的同时,使控制器翻转,计数器开始计数,接收换能器 S_1 或 S_2 收到信号后再使控制器翻转回来,停止计数,显示读数。完成 S_1 或 S_2 的单收测量。

围岩松动圈实验采用钻孔声波法进行检测,采用单孔法检测围岩声波速度,分别判断爆破对围岩垂直影响深度。由于单孔声波法具有探测范围大、抗干扰能力强、波形清晰、易于辨认等优点,爆破破坏实验范围检测采用单孔声波法进行声波检测。其测试原理图如图 5-6 所示。

③ 巷道断面选择原则。巷道围岩的力学特性应尽可能均匀,避免通过大裂隙发育带(如断层、节理发育带等);要选择围岩具有代表性的地点,使测孔布置在巷道围岩易损坏部位(如拱顶、拱角处等)及影响围岩稳定性的关键部位。

量测时,根据孔倾斜情况向孔内注水作耦合剂,测点间距为 20 cm。声波检测水平、倾斜钻孔实验现场连接方法如图 5-7 和图 5-8 所示。

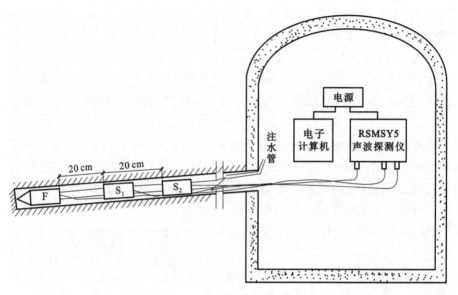

图 5-6　单孔声波测试原理图

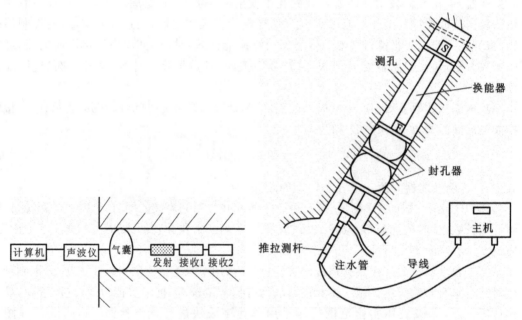

图 5-7　声波检测水平钻孔实验现场连接示意图　　图 5-8　声波检测倾斜钻孔实验现场连接示意图

第2部分

采矿工艺设计试验

6 采矿方法设计实验

6.1 采矿方法模型

6.1.1 实验背景

采矿工程专业是一门培养专业矿山技术人员的重要专业,是促进矿业发展与技术水平提升的重要教学科目。采矿工程专业的任务就是在教学中培养专业的技术人才为矿山服务,这需要其具备扎实的基本知识和较强的作业能力,同时具备一定的创新能力,这样的技术人员才能适应未来采矿行业的发展。采矿工程专业的教学在一定程度上较依赖实践教学。而实际教学中,学生往往接触真实矿山的机会和时间都有限,导致对矿山作业技术与方法的认识有限。这主要是因为该专业实习等现场实践需要较大的教研经费,而能够提供实习的矿山不多,另外还需要考虑到安全等因素。因此必须利用其他教学方法来提高学生对采矿方法技术的认识。

采矿模型恰恰能够在教学过程中有效弥补这方面的不足,能以其直观突出和形象的方式向学生展示矿山的各种情况。如矿床的赋存条件、开采的方法、开采的步骤、回采的方法、各系统构成等都可以通过采矿模型展示出来。且使用采矿模型的场地不受限制,可以在普通教室里使用,也可以在专门的模型室使用。

在采矿专业教学中合理地运用采矿模型,不但能够使教学活动具体、形象,而且能够节约教学成本,提高教学效果,实现学生理论知识与实践能力的结合,起到事半功倍的良好效果,是开展采矿工程教学的一种十分有效的方法。

6.1.2 实验目的

使学生对空场采矿法、崩落采矿法、充填采矿法等各种采矿方法拥有更加直观的认识;熟练掌握采矿方法的各种方案、矿块布置、结构参数、回采工作、适用条件等内容;增强学生的想象能力,提高识图、绘图能力。

6.1.3 实验内容

参观采矿模型,结合具体参数选择采矿方法并且绘制采矿方法断面图,并对采准、切割、通风等工序进行描述。

6.1.4　实验步骤

根据回采过程中顶板或围岩管理方法的不同,将金属矿与普通非金属矿的开采方法分为空场采矿法、崩落采矿法和充填采矿法三大类。每大类采矿方法又可分为若干种具体的采矿方法,本书针对每种方法,具体描述两个典型方案的参数确定步骤,主要包括确定矿块布置方法和结构参数、采准切割工作参数、回采工作参数。

6.1.4.1　空场采矿法

空场采矿法是在回采过程中,将矿块划分为矿房和矿柱,先开采矿房后开采矿柱。矿房回采是在矿柱和围岩的支撑下进行的,矿房采完后,通常要及时回采矿柱和处理采空区,有时留下永久矿柱支撑采空区的上覆岩层。

1.全面采矿法典型方案

全面采矿法适用于开采矿岩稳固至中等稳固,倾角小于等于30°的缓倾斜或倾斜、厚度小于5~7 m的薄至中厚矿体。其具有工艺简单、采切工程量小、贫化小、生产率较高、成本较低、技术成熟等优点。但由于留下的矿柱不回采,矿石损失率较高(在10%~15%以上),而且顶板管理和通风管理要求严格。全面采矿法的矿块日生产能力多为40~90 t。各项参数确定如下:

(1)矿块布置和结构参数。

全面采矿法的采场布置形式如图6-1所示。矿块在阶段内沿走向布置,矿块四周留有顶柱、底柱和间柱。阶段斜长一般为40~60 m;矿块沿走向长度为50~60 m;顶底柱一般为2~4 m,个别底柱为5~7 m;采场中,一般留直径为3~9 m的圆形不规则矿柱,矿体厚取大值,反之取小值,矿柱间距8~20 m;间柱宽为1.5~2.0 m,个别6~8 m或不留间柱。

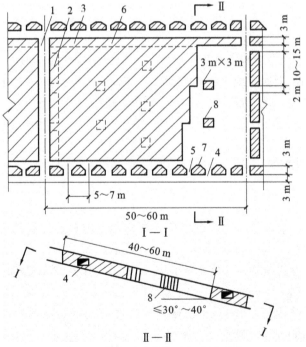

图6-1　全面采矿法的采场布置形式

1—上山;2—间柱;3—顶柱;4—阶段平巷;5—放矿漏斗;6—安全联络道;7—底柱;8—不规则矿柱

（2）采准切割工作。

从阶段运输平巷在矿体中掘进上山，将阶段分割为矿块并作为开切的工作面，在底柱中每隔 5～7 m 掘进漏斗，并形成切割平巷。在间柱和顶柱中每隔一定距离掘进安全联络道。

（3）回采工作。

回采工作面自上山开始，沿矿体走向一侧或两侧推进。工作面有直线工作面、阶梯工作面和斜线工作面三种形式，采用哪一种形式主要取决于矿体厚度、所用的凿岩设备和顶板的稳固性。回采工作主要包括以下几项：

① 落矿。采用浅眼落矿，眼深为 1～2 m，炮眼排数为 1～3 排，炮眼呈一字形、W 形或梅花形排列。

② 矿石搬运。当矿体厚度较小时，采用电耙搬运矿石至漏斗或溜矿井，在运输平巷中出矿。矿体厚度较大且倾角较小时，可采用无轨自行设备搬运矿石。运距小于 200～300 m 时可采用载重 20 t 或更大的铲运机；运距更大时，宜采用载重 20～60 t 的自卸汽车，并配以装矿机出矿。

③ 采场支护。支护方式主要有留规则矿柱或不规则矿柱，垒废石垛或混凝土垛，安设木柱、锚杆等，根据顶板的稳固情况采取以上一种或多种支护措施。

④ 通风。全面采矿法的采空区面积较大，应加强通风管理。一般封闭离工作面较远的联络道，使新鲜风流集中进入工作面，污风从上部回风巷道排出。

2. 房柱采矿法典型方案

房柱采矿法适用于开采矿岩稳固、倾角小于 30°的水平或缓倾斜矿体。优点是结构和回采工艺简单，采准切割工作量小，生产能力高，通风条件好，采矿成本低。缺点是矿柱所占比重较大（间断矿柱占 15%～20%，连续矿柱达 40%），且矿柱不易回采，造成矿石损失较大。

各项参数确定如下：

（1）矿房布置和结构参数。

房柱采矿法的采场布置形式如图 6-2 所示。根据采用的搬运设备和矿体倾角，矿房长轴方向可沿走向布置、沿倾斜或微倾斜布置。矿房长度一般为 40～60 m。根据矿体的厚度和顶板的稳定性，矿房宽度一般为 8～20 m，矿柱为圆形（直径 3～7 m）或方形（3 m×3 m～4 m×4 m），间距为 5～8 m。

（2）采准切割工作。

阶段运输平巷可布置在脉内或脉外。采准巷道有：放矿溜井、电耙硐室、上山、联络平巷、切割平巷。

（3）回采工作。

① 回采顺序。一般沿走向自一侧向另一侧推进或中央向两侧推进。为了提高开采强度，可多个矿房同时作业，各工作面保持 10～15 m 的距离。

② 落矿。回采方式与矿体厚度和采用的采掘设备有关，对于浅眼落矿的房柱采矿法，采用气腿式凿岩机或凿岩台车凿岩。当矿体厚度小于 2～3 m 时，一次采全厚；当矿体厚度大于 2～3 m 时，则采用分层开采，用浅眼在矿房底部进行拉底，然后用上向中深孔挑顶。矿体厚度小于 5 m 时，挑顶一次完成。矿体厚度为 5～10 m 时，则以 2.5 m 高的上向梯段工作面分层挑顶，并局部留矿，以便在矿石堆上进行凿岩爆破工作。当矿体厚度大于 10 m

时,则采用深孔落矿方法回采矿石。先在矿房的一端开掘切割槽,以形成台阶工作面。切顶空间下部的矿石,采用下向平行深孔落矿。

③ 出矿。浅眼落矿方式采下的矿石,用14kW或30kW的电耙,将矿石耙至放矿溜井,然后在运输巷道中装车。中深孔落矿与深孔落矿方式广泛采用装运机、装岩机配自卸汽车等无轨自行设备出矿。

④ 采场支护。除留有顶柱、底柱和间柱来维护采场外,房间还留有规则矿柱支撑顶板。顶板稳固性较差时,辅以锚杆支护或锚杆加金属网支护。

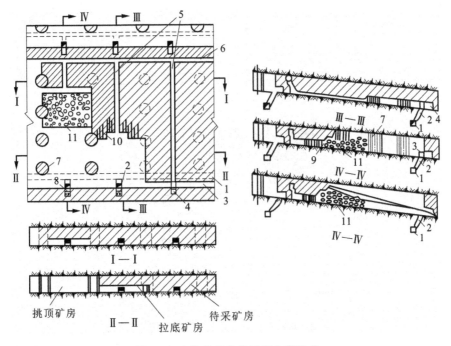

图6-2　房柱采矿法的采场布置形式

1—阶段平巷;2—放矿溜井;3—切割平巷;4—电耙硐室;5—上山;
6—联络平巷;7—矿柱;8—电耙绞车;9—凿岩机;10—炮孔;11—矿堆

6.1.4.2　崩落采矿法

崩落采矿法的基本特征是用强制(或自然)崩落围岩的方法充填采空区,以控制和管理地压。地表允许塌陷是应用这类采矿方法的前提条件。

1. 无底柱分段崩落采矿法典型方案

无底柱分段崩落采矿法适用于地表与围岩允许崩落,矿石与下盘围岩稳固性在中等以上,上盘围岩稳固性不限的急倾斜厚矿体或缓倾斜极厚矿体。具有二次破碎比较安全,矿块结构与回采工艺简单,机械化程度高,可剔除夹石或进行分级出矿等优点。但是回采巷道通风困难,矿石损失贫化大。

各项参数确定如下:

(1)矿块布置和结构参数。

无底柱分段崩落采矿法的采场布置形式如图6-3所示。一般以一个出矿溜井服务的范围划分为一个矿块。根据矿体厚度和出矿设备的有效运距确定其布置。一般情况下,矿体厚度小于 15 m 时,矿块沿走向布置;否则,垂直矿体走向布置。

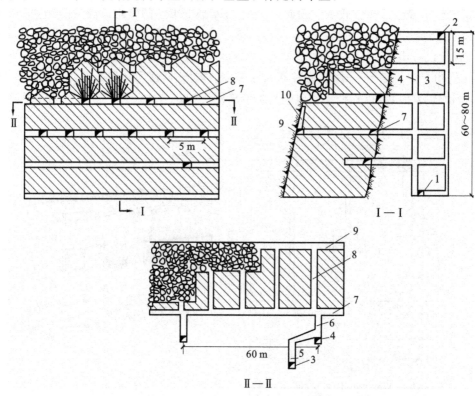

图 6-3　无底柱分段崩落法的采场布置形式

1—脉外阶段运输巷道;2—脉外阶段通风平巷;3—人行设备天井;4—放矿溜井;
5—设备天井联络道;6—溜井联络道;7—分段平巷;8—回采进路;9—切割巷道;10—切割槽

阶段高度一般为 60~120 m,当矿体倾角较缓,赋存形态不规则及矿岩不稳固时,阶段高度可取低一些。分段高度和进路间距是主要结构参数。为了减少采准工作量和降低矿石成本,在凿岩能力允许和不降低回采率的条件下,可加大分段高度和进路间距。

放矿溜井的间距主要取决于出矿设备的类型。使用小型铲运机(铲斗容量小于或等于 1.5 m³)时,合理运距不超过 100 m;当矿块垂直矿体走向布置时,溜井间距一般为 60~80 m;沿走向布置时,溜井间距一般为 80~100 m;当使用大型铲运机(铲斗容量大于 4 m³)出矿时,溜井间距可增大到 90~150 m。溜井间距还与溜井的通过矿量有关,要避免因溜井磨损过大提前报废而影响生产。

(2)采准切割布置。

① 阶段运输沿脉平巷布置。一般布置在下盘岩石中,在其下阶段矿体回采错动范围之外。当下盘岩石不稳固而上盘岩石稳固时,也可布置在上盘岩石中。

② 溜井布置。原则上每个矿块只布置一个溜井。当有多种矿石产品时,相应地增加溜井数目。当矿体中有较多的夹石需要剔除或脉外掘进量大时,可在 1~2 个矿块内设一个废石溜井。当采用装运机出矿而矿体厚度大于 50~70 m,或采用铲运机出矿而矿体厚度大于 100~150 m 时,需在矿体内布置溜井,在回采过程中,应做好各分段的降段封井工作。

③ 设备井和斜坡道布置。各分段之间的联络一般采用设备井和斜坡道两种方案,以解决分段之间上下设备、材料、人员及通风等问题。

设备井有两种装备方法:一种是在设备井同一中心安装两套提升设备,运送人员及不大的材料时用电梯轿厢,运送设备用慢动绞车;另一种是分别设置设备井和电梯井,设备井安装大功率绞车运送整体设备。前一种方法是用于设备运送量不大的中小型矿山;对设备运送频繁的大型矿山采用后一种方法。设备井一般应布置在本阶段的崩落界限以外的下盘围岩中。只有在矿体倾角大,下盘围岩不稳固而上盘围岩稳固以及为了便于与主要巷道联络时,才可将设备井布置在上盘围岩中。当矿体走向长度很大时,根据需要沿走向每 300 m 布置一条设备井,通常兼作入风井。

斜坡道一般采用折返式,间距为 250~500 m,坡度根据用途不同为 10%~15%,断面尺寸主要根据无轨设备外形尺寸和通风量确定。

④ 回采进路的布置。回采进路布置是否合理,将直接影响矿石的损失贫化率。上下分段回采进路应严格交错布置。进路走向与矿块走向相同。回采进路的断面以矩形为好,断面尺寸取决于回采设备、矿石的稳定性及掘进施工技术水平等。在矿石稳定性允许的情况下,可适当加大进路宽度以改善矿石的回采条件。回采进路应有 3‰ 的坡度,以便排水和重载矿车下坡。适当降低进路高度有利于减少进路端部矿石损失。

⑤ 分段联络道的布置。分段运输联络道是用来联络回采进路、溜井、通风天井和设备井的,以形成该分段的运输、行人和通风等系统。断面形状和规格与回采进路大体相同。设备井联络道的规格一般为 3 m×2.8 m,风井联络道的规格为 2 m×2 m。分段运输联络道与回采进路垂直布置,数目和间距与矿体的厚度和出矿设备的合理运距有关。间距一般与矿块长度相等。

(3) 切割工作。

在回采之前必须在回采进路(巷道)末端形成切割槽,作为最初崩矿的自由面及补偿空间。切割槽形成方法有以下三种:

① 切割平巷与切割天井联合拉槽法。分段内各回采进路掘进之后,沿矿体边界掘进一条切割平巷贯通各回采进路端部,然后在适当位置掘进切割天井。在切割天井两侧,从切割平巷内向上打若干排平行或扇形深孔,每排 4~6 个炮孔,以切割天井为自由面进行爆破,形成切割槽。

② 切割天井拉槽法。不需要掘进切割平巷,只在回采进路端部掘进切割天井(1.5 m× 2.5 m)。天井矩形断面的里边距回采进路端部留有 1~2 m 距离以利于台车凿岩。天井的长边平行回采巷道中心线;在切割天井两侧各打三排炮孔,微差爆破,一次成槽。

③ 炮孔爆破拉槽法。不便于掘进切割天井时,在回采进路或切割平巷中打若干排角度不同的扇形炮孔,一次或分次爆破形成切割槽。

(4) 回采工作。

① 落矿。包括落矿参数和凿岩设备的确定以及爆破工作等。

　　a.落矿参数的确定。炮孔扇面角是指扇形炮孔排面与水平面的夹角,有前倾和垂直两种。前倾布置时,常采用 $70°\sim85°$,以延迟上部废石细块提前渗入,装药比较方便,有利于防止放矿口处被爆破破坏。垂直布置时,炮孔方向易于控制,但装药条件差。当矿石稳固及围岩块度较大时,多采用垂直布置方式。

　　Ⅰ.扇形炮孔边孔角。指扇形面最外侧炮孔与水平面的夹角。根据放矿理论及边孔拒爆现象,边孔角最小值为 $45°$,最大值以放出漏斗边壁角为限。我国目前多采用 $45°\sim55°$,国外有的采用 $70°$ 以上的边孔角,同时增大进路宽度,形成放矿槽,有利于降低矿石损失贫化率。

　　Ⅱ.崩矿步距。指一次爆破崩落矿石层的厚度,一般为 $1\sim2$ 排炮孔。根据无底柱分段崩落采矿法的放矿理论,崩矿步距的大小应与分段高度和进路间距相适应,以使结构参数最优,从而获得矿石回采率高、损失率低的最好回采指标。在分段高度与进路间距一定的条件下,崩矿步距过大,上覆岩石会从顶面混入,截至放矿时会存在较大的端部损失;崩矿步距过小,端部岩石混入后将矿石截断为上下两部分,上部矿石尚未放出,下部已达截至品位而停止放矿。因此,步距过大与过小都会使矿石损失指标恶化。

　　Ⅲ.孔径、最小抵抗线和孔底距。无底柱分段崩落采矿法采用接杆深孔凿岩,常用钎头的直径为 $51\sim65$ mm。最小抵抗线一般取 $1.5\sim2.0$ m,也可按 30 倍孔径计算。最小抵抗线也与崩矿步距有关,应在上述经验的基础上,根据矿山实际情况优化确定。在布置炮孔时,一般使孔底距等于最小抵抗线。但这种布置的缺点是接近孔口处炮孔过于密集。为了使矿石破碎均匀,可以适当减少最小抵抗线,加大孔底距,使孔底距与最小抵抗线之积不变。

　　b.凿岩设备的确定。凿岩设备主要为 FJY-24 型圆盘雪橇式台架配以 YG-Z90 型凿岩机,凿岩效率可达 $18000\sim20000$ m/a;有的矿山用 CTC/400-2 型双臂凿岩台车配以 YGZ-90 型凿岩机,凿岩效率可达 $27000\sim30000$ m/a。近年来大中型矿山大量应用进口液压凿岩设备,如 ATLAS 生产的 SimbaH 系列液压凿岩机,凿岩效率可达 $70000\sim100000$ m/a。

　　c.爆破工作。无底柱分段崩落采矿法的爆破只有很小的补偿空间,属于挤压爆破。为了避免扇形炮孔的孔口装药过于集中,装药时,除边孔及中心孔装药较满外,其余各孔的装药长度均较小。为了提高炮孔的装药密度,提高爆破效果,往往使用装药器装药。目前,国内使用的装药器多为 FZY-10 型和 AYZ-150 型。

　　② 出矿。主要出矿设备有铲运机、装运机与装矿机。在同一分段水平内,装矿顺序是逆风流方向进行,即先装风流下方的回采巷道,可减少二次破碎炮烟对出矿工作的影响。工作面铲斗从右向左循环装矿,以保证矿流均匀、矿流面积大,操作工易于观察矿堆情况。

　　③ 通风。由于回采工作面为独头巷道,无法形成贯穿风流;工作地点多,巷道纵横交错,很容易形成复杂的角联网路,风量调节困难;溜井多而且溜井与各分段都相通,卸矿时严重污染风源。因此,做好通风是一项极为重要的工作。在考虑通风系统和风量时,应使每个矿块都有独立的新鲜风流,要求每个回采进路的最小风速在有设备工作时不低于 0.3 m/s,其他情况下不低于 0.25 m/s。条件允许时,应采用分区通风方式。

（5）回采顺序。

同一分段可以采取从中央向两翼回采或从两翼向中央回采，也可以从一翼向另一翼回采。走向长度很大时，可以沿走向划分成若干回采区段，多翼回采。分区多，则同时回采的工作面也多，可以加大回采强度，但通风管理困难。

当回采巷道垂直矿体走向布置且运输联络道布置在脉外时，回采方向不受设备井位置的限制；当回采巷道沿走向布置且运输联络道布置在脉内时，回采方向应向设备井方向后退。

当地压大或矿石不稳固时，应尽量避免采用两翼向中央的回采顺序，以避免使最后回采的 1～2 条回采巷道承受较大的支承压力。

分段间的回采顺序是自上而下，上分段的回采必须超前于下分段。超前距离应保证下分段回采出矿时，矿岩的移动范围不影响上分段的回采工作，同时要求覆岩压实后再回采下分段。

（6）覆盖岩层的形成。

覆盖岩层的厚度应满足下列两个要求：首先，放矿后岩石能够埋没分段矿石，否则形不成挤压爆破条件，爆下的矿石崩入空场，增加矿石损失贫化；其次，一旦采空区大量围岩突然冒落，能起到缓冲作用，以保证安全。根据这个要求，一般覆盖岩层厚度不小于两个分段高度。

2. 分层崩落采矿法典型方案

分层崩落采矿法按分层由上向下回采矿块，每一分层随着回采工作的进行，在底板上铺设假底，然后进行人工放顶，把上部假顶及覆盖岩石层放下来，使其充填采空区，上层假底作为下一分层回采时的假顶。适用条件是：矿石价值高，矿石松散破碎不稳固、围岩不稳固，可随回采向下推进而自然崩落形成岩石覆盖层，矿体倾角与厚度能使人工假顶随回采工作下移，地表允许崩落。这种方法可以分采矿石，损失贫化很低，对矿体形状的适应性强。但是木材消耗量大，矿块的生产能力较小，工作面通风条件不好，并有火灾危险。月生产能力为 1500～3000 t，矿石损失率为 2%～5%，贫化率一般为 4%～5%。

各项参数确定如下：

（1）矿块布置及结构参数。

分层崩落采矿法的采场布置形式如图 6-4 所示。阶段高度取决于矿体倾角、采准方法和天井支护等因素。如倾角小不能借自重沿天井溜放矿石，阶段高度不宜大于 20 m。当矿体倾角大且脉外布置天井时，阶段高度可取 50～60 m。脉内布置天井时，可取 30～40 m。

矿块长度根据采场矿石搬运方式、分层回采顺序以及矿石溜井允许通过的矿石量等选取，一般不超过 60 m。矿块宽度通常等于矿体厚度，一般不大于 30 m。分层高度主要根据地压大小和采场支护方法确定，一般为 2～3.5 m，条件较好时取大值。

（2）采准切割工作。

根据矿体厚度、采场内矿石的搬运方法等因素确定采准切割巷道的布置方式。例如，当矿层厚度在 2～3 m 以下时，在掘进阶段运输巷道与天井后，沿矿层全厚掘进分层平巷，从此回采分层。当矿体厚度较大时，采用脉内脉外联合采准，用分层横巷切割分层，自分层横巷掘进回采巷道，采出矿石。

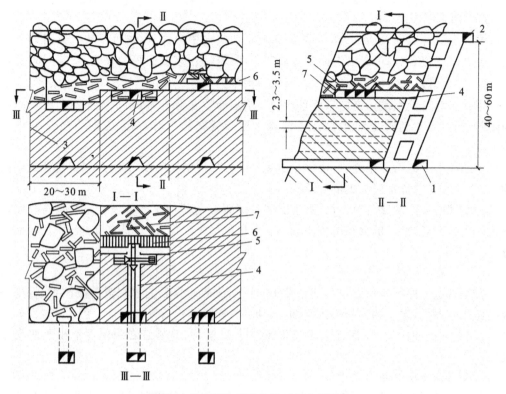

图 6-4   分层崩落采矿法的采场布置形式

1—阶段运输巷道；2—回风巷道(上阶段运输巷道)；3—矿块边界；
4—分层运输巷道(联络道)；5—回采巷道；6—垫板；7—假顶

如果矿块只布置一个天井，天井分为三格：放矿格、行人格和运料通风格。如果矿块内布置两个以上天井，可根据用途相应分格。脉内天井用密集框架支护。布置脉外天井有利于通风、行人和安全。分层巷道高度通常与回采分层高度相等。当分层高度较高时，亦可低于分层高度，此时有利于下一个分层巷道的掘进。

（3）回采工作。

分层回采可从天井的一侧或两侧开始，可以同时在多个分层上进行回采，相邻矿块也可以同时回采，但为了不破坏假顶，不同回采分层间应保持一定的滞后距离。回采工作包括落矿、运搬矿石、支护回采巷道、铺设垫板和放顶等。

落矿可从回采巷道正面或侧面钻凿浅眼，装药爆破。为了保证假顶的连续性，炮眼深度一般不大于 1.5~1.8 m。通常采用双卷筒或三卷筒的电耙出矿。采完回采巷道的全长之后，先铺设底梁，再在其上铺设垫板，作为下分层回采的假顶。随着回采工作面的推进，每隔 1~1.5 m 在上分层垫板的地梁下面架设立柱或木棚，支护回采巷道。

为了在回采巷道的侧面凿岩，在崩落区与正在回采的巷道之间应维护一条已采的回采巷道。随着回采工作面的推进，应一条一条地放顶以崩落回采巷道，控制地压。放顶一般用炸药炸毁立柱，使上分层的垫板及其上部的假顶落下，上面的岩石也随之落下充填采空区。

6.1.4.3   充填采矿法

随着回采工作面的推进，逐步充填采空区的采矿方法，称充填采矿法。充填体的作用是控制采场地压与围岩崩落,防止地表下沉,并为回采工作创造安全和方便的条件,有时还用来预防矿石的自燃。充填采矿法是地下开采中矿石损失与贫化最低的采矿方法。主要应用于围岩不稳固或围岩与矿体均不稳固的有色金属富矿或贵金属、稀有金属矿床。

　　1.单层充填采矿法典型方案

　　单层充填采矿法在阶段内用上山划分矿块,矿块的回采是以整个阶段斜长作为壁式回采工作面,沿走向推进,一次按矿体全厚回采,随着工作面的推进,有计划地用水砂或胶结料充填采空区。这种方法是开采顶板岩层不允许崩落的水平或缓倾斜薄矿体唯一可用的采矿方法,矿石回采率较高,贫化率较低,但采矿工效较低,坑木消耗量大。

　　各项参数确定如下:

　　(1)矿块布置及结构参数。

　　单层充填采矿法的采场布置形式如图6-5所示。矿块沿走向布置,长度为60~80 m,工作面斜长为30~40 m。工作面视顶板的稳固性留2~3 m的控顶距,充填距与控顶距相等。悬顶距为控顶距的2倍。矿块间不留矿柱,可连续推进回采。

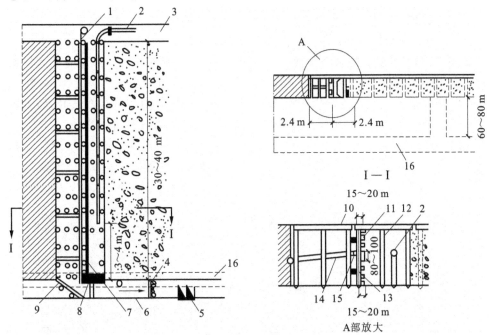

图6-5　单层充填采矿法的采场布置形式

1—钢绳;2—充填管;3—上阶段脉内巷道;4—半截门子;5—矿石溜井;6—切割平巷;7—帮门子;
8—堵头门子;9—半截门子;10—木梁;11—木条;12—立柱;13—砂门子;14—横梁;15—半圆木;16—脉外巷道

　　(2)采准切割工作。

　　采准巷道一般布置在脉内,当矿石不够稳固且底板不平整时,将阶段运输平巷布置在脉外距底板8~10 m处。在矿体内布置切割平巷作为崩矿自由面,并用来行人、通风和排水等。沿走向在切割平巷中每隔15~20 m掘进矿石溜井,与脉外运输平巷相通。

　　(3)回采工作。

　　回采工作面沿走向一次推进2~3 m,用浅眼落矿,眼深1 m左右。用电耙搬运矿石至切割平巷,再运至矿石溜井。顶板支护采用木棚,边采矿边支护。

（4）充填工作。

当工作面推进两次后，应充填工作面的一次推进量。充填准备工作包括清理场地，架设充填管道，钉砂门子和挂砂帘子等。砂门子分帮门子、堵头门子和半截门子等，主要作用是滤水和拦截充填料，使充填料堆积在预定充填地点。水力充填是逆倾斜由下而上间断进行，即分段拆除支柱相充填。每一分段的长度应根据顶板稳固性而定。

2.下向分层充填采矿法典型方案

下向分层充填采矿法是在矿房中自上而下分层回采和用胶结充填料逐层充填，每一分层的回采工作是以巷道进路方式在胶结充填体的人工顶板下进行，适用于矿石价值高、矿岩松软、地表和上覆岩层需保护的矿床开采。优点是作业安全，矿石的回收率高、损失率低。缺点是生产能力较低（60～80 t/d），劳动生产率不高（5～6 t/工班），采矿成本高。近年来，随着高效无轨设备回采和充填工艺的改进，下向分层充填采矿法的技术经济指标已可以达到较高的水平。随着矿床外采深度的增加，地压加大，下向分层充填采矿法具有广阔的应用前景。

各项参数确定如下：

（1）矿块布置及结构参数。

下向分层充填采矿法的采场布置形式如图6-6所示。矿块布置一般不受矿体形态变化的限制，当矿体厚度小于20 m时，沿矿体走向布置，矿块长度取决于出矿设备，一般为50～100 m。当矿体厚度大于20 m时，采用垂直矿体走向布置，一般划分为盘区开采：电耙出矿时，盘区尺寸为(25～50) m×矿体厚度；采用铲运机出矿时，盘区尺寸为(50～100) m×矿体厚度。巷道进路尺寸采用常规设备，尺寸为(2.5～3) m×(2.5～3) m；无轨设备出矿时为(4～5) m×4 m。巷道进路的倾斜度为4°～10°，应略大于充填物的漫流角，不留顶底柱和间柱。

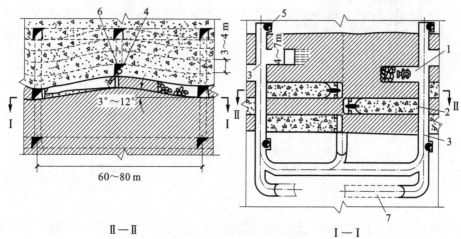

Ⅱ—Ⅱ　　　　　　　　　　　　　　　　Ⅰ—Ⅰ

图6-6　下向分层充填采矿法的采场布置形式

1—巷道回采；2—进行充填的巷道；3—分层运输巷道；
4—分层充填巷道；5—矿石溜井；6—充填管路；7—斜坡道

（2）采准布置。

采准布置分为天井和斜坡道作为采场出入通道两种方式。进路布置可分为单侧进路和双侧进路。采准工程包括斜坡道、矿石溜井、进路、分层巷道和充填巷道。其中,充填巷道是在矿块分层中央的充填体中构筑的人工假巷。

（3）回采工作。

回采巷道间隔开采,逆倾斜掘进,便于搬运矿石。顺倾斜充填,利于接顶。上下相邻分层的回采巷道,应交错布置,防止下部采空时上部胶结充填体脱落。浅眼或中深孔落矿,轻型自行凿岩台车凿岩,自行装运设备搬运矿石。自行装运设备可沿斜坡道进入矿块各分层。

从上分层的充填巷道,沿管路将充填混合物送入采空进路中,以便将其充填至接顶为止。充填应连续进行,有利于获得整体的充填体。经5～7昼夜,便可在充填体相邻回采进路进行回采工作,而下一分层相邻进路则至少要经过两周才能回采。

6.1.5　实验设计

设计要求:根据表6-1分组选择矿体,按照以下步骤进行实验。

① 确定采矿方法;

② 确定矿块布置方法和采场结构参数;

③ 确定采准、切割、回采工作具体参数;

④ 绘制采矿方法三视图。

表 6-1　　　　　　　　　　　　　矿体赋存情况表

组号	矿体类型	矿体倾角	倾向	走向	走向长度	厚度	稳固性		夹石情况
							矿石	围岩	
1	铁矿	5°	北	东西	180 m	最大厚度32 m（水平），平均8 m	稳固	上下盘均稳固	无夹石
2	铁矿	平均46°	北	东西	1200 m	平均40 m	稳固性差	围岩较稳固，岩体接触处有破碎带	夹石较多，含量为18%～22%
3	金矿	34°～45°	北	东西	920 m	平均0.6 m	稳固	上下盘均稳固	无夹石
4	铜矿	50°～80°	北	东西	500～650 m	3～35 m	稳固	上下盘均稳固	无夹石

6.2　露天矿台阶工艺参数设计实验

6.2.1　实验介绍

本次实验中,露天矿台阶工艺参数指单斗挖掘机工作面的几何参数,主要包括:台阶高度、采区长度、采掘带宽度、工作平盘宽度。这是露天矿开采重要的技术经济指标,直接影响穿孔、铲装等露天开采生产工艺的效率和矿山经济效益。

6.2.2　实验目的

通过本实验的学习,学生能够对露天矿台阶的要素有更加直观的认识;熟练掌握露天矿台阶各项参数的设计方法,能够对现场台阶参数进行合理判断。

6.2.3　实验内容

学习露天矿台阶参数的设计步骤,并结合提供的参数进行露天矿台阶的设计。

6.2.4　实验步骤

6.2.4.1　确定单斗挖掘机的主要工作参数

单斗挖掘机作业的主要工作参数是确定台阶工艺参数的基础。如图 6-7 所示,主要包括:

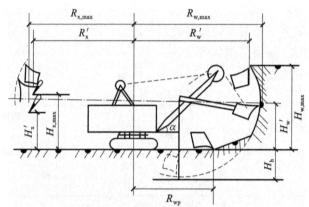

图 6-7　挖掘机工作面参数

(1)挖掘半径 R_w——挖掘时由挖掘机回转中心至铲斗齿间的水平距离。

站立水平挖掘半径 R_{wp}——铲斗平放在站立水平面上的挖掘半径。

最大挖掘半径 $R_{w,max}$——斗柄水平伸出最大时的挖掘半径。

R_w'——最大挖掘高度时的挖掘半径。

(2)挖掘高度 H_w——挖掘时铲斗齿尖距站立水平的垂直高度。

最大挖掘高度 $H_{w,max}$——挖掘时铲斗提升到最高位置时的垂直高度。

H_w'——最大挖掘半径时的挖掘高度。

(3)卸载半径 R_x——卸载时由挖掘机回转中心至铲斗中心的水平距离。

最大卸载半径 $R_{x,max}$——斗柄水平伸出最大时的卸载半径。

R_x'——最大卸载高度时的卸载半径。

(4)卸载高度 H_x——铲斗斗门打开后,斗门的下缘距站立水平的垂直高度。

最大卸载高度 $H_{x,max}$——斗柄提到最高位置时的卸载高度。

H_x'——最大卸载半径时的卸载高度。

(5)下挖深度 H_h——铲斗下挖时,由站立水平面至铲斗齿尖的垂直距离。

上述参数随动臂倾角 α 的调整而改变,一般 α 在 $30°\sim50°$ 之间调整,通常取 $\alpha=45°$。

6.2.4.2 确定台阶高度

(1) 挖掘机工作参数对台阶高度 h 的影响。

当挖掘机与运输设备在同一水平上作业时,对于不需要预先爆破的松软矿岩工作面(图 6-8),为了避免台阶上部形成伞岩突然塌落,台阶高度一般不大于挖掘机的最大挖掘高度。对于需要爆破的坚硬矿岩工作面(图 6-9),由于爆破后的爆堆高度通常小于台阶高度,故台阶高度可以比挖掘松软矿岩时大一些,但要求爆堆高度不大于挖掘机的最大挖掘高度。当爆破后矿岩块度不大、无黏结性且不需要分采时,爆堆高度可为最大挖掘机高度的 1.2～1.3 倍。台阶高度过低时,铲斗不易装满,降低了采装效率。因此,挖掘松软矿岩时的台阶高度与挖掘坚硬矿岩时的爆堆高度均不应低于挖掘机推压轴高度的 2/3。

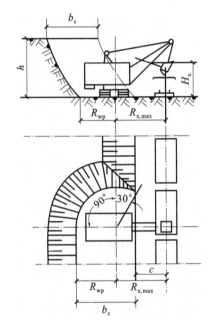

图 6-8 松软矿岩采掘工作面

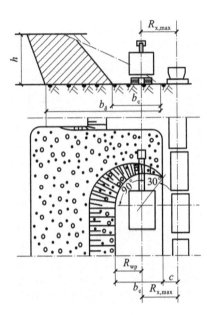

图 6-9 坚硬矿岩的采掘工作面

当运输设备位于台阶上部平盘时(主要用于铁路运输的掘沟作业,见图 6-10),为使矿岩有效地装入运输设备,台阶高度 h 按挖掘机最大卸载高度 $H_{x,max}$ 和最大卸载半径 $R_{x,max}$ 来确定。即:

$$h \leqslant H_{x,max} - h_c - e_x \tag{6.1}$$

$$h \leqslant (R_{x,max} - R_{wp} - c)\tan\alpha \tag{6.2}$$

式中,h_c 为台阶上部平盘至车辆上缘高度,m;e_x 为铲斗卸载时,铲斗下缘至车辆上缘间隙,一般 $e_x \geqslant 0.5～1$ m;c 为铁路中心线至台阶坡底线的间距,m;α 为台阶坡面角,(°);其余符号意义同前。

(2) 其他因素对台阶高度的影响。

① 矿岩性质和矿岩埋藏条件。一般来说,矿岩松软时,台阶高度取值较小;矿岩坚硬时,台阶高度取值较大。在确定台阶高度的标高时,应当考虑每个台阶尽可能由同一性质的岩石组成,使之有利于爆破、采掘,并减少矿石损失与贫化。

② 开采强度。台阶高度增加时,露天矿台阶水平推进速度与垂直延深速度均有所降低。因此,在矿山基建时期,应采用较小的台阶高度,以加快水平推进速度,缩短新水平准备时间,尽快投入生产。

③ 运输条件。台阶高度增加时,可减少露天矿台阶总数,简化运输系统,尤其在采用铁道运输时,可使钢轨、管线的需用量减少,线路移设、维修工作量大为减少。

④ 矿石损失与贫化。开采矿岩接触带时(图 6-11),在矿体倾角和工作线推进方向一定的情况下,矿岩混采宽度随台阶高度增加而增加,矿石的损失与贫化也随之增大。对于开采品位较低的矿床来说,进一步降低了采出原矿的品位。从图 6-11 中台阶高度对矿岩混采量的影响看出,当台阶高度由 h 增大到 h' 时,混采宽度由 L 增加到 L',矿岩混采增量为:

$$\Delta S = L'h' - Lh \tag{6.3}$$

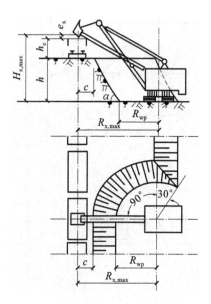

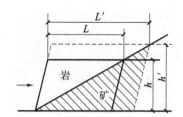

图 6-10　上装车时台阶高度的确定　　　　图 6-11　台阶高度对矿岩混采量的影响

6.2.4.3　确定采区长度

划归一台挖掘机采掘的台阶工作线长度叫作采区长度 L_c(图 6-12)。采区长度要根据具体的开采条件和需要划定,一般是根据穿爆与采装的配合、各水平工作线的长度、矿岩分布和矿石品位变化、台阶计划开采强度和运输方式等条件来确定。采区的最小长度应满足挖掘机正常作业,并有足够的矿岩储备。

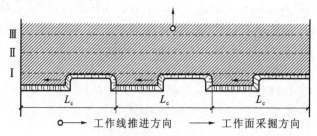

图 6-12　采区长度

　　运输方式对采区长度有重大影响。当采用汽车运输时,由于各生产工艺之间配合灵活,采区长度可以缩短,一般不小于150 m。采用铁路运输时,采区过短,则尽头区采掘的比重相应增加,采运设备效率降低,因此,采区长度一般不得小于列车长度的2倍,即不小于400 m。对于需要分采和在工作面配矿的露天矿,采区长度应适当增加。对于中小型露天矿,开采条件困难并需要加大开采强度时,采区长度可适当缩短。当工作水平上采用尽头式铁路运输时,为保证及时供车,同一个开采水平上工作的挖掘机数不宜超过两台。当采用环形铁路运输时,由于列车入换条件得到改善,当台阶工作线长度足够时,可增加采区数目,但同时工作的挖掘机数不宜超过三台。

6.2.4.4　采掘带宽度

　　采用铁路运输时,为保证挖掘机良好的生产能力,确定采掘带宽度值 b_c 十分重要。合理的采掘带宽度(图6-8和图6-9)应保持挖掘机向里侧的回转角不大于90°,外侧的回转角不大于45°,其值为:

$$b_c = (1 \sim 1.7)R_{wp} \tag{6.4}$$

但不得超过下式计算值:

$$b_c \leqslant R_{wp} + fR_{x,max} - c \tag{6.5}$$

式中,f 为斗柄规格利用系数,$f = 0.8 \sim 0.9$;c 为外侧台阶坡底线或爆堆坡底线至铁路中心线距离,$c = 3 \sim 4$ m;其余符号意义同前。

6.2.4.5　工作平盘宽度

　　保持必要的工作平盘宽度是实现采区正常工作的必要条件。

　　汽车运输时最小工作平盘宽度[图6-13(a)]:

$$B_{min} = b + c + d + e + f + g \tag{6.6}$$

式中,b 为爆堆宽度,m;c 为爆堆坡底线至汽车边缘的距离,m;d 为车辆运行宽度,m;e 为线路外侧至动力电杆的距离,m;f 为动力电杆至台阶稳定边界线的距离,m;g 为安全宽度,$g = h(\cot\gamma - \cot\alpha)$;$\gamma$ 为台阶稳定坡面角,(°);α 为台阶坡面角,(°)。

　　铁路运输时最小工作平盘宽度[图6-13(b)]:

$$B_{min} = b + c_1 + d_1 + e_1 + f + g \tag{6.7}$$

式中,c_1 为爆堆坡底线至铁路线路中心线间距,一般为 $2 \sim 3$ m;d_1 为铁路线路中心线间距,同向架线 $d_1 \geqslant 6.5$ m,背向架线 $d_1 \geqslant 8.5$ m;e_1 为外侧线路中心至动力电杆间距,$e_1 = 3$ m;其他符号意义同前。

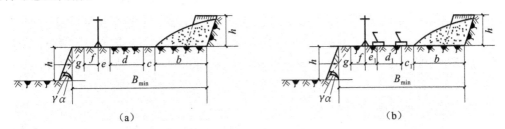

图6-13　最小工作平盘宽度

(a)汽车运输;(b)铁路运输

露天台阶爆破

深孔台阶爆破

6.3　露天矿台阶爆破参数设计实验

6.3.1　实验介绍

台阶爆破是工作面以台阶形式推进的爆破方法,利用炸药爆炸产生的化学能将矿岩破碎至一定的块度,并形成一定几何尺寸的爆堆。按孔径、孔深的不同,台阶爆破分为深孔台阶爆破和浅孔台阶爆破。通常,将孔径大于 50 mm,孔深大于 5 m 的钻孔称为深孔;反之,则称为浅孔,又称炮眼或浅眼。

露天深孔台阶爆破广泛地用于矿山、铁路、公路和水利电力等工程。据不完全统计,我国近年来露天矿开采的产量比重:铁矿石占 90%,有色金属矿石占 52%,化工原料占 70.7%,建筑材料近 100%。浅孔台阶爆破主要用于矿山采矿、采石以及平整地坪,开挖路堑、沟槽、基础等,是目前我国铁路、公路、水利电力、人防工程和小型矿山开采的常用爆破方法。

6.3.2　实验目的

通过本实验,对露天矿深孔台阶爆破和浅孔台阶爆破的主要参数有明确的认识,能够熟练掌握各项爆破参数的设计方法。

6.3.3　实验内容

学习露天矿台阶爆破参数的设计步骤,并结合提供的参数进行露天矿台阶爆破的设计。

6.3.4　实验步骤

6.3.4.1　露天深孔台阶爆破参数设计步骤

露天深孔台阶爆破参数包括:孔径、孔深、超深、底盘抵抗线、孔距、排距、堵塞长度、单位岩石炸药消耗量和每孔装药量等。

(1) 孔径。

露天深孔台阶爆破的孔径主要取决于钻机类型、台阶高度和岩石性质。我国大型金属露天矿多采用牙轮钻机,孔径 250~310 mm;中小型金属露天矿以及化工、建材等非金属矿山则采用潜孔钻机,孔径 100~200 mm;铁路、公路路基土石方开挖常用的钻孔机械,其孔径为 76~170 mm。一般来说,钻机选型确定后,其钻孔直径就已确定下来。国内常用的深孔直径有 76~80 mm、100 mm、150 mm、170 mm、200 mm、250 mm、310 mm 多种。

(2) 孔深与超深。

孔深是台阶高度和超深确定。

台阶高度的确定应考虑为钻孔、爆破和铲装创造安全和高效率的作业条件,它主要取决于挖掘机的铲斗容积和矿岩开挖技术条件。

目前,我国深孔台阶爆破的台阶高度为 $H = 10 \sim 15$ m。

超深 h 是指钻孔超出台阶底盘标高的那一段孔深,其作用是降低装药中心的位置,以便有效地克服台阶底部阻力,避免或减少留根底,以形成平整的底部平盘。国内矿山的超深值一般为 $0.5 \sim 3.6$ m。后排孔的超深值一般比前排小 0.5 m。

垂直深孔孔深:

$$L = H + h \tag{6.8}$$

倾斜深孔孔深:

$$L = H/\sin\alpha + h \tag{6.9}$$

(3) 底盘抵抗线。

① 根据钻孔作业的安全条件计算底盘抵抗线为:

$$W_d \geqslant H\cot\alpha + B \tag{6.10}$$

式中,W_d 为底盘抵抗线,m;α 为台阶坡面角,一般为 $60° \sim 75°$;H 为台阶高度,m;B 为从钻孔中心至坡顶线的安全距离,对大型钻机,$B \geqslant 2.5 \sim 3.0$ m。

② 按台阶高度和炮孔直径计算

$$W_d = (0.6 \sim 0.9)H \tag{6.11}$$

$$W_d = Kd \tag{6.12}$$

式中,K 为系数,见表 6-2;d 为炮孔直径,mm。

表 6-2 **K 值范围**

装药直径/mm	清渣爆破 K 值	压渣爆破 K 值	装药直径/mm	清渣爆破 K 值	压渣爆破 K 值
200	$30 \sim 35$	$22.5 \sim 37.5$	310	$35.5 \sim 41.9$	$19.4 \sim 30.6$
250	$24 \sim 48$	$20 \sim 48$			

③ 按每孔装药条件(巴隆公式)计算

$$W_d = d\sqrt{\frac{7.85\rho\lambda}{qm}} \tag{6.13}$$

式中,d 为炮孔直径,mm;ρ 为装药密度,g/mL;λ 为装药系数,$\lambda = 0.7 \sim 0.8$;q 为单位岩石炸药消耗量,kg/m³;m 为炮孔密集系数(即孔距与排距之比),一般 $m = 1.2 \sim 1.5$。

以上说明,底盘抵抗线受许多因素影响,变动范围较大。除了要考虑上述因素外,控制坡面角也是调整底盘抵抗线的有效途径。

(4) 孔距和排距。

孔距是指同一排深孔中相邻两钻孔中心线间的距离。孔距按下式计算:

$$a = mW_d \tag{6.14}$$

式中,m 为炮孔密集系数。

炮孔密集系数 m 值通常大于 1.0。在宽孔距小抵抗线爆破中则为 $2 \sim 3$ 或更大。但是第一排孔往往由于底盘抵抗线过大,应选用较小的炮孔密集系数,以克服底盘的阻力。

排距是指多排孔爆破时,相邻两排钻孔间的距离,它与孔网布置和起爆顺序等因素有关。计算方法如下:

① 采用等边三角形布孔时,排距与孔距的关系为

$$b = a\sin60° = 0.886a \tag{6.15}$$

式中,b 为排距,m;a 为孔距,m。

②　多排孔爆破时,孔距和排距是一个相关的参数。在给定的孔径条件下,每个孔都有一个合理的钻孔负担面积,即:

$$S = ab \tag{6.16}$$

或

$$b = \sqrt{\frac{S}{m}} \tag{6.17}$$

式中符号含义同前。

式(6.17)表明,当合理的钻孔负担面积 S 和炮孔密集系数已知时,即可求出排距 b。

(5) 堵塞长度。

合理的堵塞长度和良好的堵塞质量,对改善爆破效果和提高炸药利用率具有重要作用。

合理的堵塞长度应能降低爆生气体能量损失和尽可能增加钻孔装药量。为获得良好的堵塞质量,应尽量增加爆生气体在孔内的作用时间以及减少空气冲击波、噪声和飞石的危害。

堵塞长度(l_d)按下式确定:

$$l_d = (0.7 \sim 1.0)W_d \tag{6.18}$$

垂直深孔取 $l_d = (0.7\sim1.0)W_d$;倾斜深孔取 $(0.9\sim1.0)W_d$。

或

$$l_d = (20 \sim 30)d \tag{6.19}$$

式中,d 为炮孔直径,mm。

堵塞长度与堵塞质量、堵塞材料密切相关。堵塞质量好和堵塞物的密度大也可减小堵塞长度。

矿山大孔径深孔的堵塞长度一般为 5～8 m,当采用尾砂堵塞时,也可以减少到 4～5 m。

(6) 单位岩石炸药消耗量。

影响单位岩石炸药消耗量的主要因素有岩石的可爆性、炸药特性、自由面条件、起爆方式和块度要求。因此,选取合理的单位岩石炸药消耗量 q 往往需要通过多次实验或长期生产实践来验证。各种爆破工程都有根据自身生产经验总结出来的合理单位岩石炸药消耗量。例如:冶金矿山单位岩石炸药消耗量一般在 $0.1\sim0.35$ kg/m³ 之间。对于水利电力工程的岸坡开挖、铁路和公路的路基开挖等,为了将部分岩石向坡下抛出,也可将炸药单耗增加 10%～30%。在设计中可以参照类似矿岩条件下的实际单耗值选取,也可以按表 6-3 选取。表 6-3 数据以 2 号岩石铵梯炸药为标准。

表 6-3　　　　　　　　　　　　　　　　**单位岩石炸药消耗量参考值**

岩石坚固性系数 f	0.8～2	3～4	5	6	8	10	12	14	16	20
$q/(\text{kg/m}^3)$	0.40	0.43	0.46	0.50	0.53	0.56	0.60	0.64	0.67	0.70

（7）每孔装药量。

单排孔爆破或多排孔爆破的第一排孔的每孔装药量按下式计算：

$$Q = qaW_{d}H \tag{6.20}$$

式中，q 为单位岩石炸药消耗量，kg/m^3；a 为孔距，m；H 为台阶高度，m；W_d 为底盘抵抗线，m。

多排孔爆破时，从第二排孔起，以后各排孔的每孔装药量按下式计算：

$$Q = kqabH \tag{6.21}$$

式中，k 为考虑受前面各排孔的矿岩阻力作用的增加系数，$k=1.1\sim1.2$；b 为排距，m；其余符号含义同前。

6.3.4.2　露天浅眼台阶爆破参数设计步骤

露天浅眼台阶爆破与露天深孔台阶爆破，二者基本原理是相同的，工作面都是以台阶的形式向前推进，不同点仅仅是孔径、孔深比较小，爆破规模比较小。

爆破参数应根据施工现场的具体条件和类似工程的成功经验选取，并通过实践检验修正，以取得最佳参数值。

（1）炮孔直径（d）。

由于采用浅孔凿岩设备，孔径多为 36～42 mm，药卷直径为 32 mm 或 35 mm。

（2）炮孔深度和超深。

$$L = H + h \tag{6.22}$$

式中，L 为炮孔深度，m；H 为台阶高度，m；h 为超深，m。

浅孔台阶爆破的台阶高度 H 一般不超过 5 m。超深 h 一般取台阶高度的 10%～15%，即：

$$h = (0.10 \sim 0.15)H \tag{6.23}$$

如果台阶底部辅以倾斜炮孔，台阶高度还可适当增加（图 6-14）。

（3）炮孔间距（a）。

$$a = (1.0 \sim 2.0)W_{d} \tag{6.24}$$

或

$$a = (1.0 \sim 2.0)L \tag{6.25}$$

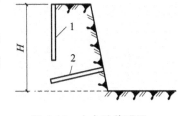

图 6-14　小台阶炮眼图
1—垂直炮孔；2—倾斜炮孔

（4）底盘抵抗线（W_d）。

$$W_{d} = (0.4 \sim 1.0)H \tag{6.26}$$

在坚硬难爆的岩石中或台阶高度较高时，计算时应取较小的系数。

（5）单位岩石炸药消耗量（q）。

与深孔台阶爆破的单位岩石炸药消耗量相比，浅孔台阶爆破的单位岩石炸药消耗量应大一些。

6.3.5　实验设计

某露天矿山,设计开采台阶高度为 $H(\mathrm{m})$,矿石坚固系数为 $f=7\sim16$,单位岩石炸药消耗量为 $q(\mathrm{kg/t})$,矿山设计年生产能力约为 T(万 t),要严格控制爆破安全距离。根据表 6-4 已知条件进行露天矿台阶工艺参数设计(设备选型、采区长度、采掘带宽度、工作平盘宽度),并且进行台阶爆破参数设计,使其满足矿山生产要求。

表 6-4　　　　　　　　露天矿各项参数

组号	台阶高度	年生产能力/(万 t)					坚固性系数 f	矿石密度/(t/m³)
		a	b	c	d	e		
1	8	20	40	60	80	100	7～8	2.55
2	10	30	50	70	90	110	9～10	2.65
3	12	40	60	80	100	120	11～15	2.78
4	15	50	70	90	110	130	大于 15	2.65

说明:矿山工作时间安排,300 天/年。抽题序号为组号+字母序号,例如 1a、2c 等。

第3部分

矿井通风实验

7   地下通风及安全实验

7.1   矿井大气主要参数测定实验

7.1.1   实验目的

(1) 学习使用温度计、湿度计、气压计测量空气的温度、湿度和压力。

(2) 学习使用卡他温度计测量环境气候的卡他度和风速。

7.1.2   实验要求

(1) 掌握使用湿度计、气压计、卡他温度计测量矿井大气的温度、湿度、大气压力、风速及卡他度。

(2) 掌握测算矿井空气密度的方法,会用卡他度值计算空气的平均风速。

7.1.3   实验仪器和设备

温度计、水银压力计、空盒气压计、手摇湿度计、风扇湿度计、卡他温度计、秒表、HT-853型温湿度计。

7.1.4   空气温度和湿度的测定

使用普通温度计或湿度计中的干温度计测定空气温度,然后换算成绝对温度,记入实验报告中。

矿井大气的相对湿度一般用手摇湿度计或风扇湿度计。它们的结构不同,但原理相同,都是由干温度计和湿温度计(水银球部包以湿纱布)组成。前者用手摇,后者有带发条转动的小风扇。用前者测量时,用大约 120 r/min 的速度旋转 60 s,使湿温度计外包的湿纱布水分蒸发,吸收热量,湿温度计的指示值下降,根据两温度计上分别读出的干温度和湿温度值,查表可得到相对湿度值。用后者测量时,首先上紧发条,然后开启风扇,此时小风扇吸风,在湿球周围形成 2~5 m/s 的风速,60 s 后同样读出干温度和湿温度值,查表得到相对湿度值。

使用 HT-853 型温湿度计测定空气温湿度。该仪表采用高精度数字温湿度传感器,具有精度高、速度快、稳定性好等特点,适用于对环境温度、湿度的数据采集和监控。其技术规格如表 7-1 和表 7-2 所示。

表 7-1　　　　　　　　　　HT-853 型温湿度计湿度测量技术规格

量程：0％～100％RH		
范围	分辨率	精度
0％～20％RH		4.00％
20％～40％RH		3.00％
40％～60％RH	0.1	2.50％
60％～80％RH		3.00％
80％～100％RH		4.00％

（湿度）

表 7-2　　　　　　　　　　HT-853 型温湿度计温度测量技术规格

量程：－30～70 ℃		
范围	分辨率	精度
－30～－10 ℃		1.0 ℃
－10～70 ℃	0.1 ℃/0.2 ℉	0.5 ℃
－22～14 ℉		1.8 ℉
14～158 ℉		0.9 ℉

（温度）

HT-853 型温湿度计结构如图 7-1 所示。

① 测量时，按住电源按键保持 1 s，等液晶显示屏全显示后放手即可开机。

② 单次触发"MAX/MIN"键一次，液晶显示屏将显示"HOLD"符号，表示数据已经被锁定，再次按下此键可取消锁定。

③ 长按"MAX/MIN"键 3 s 以上，液晶显示屏显示"MAX"符号，放开按键，此时仪表进入最大、最小值测量功能。此时得到最大值数据，在此模式下再次按下此键，液晶显示屏显示"MIN"符号，仪表显示最小值数据。长按此键 3 s 可退出此模式。

图 7-1　HT-853 型温湿度计
1—温湿度传感器；2—"MAX/MIN"键；
3—液晶显示屏；4—电源按键；
5—三脚支架螺母；6—电池盖

7.1.5　大气压力的测定

（1）使用水银气压计测定大气压力。

在实验室测量大气压力，主要采用水银气压计。使用时，只需将其悬挂于待测地点，等候管内水银面稳定后，直接读其高度数值就是待测地点的大气压力，并将其数值换算成 kPa 记入实验报告中。

（2）使用空盒气压计测定大气压力。

在矿井井下测量大气压力主要采用空盒气压计。

空盒气压计出厂时要附一个检定证，检定证中给出了三种读数的订正值。

空盒气压计检定证（仪器号 116750）如下。

① 刻度订正:如表 7-3 所示。

表 7-3　　　　　　　　**空盒气压计刻度订正表(仪器号 116750)**　　　　(单位:mmHg)

气压	订正值	气压	订正值	气压	订正值
800	−0.4	730	+0.2	660	−0.6
790	−0.3	720	+0.2	650	−0.5
780	−0.2	710	+0.1	640	−0.5
770	−0.1	700	0.0	630	−0.5
760	0.0	690	−0.2	620	−0.4
750	+0.1	680	−0.4	610	−0.3
740	+0.1	670	−0.5	600	−0.2

② 温度订正:−0.03 mmHg/℃。

③ 补充订正:+0.6 mmHg。

空盒气压计的读数要经过下述三种订正,才为实测大气压力值。例如,读数为 675 mmHg,测定时的温度为 16.5 ℃,则:

a. 刻度订正。从检定证中查出,当读数为 675 mmHg 时,其订正值为 −0.45 mmHg。

b. 温度订正。从检定证中查出,温度变化 1 ℃时的气压订正值为 −0.03 mmHg/℃,故温度订正值为:

$$-0.03 \times 16.5 = -0.5 \text{ mmHg}$$

c. 补充订正。从检定证中查出,其订正值为 +0.6 mmHg。

经上述三种订正后,实际大气压力为 $p = 675 - 0.45 - 0.5 + 0.6 = 674.65$ mmHg = 89.95 kPa,换算成 kPa 后记入实验报告中。

注意:每只空盒气压计必须使用它自己的订正值,切记不能互相代替。

上述温度、大气压力、相对湿度要读数 3 次,取其平均值计算。

7.1.6　密度计算

按以下两式分别计算空气密度(kg/m³):

(1) 精确式。

$$\rho_{湿} = 3.484 \frac{p}{T} \left(1 - 0.378 \frac{\phi p_{饱}}{p} \right) \tag{7.1}$$

式中　p——空气的压力,Pa;

　　　T——空气的温度,K;

　　　ϕ——相对湿度,用小数表示;

　　　$p_{饱}$——饱和水蒸气的分压,Pa。

(2) 近似式。

$$\rho \approx (3.485 \sim 3.473) \frac{p}{T} \tag{7.2}$$

参数同上。

7.1.7 卡他度测定

卡他计是检查气温、湿度、风速综合作用的一种仪器,如图7-2所示,其下端是长圆形的贮液球,长约 40 mm,直径 16 mm,表面积 22.6 cm²,内贮酒精。上端也有长圆形的空间,以便在测定时容纳上升的酒精,全长约 200 mm。其上刻 38 ℃ 和 35 ℃,其平均值正好等于人体温度。

测定时,将卡他计先放人 55 ℃ 左右的热水中使酒精面开始升至仪器上部空间 1/3 处,取出卡他计抹干,然后挂在待测点,此时酒精液面开始下降。记录由 38 ℃ 下降至 35 ℃ 所需时间,最后用下式计算卡他度。

$$H_干 = \frac{F}{t} \qquad (7.3)$$

图 7-2 卡他计

式中,$H_干$ 为干卡他度;F 为卡他常数(附于仪器上);t 为温度由38 ℃ 下降至 35 ℃ 所需时间,s。

测定湿卡他度时,仅需将贮液球包上湿纱布后,按上述方法进行。然后用下式计算湿卡他度 $H_湿$。

$$H_湿 = \frac{F}{t} \qquad (7.4)$$

用卡他度所测定的上述数据,可用以下两式分别计算风速。

(1) 当 $H/\theta \leqslant 0.6$ 时:

$$v = \left(\frac{H/\theta - 0.20}{0.40}\right)^2 \qquad (7.5)$$

(2) 当 $H/\theta \geqslant 0.6$ 时:

$$v = \left(\frac{H/\theta - 0.13}{0.40}\right)^2 \qquad (7.6)$$

式中,v 为待测点风速,m/s;θ 为卡他度的平均温度,即 36.5 ℃ 减去该处的空气温度,℃;其他符号意义同前。

实验数据表格如表 7-4～表 7-6 所示。

表 7-4 　　　　　　　　　　大气压力记录表

仪器类别	大气压力				刻度订正值/ mmHg	温度订正值/ mmHg	补充订正值/ mmHg	实际气压/ kPa
	读数							
	第一次	第二次	第三次	平均值				
空盒气压计								
水银气压计								

表 7-5　　　　　　　　　　　　　　空气湿度记录表

| 仪器类别 | 测定次数 | 空气温度/℃ | | 平均干温度/℃ | 平均湿温度/℃ | 绝对温度/K | 相对湿度/% | 饱和蒸气压力/kPa | 空气密度/(kg/m³) |
		干	湿						
手摇温度计	1								
	2								
	3								
风扇湿度计	1								
	2								
	3								
HT-853 型温湿度计	1								
	2								
	3								

表 7-6　　　　　　　　　　　　　　卡他度与风速记录表

仪器类别	次数	时间/s	时间平均值/s	干卡他度/毫卡	湿卡他度/毫卡	环境温度/℃	卡他常数	平均风速/(m/s)
干卡他计	1							
	2							
	3							
湿卡他计	1							
	2							
	3							

7.2　通风管道中风流点压力和风速的测定

7.2.1　实验目的

（1）学习用皮托管及压差计测定通风管道中的点压力，并了解皮托管及压差计的构造。

（2）学习用皮托管及压差计测定通风管道中某断面的平均风速并计算风量。

（3）学习通风多参数检测仪的使用。

7.2.2　实验要求

（1）掌握用皮托管及压差计测定通风管道中某点空气的静压、动压和全压的方法，以巩固 $h_全 = h_静 \pm h_动$ 的概念。

（2）掌握用皮托管及压差计测定通风管道中某点平均风速、最大风速和速度场系数 K 的方法，并计算风量。

（3）掌握通风多参数检测仪使用方法。

7.2.3　实验仪器和设备

本次实验中所用仪器如表 7-7 所示。

表 7-7　　　　　　　　　　　　　　实验所用的仪器和设备

序号	名称	型号或规格	数量	生产厂家
1	通风管道	大直径	1	自制
2	通风管道	小直径	6	自制
3	皮托管	L/S 形	10	上海永智仪表设备公司
4	皮托管	微型	15	自制
5	U 形垂直压差计	±200 mm	10	陕西华中煤矿装备公司
6	U 形倾斜压差计	CQY-150 型	7	陕西华中煤矿装备公司
7	单管倾斜压差计	WY-200 型	7	上海隆拓仪器与设备公司
8	补偿式微压计	YJB-1500 型	7	上海永智仪表设备公司

7.2.3.1　L/S 形皮托管

在科研、生产、教学、环境保护以及净化室、矿井通风、能源管理部门，常用皮托管测量管道风速、炉窑烟道内的气流速度，经过换算来确定流量，也可测量管道内的水流速度。用皮托管测速和确定流量，有可靠的理论依据，使用方便、准确，是一种经典的、广泛的测量方法。此外，它还可用来测量水的流速和流量。

1. 结构

L 形标准皮托管用两根不同内径管子同心套接而成，内管通直端尾接头是全压管，外管通侧接头是静压管；S 形皮托管用两支同径管焊接而成，面对气流为全压端，背对气流为静压端，并在接头处标有系数号及静压接头标记号，使用时不能接错。侧面指向杆与测头方向一致，使用时可确定方向，保证测头对准来流方向。

2. 主要技术指标

① L 形皮托管系数在 0.99～1.01 之间，S 形皮托管系数在 0.81～0.86 之间。

② 测量空气流速小于 40 m/s，测量水流流速不超过 25 m/s。

3. 使用方法

皮托管与仪器按图 7-3 所示连接，用伯努利方程可计算流体中某一点流速 v。

$$v = K \sqrt{\frac{2P}{\rho}} \tag{7.7}$$

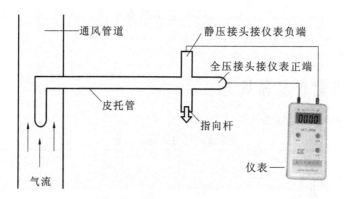

图 7-3　皮托管连接示意图

式中, v 为风速, m/s; K 为皮托管系数; P 为通过皮托管测得的动压, Pa; ρ 为流体密度, kg/m³。

多点测量风速, 求得风速平均值后, 即可计算风量:

$$Q = 3600 \times v \times F \tag{7.8}$$

式中, Q 为风量, m³/h; v 为平均风速, m/s; F 为管道截面积, m²。

4. 注意事项

① 要正确选择测量点断面, 确保测点在气流流动平稳的直管段。为此, 测量断面离来流方向的弯头、变径异形管等局部构件的距离要大于 4 倍管道直径。离下游方向的局部弯头、变径结构的距离应大于 2 倍管道直径。

② 测量时应当将全压孔对准气流方向, 以指向杆指示。测量点插入孔应避免漏风, 可防止该断面上气流干扰。用皮托管只能测得管道断面上某一点的流速, 由于断面流量分布不均匀, 因此该断面上应多测几点, 以求平均值。

③ 皮托管的直径规格选择原则是, 与被测管道直径比不大于 0.02, 以免产生干扰, 使误差增大。测量时不要让皮托管靠近管壁。

④ 皮托管只能测量管道断面上某一点的流速, 但计算流量时要用平均流速, 由于断面流量分布不均匀, 因此该断面上应多测几点, 以求取平均值。

7.2.3.2　U 形倾斜压差计

CQY-150 型 U 形倾斜压差计是一种便携式可调倾角的微压测量仪器, 具有使用方便、测量准确、结构简单等特点。该仪器与皮托管配合使用, 可对通风网路中的风速、风阻、流量进行测量, 也可用于风表校验工作。

1. 结构及工作原理

压差计由底板、平板、托板以及配用的三脚架等部分组成。底板下安装有与三脚架连接的连接螺母。平板上装有条形水准器及水平微调螺钉。托板上安装有 U 形玻璃测量管、标度尺。侧面安装有可调节倾斜系数的支架和锁紧装置, 倾斜系数分别为 0.1、0.2、0.5 和 0.7。

压差计是基于流体静力学原理, 利用液柱两端由于受压不同而在介质液面之间形成的高度差进行压力测量的测量仪器, 其特点为玻璃量管与水平面成一定倾斜角度, 故能将较小的液柱高度差转变成按比例放大的玻璃测量分度值, 其表达式如下:

$$H = L \times A \tag{7.9}$$

其中

$$A = \rho \cdot \sin\alpha \tag{7.10}$$

式中,H 为压差值,毫米水柱;L 为 U 形管两端酒精面之间距离,mm;ρ 为工作介质酒精比重(标准比重为 0.810 g/cm³);α 为倾斜角度;A 为倾斜系数。

2. 主要技术指标

CQY-150 型 U 形倾斜压差计主要技术指标如表 7-8 所示。

表 7-8　　　　　　　　　　　**CQY-150 型 U 形倾斜压差计技术指标**

测量范围	0～150 毫米水柱(1471 Pa)
精度等级	4 级
环境温度	5～40 ℃
倾斜系数	0.1、0.2、0.5、0.7
工作介质	95％乙醇

3. 使用方法

① 将压差计通过底板的螺母与三脚架连接紧固,通过调整三脚架支脚或支柱调整测量高度。

② 脱掉玻璃测量管两端堵头,用酒精冲洗玻璃测量管。

③ 连接玻璃测量管一端与被测量物之间的胶管,接口处不得漏气。

④ 根据水准器指示调整压差计水平。调水平时,先用三脚架上的水平调节装置进行粗调,然后调节平板上的微调螺钉进行细调,直至水准器水泡调节到中心位置。

⑤ 用滴管给玻璃测量管缓慢注入酒精(为便于观察,可给介质内添加少许红墨水)至标度尺零线。

⑥ 根据所测量压差大小,调整倾斜支板,并选择适合的倾角系数。

⑦ 测量读数时,要等介质液面稳定后,视线与 U 形玻璃测量管中心垂直,取液面凹面所对应的刻度值(应注意玻璃测量管内介质不得倒流入胶管内,以免因管路堵塞造成误差)。

⑧ 当使用的工作介质是标准比重为 0.81 g/cm³ 的酒精时,读数乘以倾斜系数即为真值。

4. 注意事项

当使用的工作介质不是酒精时,应按下列公式修正:

$$P = P_1 \frac{\rho}{\rho_{酒}} \tag{7.11}$$

式中,P 为实际压差值,毫米水柱;P_1 为读数压差值,毫米水柱;$\rho_{酒}$ 为酒精标准比重,0.810 g/cm³;ρ 为工作介质比重,g/cm³。

7.2.3.3　单管倾斜压差计

WY-200 单管倾斜压差计是一种可见液体弯面的多测量范围液体压力计,供测量 2 kPa

以下气体的正压、负压、差压的使用,具有测量精度高,携带方便,安全可靠等优点,配上皮托管可测量气体流速和管道全压、静压及动压。

1. 结构及工作原理

WY-200 单管倾斜压差计是量管倾斜角度可以变更的压力计,它的结构如图 7-4 所示。

在正压容器中装有工作液体(95%酒精),与它相连的是倾斜测量管,在倾斜测量管上标有长度为 255 mm 的刻度。正压容器固定在两个水准调节机脚和一只固定机脚上,水准指示器固定在底板上,底板侧面还装着弧形板支架,用它可以把倾斜测量管固定在五个不同倾斜角度的位置上,可得到五种不同的测量上限值,弧形板上的数字 0.2、0.3、0.4、0.6、0.8 表示常数因子 $[r(\sin\alpha + F_1/F_2)]$ 的数值。

WY-200 单管倾斜压差计的原理示意图如图 7-5 所示。当测量正压时,需要将测量压力和宽广容器相连通;测量负压时,则将测量压力与倾斜测量管相连通;测量压差,则把较高的压力和宽广容器接通,较低的压力和倾斜测量管接通。

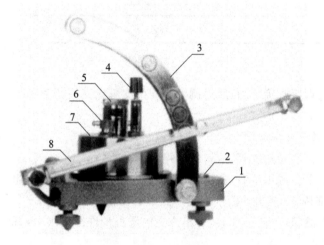

图 7-4　WY-200 单管倾斜压差计

1—底板;2—水准指示器;3—弧形板;4—零位调整旋钮;
5—转向阀门;6—加液盖;7—正压容器;8—倾斜测量管

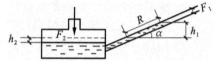

图 7-5　单管倾斜压差计原理示意图

设在所测压力下,与水平线之间有倾斜角度 α 的管子内的工作液体在垂直方向上升高度 h_1,在宽广容器内的液面下降 h_2,那么在仪器内工作液面的高度差等于:

$$h = h_1 + h_2 \tag{7.12}$$

式中,

$$h_1 = n\sin\alpha \tag{7.13}$$

设管子的截面积为 F_1,正压容器的截面积为 F_2,那么:

$$nF_1 = F_2 h_2 \tag{7.14}$$

也就是在倾斜测量管内所增加的液体体积 nF_1,等于宽广容器内所减少的液体体积 $F_2 h_2$。

把式(7.13)和式(7.14)计算所得的 h_1 及 h_2 的数值代入式(7.12),可得到:

$$h = n\left(\sin\alpha + \frac{F_1}{F_2}\right) \tag{7.15}$$

或

$$P = hr = nr\left(\sin\alpha + \frac{F_1}{F_2}\right) \tag{7.16}$$

式中,P 为所测压力,毫米水柱;n 为倾斜测量管读数,mm;r 为工作液面的密度,g/cm^3。

2. 主要技术指标

① 测量上限值、标尺上最小分度值及常数因子如表 7-9 所示。

表 7-9 **WY-200 单管倾斜压差计测量上限值、最小分度值及常数因子**

测量上限值/mm	标尺上最小分度值/mm	常数因子
50	0.2	0.2
75	0.3	0.3
100	0.4	0.4
150	0.6	0.6
200	0.8	0.8

② 精度等级:1.0 级、0.5 级。

③ 最大工作压力:1000 Pa。

④ 标准工作液体(酒精)的密度,0.810 g/cm^3,可选用 95% 乙醇。

⑤ 标定温度:20 ℃ ,其温度变化±2 ℃。

3. 使用方法

① 使用时将仪器从箱内取出,放置在平稳且无振动的工作台上,调整仪器底板左、右两个水准调节机脚,使仪器处于水平位置,将倾斜测量管按测量值固定在弧形板上相应的常数因子上。

② 旋开正压容器上的加液盖,缓慢加入密度为 0.810 g/cm^3 的酒精(95% 的乙醇),使其液面在倾斜测量管上的刻度在零点附近,然后把加液盖旋紧,将阀门拨在"测压"处,橡皮管接在阀门"十"压接头上,用压气球轻吹橡皮管,使倾斜测量管内液面上升到接近于顶端处,排出存留在正压容器和倾斜测量管之间的气泡,反复数次,直至气泡排尽。

③ 将阀门拨回"校准"处,旋动零位调整旋钮,校准液面的零点。若旋钮已旋至最低位置,仍不能使液面升至零点,则所加酒精量过少,应再加酒精使液面升至稍高于零点处,再用旋钮校准液面至零点;反之,若所加酒精过多,可轻吹套在阀门"十"压接头上的橡皮管,使多余酒精从倾斜测量管上端接头溢出。

④ 测量时,把阀门拨在"测压"处,如被测压力高于大气压力,将被测压力的管子接在阀门"十"压接头上;如被测压力低于大气压力,应先将阀门中间接头和倾斜测量管上端接头用橡皮管接通,将被测压力的管子接在阀门"一"压接头上;如测量压力差,则将被测的高压接在阀门的"十"压接头上,低压管接在阀门的"一"压接头上,阀门中间接头和倾斜测量管上端的接头用橡皮管接通。

⑤ 测量过程中,如欲校对液面零位是否有变化,可将阀门拨至"校准"处进行校对。

4. 注意事项

① 必须把倾斜测量管上的读数乘以弧形支架上的常数因子,才为所测压力值。

② 仪器需加入95％的酒精,使用后,如短期内仍需继续使用,则容器内所贮酒精无须排出,但必须把阀门拨至"校准"处,以免酒精挥发影响酒精密度。使用一段时间后,因酒精挥发需重新调换新的酒精,或用密度计重新标定工作液体。

③ 若工作液体与标称密度不同,可根据式(7.11)换算。

7.2.3.4 补偿式微压计

YJB-1500/2500 补偿式微压计用于测量非腐蚀性气体的微小压力、负压力及压力差,也可用来校准其他压力计。

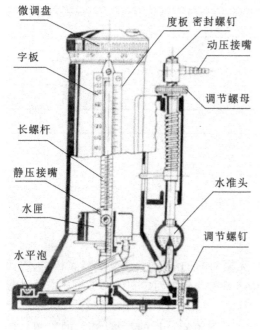

图 7-6 补偿式微压计结构示意图

微调盘 度板 密封螺钉 动压接嘴 字板 调节螺母 长螺杆 静压接嘴 水匣 水平泡 水准头 调节螺钉

1. 结构

YJB-1500/2500 补偿式微压计结构如图 7-6 所示,由微调部分、水准观测部分、反光镜部分及外壳部分组成。

① 微调部分。由刻有 200 等分的微调盘,固定在长螺杆上,长螺杆动,水匣作上升或下降运动,在水匣静压接嘴上装有示度准块,示度准块在度板及字板中间移动来指示出水匣的位移高度。

② 水准观测部分。在观测筒内装有水准头,以观测动压管受压力后观测筒内液面的变化。

③ 反光镜部分。由一个反光镜固定在镜壳上,反光镜面反射观测筒内的水准头与液面的接触情况,使水准头尖与其倒影的影尖相接表示微压计读数调整"基点"。

④ 外壳部分。由壳体及横担支持长螺杆,在壳体上装有水准泡及调节螺钉,以调节微压计的螺杆及动压管的垂直。

2. 主要技术指标

① 主要技术指标见表 7-10。

表 7-10 **YJB-1500/2500 补偿式微压计技术指标**

型号	YJB-1500	YJB-2500
规格	−1500～1500 Pa	−2500～2500 Pa
最小分度值	0.01 mm	0.01 mm
基本误差	±0.8 Pa	在−1.5～1.5 kPa 范围内:±0.8 Pa
		在−2.5<−1.5 kPa 范围内:±1.3 Pa 或 >1.5～2.5 kPa
外形尺寸($D \times H$)	230 mm×322 mm	230 mm×422 mm
质量	5 kg	8 kg

② 精度等极：二等标准。

③ 工作环境：温度(20±5)℃。

3. 使用方法

① 将微压计取出后，安放在平整的台上，调整调节螺母，观察水准器气泡，使仪器处在水平状态。

② 将微调盘与示度块均调到"0"后，旋下动压管密封螺钉，灌入蒸馏水，连接管内从反光镜上观察水准头，若与液面近似相接，则停止加水，再旋上顶端密封螺钉并旋紧，然后缓慢调节微调盘，使液面上升、下降数次，以便排出连接管内的空气。经上述过程后，再调动动压管调节螺母，使液面达到完全与针尖相切的要求(经 3～5 min 后能稳定不变)。

③ 测量压力时，将压力接嘴与微压计动压接嘴用橡皮导管连接(保证气密良好)，拨动微调盘，使观察筒反光镜面上的水准投影与倒影影尖相接，此时在度板上读出数值并在微调盘上读取数值，二者之和即为仪器示值读数，则被测压力值由下式决定：

$$P = hg\rho\left(1 - \frac{\rho'}{\rho}\right) \times 10^{-3} \tag{7.17}$$

式中，P 为被测压力，Pa；h 为仪器示值读数，mm；ρ 为检定温度下水的密度，kg/m³；ρ' 为使用环境温度下空气密度，kg/m³；g 为使用地点重力加速度，m/s²。

④ 测负压力时，将负压力接嘴与微压计静压接嘴用橡皮导管连接，按③同样方法读取示值并计算，即为被测负压力。

⑤ 测压力差时，将被测的正、负压接嘴与微压计相应接嘴用橡皮导管连接，按相同方法读取示值差并进行计算，即得被测压力差。

4. 注意事项

① 微压计使用完后要用塑料套盖好，以免灰尘进入液面，影响液面与针尖相切，造成读数误差。

② 在使用时不应有任何震动，即使是轻微震动，也会使液面波动，影响示值读数。

③ 在正常使用时，不允许旋动各连接部分紧固螺钉，防止发生漏气现象。

7.2.4　测定管道中空气点压力

7.2.4.1　原理

皮托管与压差计布置如图 7-7 所示，图 7-7(a)为压入式通风，图 7-7(b)为抽出式通风。皮托管"＋"管脚接受该点的绝对全压 $p_全$，皮托管"－"管脚接受该点的绝对静压 $p_静$，压差计开口端接受同标高的大气压 p_0。所以 1、4 压差计的读数为该点的相对静压 $h_静$；2、5 压差计为该点的动压 $h_动$；3、6 压差计的读数为相对全压 $h_全$。就相对压力而言，$h_全 = h_静 \pm h_动$；压入式通风为"＋"，抽出式通风为"－"。通过本实验数据可以验证相对压力之间的关系。

7.2.4.2　测定方法和步骤

(1) 将 U 形垂直压差计和皮托管用胶皮管按图 7-7 连接。先验证压入式通风相对压力之间关系。

（2）检查无误后，开动风机。

（3）当水柱计稳定时，同时读取 $h_全$、$h_静$、$h_动$。

（4）用同样的方法同时读取抽出式管道的 $h_全$、$h_静$、$h_动$。

（5）将实验数据填写于实验报告中。

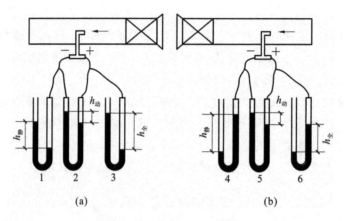

图 7-7　管道中空气点压力测定

7.2.5　测定管道中某断面的平均风速并计算风量

7.2.5.1　原理

风流在管道中流动时，各点的风速并不一致，用皮托管测得的动压，实际上是风流在管道中流动时，皮托管所在测试断面风流某点的动压值，而不是整个断面风流动压的平均值。在实际工作中，由于时间限制，逐点测定并计算平均值是比较困难的。通常只测量断面中心点最大动压值 $h_{i动大}$，然后用式 $v_{i均}=K\sqrt{\dfrac{2h_{i动大}}{\rho_i}}$ 计算平均风速。其中 K 是速度场系数，ρ_i 为该点的空气密度。

求得测点断面的平均风速后，将平均风速乘以测点的管道断面积 S_i，即为管道通过的风量（$Q_i=v_{i均}S_i$）。

7.2.5.2　测定方法和步骤

（1）测定速度场系数。

速度场系数 K 即为管道断面的平均风速 $v_{i均}$ 与最大风速 $v_{i最大}$ 之比值。因此，测算速度场系数，必须首先计算管道的平均风速。为了保证测值准确性，合理地布置测点是十分重要的。测点一般选择在管道的直线段，皮托管与压差计连接方法如图 7-8 所示。

在测点断面上，要布置若干个测点。对于圆形管道，一般将圆断面分成若干个等面积环，并在各等面积环的面积平分线上布置测点，测取各点动压值后，计算平均风速。如图 7-9 所示。

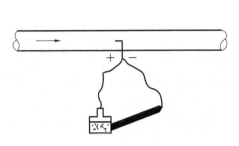

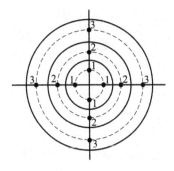

| 图 7-8 管道风速测定图 | 图 7-9 测定风速时测点布置 |

计算中心最大风速（m/s）、平均风速（m/s）及速度场系数。

$$v_{最大} = \sqrt{\frac{2h_{i最大}}{\rho_i}} \tag{7.18}$$

$$v_{i均} = \sqrt{\frac{2}{\rho_i}} \frac{\sqrt{h_{动1}} + \sqrt{h_{动2}} + \cdots + \sqrt{h_{动n}}}{n} \tag{7.19}$$

$$K = \frac{v_{i均}}{v_{最大}} \tag{7.20}$$

（2）计算通过管道的风量。根据管道直径计算管道断面面积 S_i，按式 $Q_i = v_{i均} S_i$ 计算管道风量。

7.2.6 JFY-4 通风多参数检测仪使用方法

7.2.6.1 仪器介绍

JFY-4 通风多参数检测仪（图 7-10）是一种能同时测定大气压力、差压、风速、温度、湿度的精密手持式便携仪器。

7.2.6.2 技术规格

JFY-4 通风多参数检测仪测量不同通风参数的技术规格如表 7-11 所示。

图 7-10 JFY-4 通风多参数检测仪

表 7-11   JFY-4 通风多参数检测仪技术参数

通风参数类型	量程	误差
温度	0～40 ℃	±1.0 ℃
湿度	0～95％RH	±3％RH
差压	−3500～3500 Pa	±2％
压力	95～120 kPa	±2％
风速	0.2～5 m/s	0.2 m/s
	5～10 m/s	0.3 m/s
	＞10 m/s	0.4 m/s

7.2.6.3   仪器操作

1.基本操作及键盘功能

基本操作及键盘功能如表 7-12 所示。

表 7-12   仪器键盘功能介绍

ON/OF 键	该键用于开启、关闭仪器,电源持续开启时将显示型号、序列号、软件版本以及最后标定数据
箭头("▲""▼")键	在设定参数时,按"▲""▼"滚动各个选项,同时按"▲""▼"将锁住键盘防止误操作。锁定状态下同时按"▲""▼"解除锁定
确认键	确认数值或状态
箭头("<"">")MENU 键	设定参数时按"<"">"键更改选项。按 MENU 键进入菜单项:显示安装、压力调零、设置、流场设置、实际/标准设置、数据记录、应用程序、校核并打印

2.菜单介绍

① 显示设置 (Display Setup)。

通过显示设置菜单可以设置在显示屏上需要显示的参数。在菜单上高亮显示的参数可以通过"ON"来选择在屏幕上显示该参数,也可以通过"OFF"来选择关闭显示该参数,选择主要参数"Primary"使该参数在屏幕上以大字体显示。只有一个参数可以选择为主要参数"Primary"显示。另外,在屏幕上最多可选择 4 个参数作为次要参数显示。

② 压力清零(Pressure Zero)。

选择(Pressure Zero)菜单来使压力读数清零,主机会显示清零是否成功。

③ 设置(Settings)。

通过设置菜单可以完成基本设置,如语言、按键音、参数单位、时间常数、屏幕对比度、系统时间、系统日期、时间格式、日期格式、关闭背景灯、自动关闭。使用"<"或">"键来调整每个选项设置,然后按"确认"键确认设置。

④ 流场设置(Flow Setup)。

在流场设置中有 5 种类型:圆形风道(Round Duct)、矩形风道(Rectangle Duct)、管道面积(Duct Area)、喇叭形风口(Horn)、K 系数(K-factor)。使用"<"">"键滚动选择各种类型,然后按"确认"键确认要选择的类型。选择"Enter Settings"选项来改变流场类型的数值。

注意:喇叭形风口数值代表喇叭形风口型号,例如,100 代表喇叭形风口型号为 AM100,在本功能下只能使用下述型号:AM100、AM300、AM600 以及 AM1200。选定喇叭形风口型号后主机自动回到测量模式,通过流速以预先编订的曲线图计算流量。

⑤ 实际/标准设置(Actual/Standard Setup)。

在菜单项选择"Actual/Standard Setup"选项,用户可以选择标准温度、标准压力以及实际温度源。JFY-4 系列通风多参数检测仪测量的是实际大气压力。

⑥ 数据存储(Data Logging)。

测量数据必须保存。屏幕显示的测量数据是独立的,因此必须在 Data Logging→Measurements 下选择保存测量数据。

⑦ 存储形式/存储设置(Log Mode/Log Settings)。

在存储形式下设置 Manual 模式、Auto-save 模式、Cont-key 模式、Cont-time 模式、Program1 或 Program 2 模式。

a. Manual 模式,并不自动存储数据而是提示用户手动存储测量样本;

b. Auto-save 模式,用户手动采集的测量样本将自动存储;

c. Cont-key 模式,用户按"确认"键开始读取并存储数据,主机持续测量直到用户再次按"确认"键停止;

d. Cont-time 模式,用户按"确认"键开始读取数据,主机连续记录采集样本直到达到设定时间时停止。

同时按"▲""▼"将锁住键盘防止误操作。锁定状态下同时按"▲""▼"解锁。

⑧ 删除数据(DELETE DATA)。

删除所有数据、测试和样本。

⑨ 剩余内存(MEMORY)。

该选项显示剩余内存,删除所有数据将清空内存。

⑩ 应用程序(APPLICATIONS)。

在应用程序菜单,用户可以选择通风效率(Draft Rate)、热流(Heat flow)、紊乱度(Turbulence)以及外部空气比(% Outside Air),选择完毕后可进行测量或进入每条数据拟合线。

3.采集样本的操作

按照上述的基本菜单操作,根据自己的测量要求在"Display Setup"设置操作界面上需要显示的测量参数,在"Data Logging"设置操作界面上需要采样的测量参数。

注意:设置后需要按"确认"键保存上述操作。

设置完毕后,就可以进行采集样本的操作了。将探头抽出,确保传感器开口充分暴露并且定位槽指向溯流方向。

以 Manual 模式(手动采集样本)的操作为例:首先按下"确认"键,屏幕提示"Taking Reading"直到显示"Reading Finished"采集过程完毕。

此时屏幕下方提示"ESC" "SAVE" "PRINT"。"ESC"表示取消采集的样本,"SAVE"表示保存样本,"PRINT"在配备了蓝牙打印机时才可以操作。按"SAVE"下方对应的按键保存样本。

其他存储模式的采样过程更简单,请参照 Manual 模式进行。

4.利用便携式打印机打印数据

首先进入数据存储(Data Logging)菜单,选择 Choose Test 项选择将要打印的数据,选择好测试以后,利用 View Stats 和 View Samples 选项选择查看统计图表或独立数据点并且打印。选择完毕后按"PRINT"键打印数据。

5.TackPro™数据分析软件

JFY-4 系列通风多参数检测仪自带 TackPro™数据分析软件,按照软件标签提示在计算机上安装该软件,使用 USB 数据线连接 JFY-4 系列通风多参数检测仪及计算机 USB 插口,将 JFY-4 系列通风多参数检测仪保存的测量数据下载到计算机。

7.2.6.4　注意事项

（1）在使用交流适配器时电池（如安装）将不工作。确保在交流适配器背面所标明的电压和频率下进行工作。

（2）伸缩探头包括风速、温度、湿度传感器。使用探头时要确保传感器开口充分暴露并且定位槽指向溯流方向。

（3）测量温度和湿度时要保证探头至少有 7.5 cm 进入流场以确保温度、湿度传感器有效部分进入流场。

实验数据如表 7-13、表 7-14 所示。

表 7-13　　**管道中某点空气相对压力值记录表**

测量次数	压入式通风			抽出式通风		
	$h_全$/Pa	$h_静$/Pa	$h_动$/Pa	$h_全$/Pa	$h_静$/Pa	$h_动$/Pa
1						
2						
3						
平均						

表 7-14　　**管道中某断面动压记录表**

管道直径 $D=$

测量次数	$h_{动1}$/Pa	$h_{动2}$/Pa	$h_{动3}$/Pa	$h_{动4}$/Pa	$h_{动大}$/Pa	平均风速/（m/s）	最大风速/（m/s）	速度场系数 K	管道风量/（m³/s）
1									
2									
3									
平均									

7.3　有毒气体和粉尘检测实验

有毒气体和
粉尘检测实验

7.3.1　空气中 NO_x、CO 的测定

7.3.1.1　实验目的

学习测定空气中氮氧化物和一氧化碳的基本方法。

7.3.1.2　基本原理

采用电化学传感器以扩散方式直接与环境中的 CO（NO_x）气体反应产生线性电压信号。电路由多块集成电路构成，信号经过放大—A/D 转换—暂存处理后在液晶屏上直接显示所测气体浓度值。

7.3.1.3　实验仪器

QRAE Ⅱ多气体检测仪。

7.3.1.4　实验条件

(1) 环境温度:-20~45 ℃。

(2) 湿度:连续使用15%~90%RH。

(3) 压力:大气压±10%。

(4) 量程:0~1000×10^{-6}(0~90×10^{-6})。

(5) 分辨率:1×10^{-6}(0.1×10^{-6})。

(6) 电源:3 V,2/3锂电池,一般使用寿命约18个月。

7.3.1.5　实验步骤

(1) 布点的设置原则是依据不同的监测目的有所侧重,以选取最少的布点,获取最多的信息量为布点方案。

(2) 打开仪器预热10 min,稳定后开始测量,显示屏出现即时的CO(NO$_n$)浓度。当浓度大于50×10^{-6}(5×10^{-6})时,仪表发出声光报警。当浓度大于1000×10^{-6}(90.0×10^{-6})时显示器全部空白,表示浓度已经超过量程,使用人员应快速撤离现场,以免造成对人以及设备的不必要伤害。

7.3.1.6　实验数据处理

(1) 空气污染物三级标准浓度限值参考表7-15。

表7-15　　　　　　　　　　**空气污染物三级标准浓度限值**

污染物名称	浓度限值/(×10^{-6})			
	取值时间	一级标准	二级标准	三级标准
氮氧化物	日平均	0.10	0.10	0.15
	任何一次	0.10	0.15	0.30
一氧化碳	日平均	4.00	4.00	6.00
	任何一次	10.00	10.00	20.00

(2) 实验数据及处理(表7-16)。

表7-16　　　　　　　　　　**实验数据及处理**

日期	时间	项目	浓度/(×10^{-6})	浓度范围	均值/(×10^{-6})
	1	CO			CO=
		NO$_x$			
	2	CO			
		NO$_x$			NO$_x$=
	3	CO			
		NO$_x$			

7.3.2　QRAE Ⅱ多气体检测仪使用方法

7.3.2.1　仪器介绍

QRAE Ⅱ是一款多传感器可编程气体检测仪,是专为在危险环境中的工作人员设计的,可对氧气、硫化氢、一氧化碳和可燃性气体进行连续检测的仪器。兼容扩散和泵吸两种工作方式,适合不同应用场所。图 7-11 为仪器外观及结构。

QRAE Ⅱ通过两种类型的传感器进行检测:

(1) 催化燃烧传感器检测可燃性气体;

(2) 电化学传感器检测氧气、硫化氢、一氧化碳。

各传感器位置如图 7-12 所示。

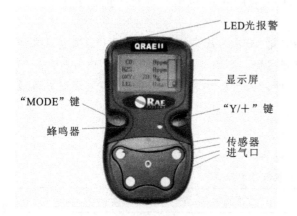

图 7-11　QRAE Ⅱ多气体检测仪　　　　**图 7-12　QRAE Ⅱ传感器位置示意图**

7.3.2.2　技术参数

QRAE Ⅱ多气体检测仪的主要技术参数如表 7-17 所示。

表 7-17　　　　　　　　　　　　　**QRAE Ⅱ多气体检测仪的技术参数**

量程、分辨率、响应时间(T90)	O_2	$0\sim30\%$ VOL	0.10%	15
	LEL	$0\sim100\%$ LEL	1%	15
	CO	$0\sim1000\times10^{-6}$	1×10^{-6}	25
	H_2S	$0\sim100\times10^{-6}$	1×10^{-6}	25
数据采集	可存储 64000 个数据(64 h,4 通道,1 min 间隔),永久存储器			
数据采集间隔	从 $1\sim3600$ s 可选			
适用温度范围	$-20\sim50$ ℃			
适用湿度范围	$0\%\sim95\%$ 相对湿度(无冷凝)			

7.3.2.3　仪器操作

1. 开关机操作

长按"MODE"键超过 2 s,即可开机。开机时,蜂鸣器、报警灯和振动报警同时启动一次,背光照明灯开关一次。开机完成后屏幕显示如图 7-13 所示。

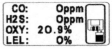

图 7-13　仪器显示界面

(1) 报警实验。在正常非报警条件下,按"Y/＋"键一次,蜂鸣器、报警灯和振动报警同时启动一次,背光照明灯开关一次。

(2) 在开机状态下,按下"MODE"键超过 2 s,液晶显示器就会从气体浓度显示状态切换到从 5 s 开始倒计时的显示状态,继续按住"MODE"键不放,当倒计时结束时,检测器就会关机。

2. 常规操作

QRAE Ⅱ开机后进入常规模式,按"MODE"键,可以依次检查各个传感器信息和当前仪器设置。其循环模式如图 7-14 所示。

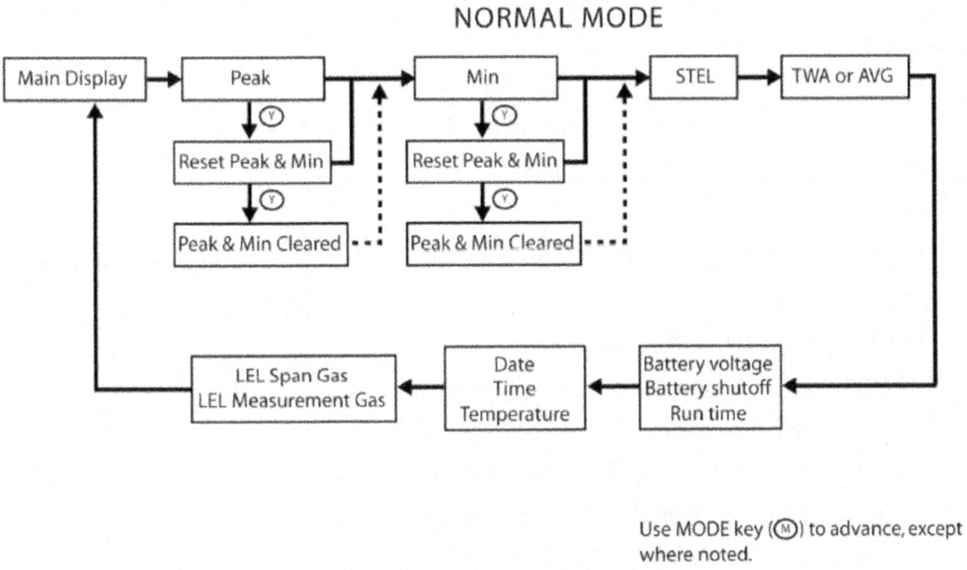

NORMAL MODE

```
Main Display → Peak → Min → STEL → TWA or AVG
                ↓(Y)   ↓(Y)
        Reset Peak & Min   Reset Peak & Min
                ↓(Y)   ↓(Y)
        Peak & Min Cleared   Peak & Min Cleared

LEL Span Gas          Date          Battery voltage
LEL Measurement Gas ← Time     ←    Battery shutoff
                      Temperature    Run time
```

Use MODE key (M) to advance, except where noted.

图 7-14　常规模式菜单循环流程

Peak:仪器开机以来每个传感器的最高读数。按"Y/＋"两次清除 Peak 值,按"MODE"进入 Min。

Min:仪器开机以来每个传感器的最小读数。按"Y/＋"两次清除 Min 值,按"MODE"进入 STEL。

STEL:H_2S 和 CO 15 min 短时间暴露极限。

TWA:H_2S 和 CO 8 h 加权平均值。

AVG:自从开机以来读数的平均值。

Battery Voltage & Shutoff Voltage：当前电池电压和电池电压低于限值 QRAE Ⅱ 将会关机的电压值。该值取决于使用锂离子电池还是碱性电池。

Run time：仪器开机以来的运行时间。仪器每次开机运行时间将会回零。

Date，Time and Temperature：当前日期（年、月、日）、时间（时、分、秒）和温度（摄氏或华氏）。

LEL Span Gas，LEL Measurement Gas：LEL 传感器标定气体和检测气体的名称。

注意：如果进入常规操作模式的任一个子菜单，几分钟没有按操作键，QRAE Ⅱ 将自动返回到读数显示。

3. 数据采集

QRAE Ⅱ 开机后，屏幕显示如图 7-15 所示。

On...

RAE Systems Inc.
QRAE Ⅱ
(Language)

图 7-15　开机显示界面

接着，QRAE Ⅱ 进行功能检查，显示检查倒计时。如果数据采集功能开启，倒计时结束后屏幕显示如图 7-16 所示。

Datalog Started

图 7-16　倒计时结束后屏幕显示界面

说明开始数据采集，且屏幕右侧出现数据采集图标 🖬 且闪烁，表明数据采集正在进行。

4. 下载数据到计算机

一旦 QRAE Ⅱ 充电座和计算机连接好，就可以从 QRAE Ⅱ 下载采集的数据到计算机上，步骤如下：

（1）连接充电座和计算机。

（2）把 QRAE Ⅱ 放到充电座上，充电灯点亮。

（3）启动计算机上的 ProRAE Studio 软件。

（4）在 ProRAE Studio 上选择"Operation"和"Setup Connection"。

（5）选择 COM 口，在计算机和 QRAE Ⅱ 之间建立通信联系。

（6）选择"Download Datalog"接收数据。

（7）当显示"Unit Information"时，点击"OK"。

下载数据的时间一般少于 10 s。数据通信进度图将显示在屏幕上。数据传输完成后，屏幕将显示数据采集信息，可以导出和使用、打印这些数据。

5. 注意事项

在每次使用 QRAE Ⅱ 前和使用结束后，最好对仪器进行回读测试，即使用标定气体对传感器进行检测，以测试每个传感器的响应和报警点。

对于泵吸式 QRAE Ⅱ，标定时必须用流量为 $0.5\sim1.0$ L/min 的固定流量恒流阀，通常包含 10×10^{-6} H_2S、50×10^{-6} CO、50% LEL 甲烷 Methane 和 18% 氧气的标定气体。如图 7-17 所示。

（1）将标气瓶恒流阀软管插入仪器前部的进气口中；

（2）打开气瓶，开始标定；

（3）标定结束后，关闭气瓶，取下软管。

对于扩散式 QRAE Ⅱ，标定时必须用流量为 0.5～1.0 L/min 的固定流量恒流阀。QRAE Ⅱ 配有专用的标定适配器，可以将所有传感器进气口盖住。

（1）把标定适配器带过滤膜的一面盖在 QRAE Ⅱ 的正面。

（2）用手指拧紧中间的螺钉，见图 7-18。

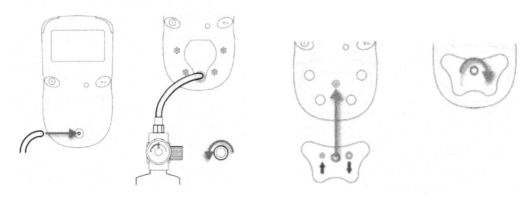

图 7-17　泵吸式 QRAE Ⅱ 标定示意图　　　　图 7-18　标定适配器安装

注意：该螺钉只能用手指拧紧，请不要用钳子或其他工具。标定适配器应当拧紧，但不必是气密性的密封。

（3）用软管把接在标准气体钢瓶上的恒流减压阀和标定适配器连起来。如图 7-19 所示。

注意：标定完成后，必须把标定适配器拧下来。不能带着标定适配器进行气体检测。QRAE Ⅱ 是扩散型仪器，如果带着标定适配器检测，由于进气受阻，检测气体的浓度读数就会偏低。

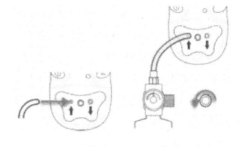

图 7-19　扩散式 QRAE Ⅱ 标定示意图

QRAE Ⅱ 也可用清洁空气进行标定，把传感器进气口暴露在确认含氧量为 20.9%，且没有有毒气体和可燃气体的清洁空气中。清洁空气可以是钢瓶气，也可以是干净的室内空气，或者是经过活性炭过滤等纯化处理的室内空气。用室内清洁空气标定时，应除去标定适配器。

打开 QRAE Ⅱ 仪器，按如下步骤操作。

（1）同时按住"MODE"和"Y/＋"键，进入编程模式。

（2）在出现"Calibrate Monitor?"后，按"Y/＋"键进入。

仪器显示：

Fresh Air Calibration?

（3）按"Y/＋"键，开始自动进行标定。

7.3.3 空气中总悬浮颗粒物测定

7.3.3.1 实验目的

掌握质量法测定大气中悬浮颗粒物的基本技术以及采样方法。

7.3.3.2 实验原理

抽取一定体积的空气,通过已恒重的滤膜,空气中粒径在 $100~\mu m$ 以下的悬浮颗粒物被留在滤膜上。根据采样前后滤膜质量之差及采样体积,可计算总悬浮颗粒物的质量浓度。滤膜经处理后,可进行组分分析。

7.3.3.3 实验仪器

(1) 大流量采样器。

(2) 温度计。

(3) 气压计。

(4) 滤膜:(20 cm×25 cm)超细玻璃纤维滤膜。

(5) 滤膜贮存袋。

(6) 感量 0.1 mg 分析天平。

7.3.3.4 实验步骤

(1) 采样。

① 每张滤膜使用前均需用光照检查,不得使用有针孔或有任何缺陷的滤膜采样。

② 采样滤膜在称重前需在平衡室内平衡 24 h,然后在规定条件下迅速称重,读数精确至 0.1 mg,记下滤膜的编号和质量。将滤膜平展地放在光滑、洁净的纸袋内,然后贮于盒内备用。采样前,滤膜不能弯曲或折叠。

平衡室放置在天平室内,平衡温度在 20~25 ℃ 之间,温度变化小于 ±3 ℃,相对湿度小于 55%,变化小于 5%。天平室温度应维持在 15~30 ℃ 之间,相对湿度 50%。

③ 采样时,滤膜"毛"面向上,将其放在网托上(网托事先用纸擦净),放上滤膜夹,拧紧螺钉。盖好采样器顶盖。将电动机电压调节在 180~200 V 之间,然后开机采样,调节采样流量在 1.13 m³/min。

④ 采样开始后 5 min 和采样结束前 5 min 各记录一次流量。

⑤ 用一张滤膜连续采样 24 h。

⑥ 采样后,用镊子小心取下滤膜,使采样"毛"面朝内,以采样有效面积长边为中线对叠。

⑦ 将折叠好的滤膜放回表面光滑的纸袋并贮于盒内,取采样后的滤膜时应注意滤膜是否出现物理性损伤及采样过程中有否穿孔、漏气现象。若发现有损伤、穿孔、漏气现象,应作废,重新取样。

⑧ 记录采样期的温度、压力。

(2) 样品测定。

采样后的滤膜在平衡室内平衡 24 h,迅速称重。读数精确至 0.1 mg。

7.3.3.5 计算

总悬浮颗粒物 TSP(mg/m³)计算公式如下：

$$TSP = \frac{W}{Q_n t} \tag{7.21}$$

式中，W 为采集在滤膜上的总悬浮颗粒物质量，mg；t 为采样时间，min；Q_n 为标准状态下的采样流量，m³/min。

Q_n 按下式计算：

$$Q_n = Q_2 \sqrt{\frac{T_3 P_2}{T_2 P_3}} \cdot \frac{273 P_3}{101.3 T_3} = Q_2 \sqrt{\frac{P_3 P_2}{T_2 T_3}} \times \frac{273}{101.3} = 2.69 Q_2 \sqrt{\frac{P_3 P_2}{T_2 T_3}} \tag{7.22}$$

式中，Q_2 为现场采样表观流量，m³/min；P_2 为采样器现场校准时大气压力，kPa；P_3 为采样时大气压力，kPa；T_2 为采样器现场校准时空气温度，K；T_3 为采样时的空气温度，K。

若 T_3、P_3 与样器现场校准时 T_2、P_2 相近，可用 T_2、P_2 代之。

7.3.3.6 注意事项

(1) 由于采样流量计上表观流量与实际流量随温度、压力的不同而变化，因此采样流量计必须校正后使用。

(2) 要经常检查采样头是否漏气。当滤膜上颗粒物与四周白边之间的界线模糊，表明面板密封垫密封性能不好或螺钉没有拧紧，测定值将会偏低。

第4部分

矿山检测和监测技术

8 常用矿山检测仪器的使用

8.1 地质罗盘的使用

8.1.1 实验目的和意义

地质罗盘是开展野外地质工作必不可少的一种工具。借助它可以定出方向,观察点的所在位置,测出任何一个观察面的空间位置(如岩层层面、褶皱轴面、断层面、节理面等构造面的空间位置),以及测定火成岩的各种构造要素、矿体的产状等,因此必须学会使用地质罗盘。

地质罗盘仪

8.1.2 实验设备

地质罗盘。

地质罗盘仪的
使用方法

8.1.3 实验内容

8.1.3.1 了解地质罗盘的结构

地质罗盘式样很多,但结构基本是一致的。我们常用的是圆盆式地质罗盘,由磁针、刻度盘、测斜仪、瞄准觇板、水准器等几部分安装在一铜、铝或木制的圆盆内组成,如图8-1所示。

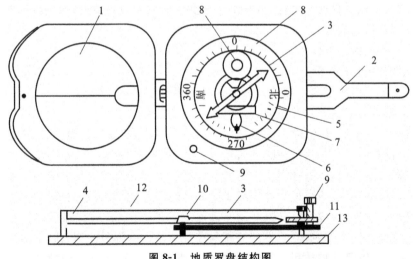

图 8-1 地质罗盘结构图

1—反光镜;2—瞄准觇板;3—磁针;4—水平刻度盘;5—垂直刻度盘;6—垂直刻度指示器;7—垂直水准器;
8—底盘水准器;9—磁针固定螺旋;10—顶针;11—杠杆;12—玻璃盖;13—罗盘仪圆盆

（1）磁针：一般为中间宽两边尖的菱形钢针，安装在底盘中央的顶针上，可自由转动，不用时应旋紧制动螺钉，将磁针抬起压在玻璃盖上，避免磁针帽与顶针尖碰撞，以保护顶针尖，延长罗盘使用时间。在进行测量时放松固定螺丝，使磁针自由摆动，最后静止时磁针的指向就是磁针子午线方向。由于我国位于北半球磁针两端，所受磁力不等，磁针失去平衡。为了使磁针保持平衡，常在磁针南端绕上几圈铜丝，便于区分磁针的南北两端。

（2）水平刻度盘：水平刻度盘的刻度采用的标示方式为：从零度开始按逆时针方向每10°一记，连续刻至 360°，0°和 180°分别为 N 和 S，90°和 270°分别为 E 和 W，利用它可以直接测得地面两点间直线的磁方位角。

（3）垂直刻度盘：专用来读倾角和坡角读数，以 E 或 W 位置为 0°，以 S 或 N 为 90°，每隔 10°标记相应数字。

（4）悬锥：是测斜器的重要组成部分，悬挂在磁针的轴下方，通过底盘处的觇板扳手可使悬锥转动，悬锥中央的尖端所指刻度即为倾角或坡角的度数。

（5）水准器：通常有两个，分别装在圆形玻璃管中，圆形水准器固定在底盘上，长形水准器固定在测斜仪上。

（6）瞄准器：包括接物和接目觇板，反光镜中间有细线，下部有透明小孔，使眼睛、细线、目的物三者成一线，作瞄准之用。

8.1.3.2　学习地质罗盘的使用方法

在使用前必须进行磁偏角的校正。因为地磁的南、北两极与地理上的南北两极位置不完全相符，即磁子午线与地理子午线不相重合，地球上任一点的磁北方向与该点的正北方向不一致，这两个方向间的夹角叫磁偏角。

地球上某点磁针北端偏于正北方向的东边叫作东偏，偏于西边称西偏。东偏为（＋）西偏为（－）。

地球上各地的磁偏角都按期计算，并公布以备查用。若某点的磁偏角已知，则一测线的磁方位角 $A_磁$ 和正北方位角 A 的关系为 $A＝A_磁±磁偏角$。应用这一原理可进行磁偏角的校正，校正时可旋动罗盘的刻度螺旋，使水平刻度盘向左或向右转动（磁偏角东偏则向右，西偏则向左），使罗盘底盘南北刻度线与水平刻度盘 0～180°连线间夹角等于磁偏角。经校正后测量时的读数就为真方位角。

（1）目的物方位的测量。

目的物方位的测量是测定目的物与测者间的相对位置关系，也就是测定目的物的方位角（方位角是指从子午线顺时针方向到该测线的夹角）。

测量时放松固定螺丝，使对物觇板指向测物，即使罗盘北端对着目的物，南端靠着自己，进行瞄准，使目的物、对物觇板小孔、玻璃盖上的细丝、对目觇板小孔等连在一直线上，同时使底盘水准器水泡居中，待磁针静止时指北针所指度数即为所测目的物之方位角（若指针一时静止不了，可读磁针摆动时最小度数的 1/2 处，测量其他要素读数时亦同样）。

若用测量的对物觇板对着测者（此时罗盘南端对着目的物）进行瞄准时，指北针读数表示测者位于测物的什么方向，此时指南针所示读数才是目的物位于测者什么方向，与前者比较，这是因为两次用罗盘瞄准测物时罗盘之南、北两端正好颠倒，故影响测物与测者的相对位置。

为了避免罗盘时而读指北针,时而读指南针,产生混淆,规定对物觇板所指方向恒读指北针,此时所得读数即所求测物之方位角。

（2）岩层产状要素的测量。

岩层的空间位置取决于其产状要素,岩层产状要素包括岩层的走向、倾向和倾角。测量岩层产状是野外地质工作的最基本的工作方法之一,必须熟练掌握。岩层产状及其测量方法示意图如图 8-2 所示。

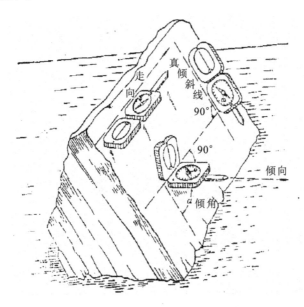

图 8-2　岩层产状及其测量方法示意图

8.1.3.3　实验步骤

（1）岩层走向的测定。

岩层走向是岩层层面与水平面交线的方向,也就是岩层任一高度上水平线的延伸方向。

测量时将罗盘长边与层面紧贴,然后转动罗盘,使底盘水准器的水泡居中,读出指针所指刻度即为岩层之走向。

因为走向是代表一条直线的方向,它可以两边延伸,指南针或指北针所读数正是该直线之两端延伸方向,如 NE30°与 SW210°均可代表该岩层之走向。

（2）岩层倾向的测定。

岩层倾向是指岩层向下最大倾斜方向线在水平面上的投影,恒与岩层走向垂直。

测量时,将罗盘北端或接物觇板指向倾斜方向,罗盘南端紧靠着层面并转动罗盘,使底盘水准器水泡居中,读指北针所指刻度即为岩层的倾向。

如果在岩层顶面上进行测量有困难,也可以在岩层底面上测量。仍用对物觇板指向岩层倾斜方向,罗盘北端紧靠底面,读指北针即可。如果测量底面时读指北针受障碍,则用罗盘南端紧靠岩层底面,读指南针亦可。

（3）岩层倾角的测定。

岩层倾角是岩层层面与假想水平面间的最大夹角,即真倾角,它是沿着岩层的真倾斜方向测量得到的,沿其他方向所测得的倾角是视倾角。视倾角恒小于真倾角,也就是说岩层层面上的真倾斜线与水平面的夹角为真倾角,层面上视倾斜线与水平面之夹角为视倾角。野外分辨层面之真倾斜方向甚为重要,它恒与走向垂直,此外可用小石子使之在层面上滚动或滴水使之在层面上流动,此滚动或流动之方向即为层面之真倾斜方向。

测量时将罗盘直立,并以长边靠着岩层的真倾斜线,沿着层面左右移动罗盘,并用中指搬动罗盘底部之活动扳手,使测斜水准器水泡居中,读出悬锥中央的尖端所指最大读数,即为岩层之真倾角。

岩层产状的记录方式通常采用方位角记录方式,如果测量出某一岩层走向为 310°,倾向为 220°,倾角为 35°,则记录为 NW310°/SW∠35° 或 310°/SW∠35° 或 220°∠35°。

野外测量岩层产状时需要在岩层露头测量,不能在转石(滚石)上测量。因此要区分露头和滚石。区别露头和滚石,主要是多观察并要善于判断。

测量岩层面的产状时,如果岩层凹凸不平,可把记录本平放在岩层上当作层面以便进行测量。

8.2 收敛计的使用

8.2.1 实验目的和意义

地下工程围岩监测、稳定预测是信息化设计与施工的基础。现场量测和监视是监控设计中的主要一环,也是目前国际上流行的新奥地利隧道施工法中的重要内容。量测的目的是掌握围岩稳定与支护受力、变形的动态或信息,并以此判断设计、施工的安全与经济状况。

在地下工程测试中,位移量测(包括收敛量测)是最有意义且最常用的项目。洞室内壁面两点连线方向的位移之和称为"收敛",此项量测称为"收敛量测"。收敛值为两次量测距离之差。收敛量测是地下洞室施工监控量测的重要项目,收敛值是最基本的量测数据,必须量测准确,计算无误。

目前,用以测量巷道围岩变化的仪器很多,用得最多的还是收敛计。国内机械式收敛计大致可以分为单向重锤式、万向弹簧式、万向应力环式等三种。

本书介绍的收敛计是 WR-3 型收敛计。其原理是测量在恒定张力作用下不同时刻两点间的距离,它由穿孔的钢卷尺、测量微小位移的千分尺、测量钢卷尺张力的测力钢环、张紧装置、球状铰及框架等组成。利用张紧装置,调整钢卷尺张力,当其张力达到一定值时,从钢卷尺和千分表读出两点间的距离。隧道的收敛量测可以测量巷道壁表面两点的相对变形,两帮之间的变形,顶、底板之间的相对变形等。

机械式收敛计是用于测量和监控采矿巷道以及隧道变形的主要仪器,由连接、测力、测距三部分组成。

8.2.2 实验设备

WR-3 型收敛计、收敛测头,如图 8-3 所示。

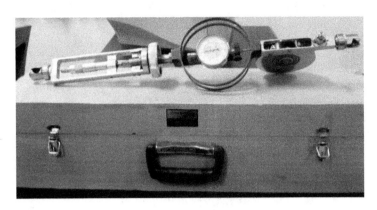

图 8-3　机械式收敛计

8.2.3　实验内容

8.2.3.1　了解收敛计测试原理

（1）连接转向。

连接转向是由微轴承实现的，可实现空间的任意方向转动。

（2）测力弹簧。

用来标定钢尺张力，从而提高读数的精度。

（3）测距装置。

测距装置由钢尺与测微千分尺组成。钢尺测大于 20 mm 以上的距离，钢尺上每隔 20 mm 有一定位孔，螺旋千分尺最小读数 0.01 mm，测距＝钢尺读数＋螺旋千分尺读数。测量时，收敛计悬挂于两测点之间，旋进千分尺时，钢尺张力增加，直至达到规定的张力时，即进行读数。

8.2.3.2　学习收敛计的使用方法

（1）悬挂仪器及调整钢尺张力。

测量前先估计两测点的大致距离，将钢尺固定在所需长度上（拉出钢尺将定位孔固定在定位销内），将螺旋千分尺旋到最大读数位置上（25 mm），将仪器两轴孔分别挂于事先埋设好的圆柱测点上，一只手托住仪器，另一只手旋进螺旋千分尺，直至内导杆上的刻度线与向套上的刻度线重合时，即可读数。

（2）读数。

定位销处的钢尺读数称为长度首数，螺旋千分尺读数为尾数。

$$测距＝首数＋尾数$$

一般应重复操作三次，读取三组数值，进行加权平均计算，确定测量值，以减小测量时的视觉误差。

（3）收敛值及收敛速度的计算。

收敛值为两测点在某一时间内的距离的变化量。设 T_1 时的观测值为 L_1，T_2 时的观测值为 L_2，则收敛值

$$\Delta L＝L_1－L_2$$

收敛速度

$$\Delta V(t) = \frac{\Delta L}{\Delta T}$$

其中：

$$\Delta T = T_2 - T_1$$

（4）温度校正计算。

机械式收敛计均有温度误差，所以每次测出的读数还应加上温度修正值，即：

实际测量值 ＝ 修正后的钢尺长度 ＋ 千分尺的读数

即：

$$L' = L_n[1 - a(T_0 - T_n)] \tag{8.1}$$

式中，L' 为温度修正后的钢尺实际长度，mm；L_n 为第 n 次观测时钢尺的长度读数；a 为钢尺线膨胀系数，取 $a = 126 \times 10^{-6}$℃；T_0 为首次观测时的环境温度，℃；T_n 为第 n 次观测时的环境温度，℃。

（5）收敛计使用注意事项。

① 每次测量后应将千分尺旋回零位；

② 检查各部件是否归原位后，将仪器收好装入仪器箱内妥善保管；

③ 擦除仪器表面尘土及其他污染物，仪器表面抹上机油，内导杆内加入几滴机油装箱；

④ 钢尺前端折断后，可用冲头在钢尺前端冲一铆钉孔，在原来的铆钉位置上重新铆接就可继续使用。

回弹仪的使用
方法

8.3　回弹仪的使用

8.3.1　实验目的和意义

回弹法是表面硬度法的一种，是我国应用最广泛的无损检测方法之一，是依据混凝土的表面硬度与混凝土强度的关系来推定混凝土强度的。回弹仪具有操作简便、仪器携带方便、测试费用低廉、测试值与混凝土强度有很好的相关性等特点。由于它是表面硬度法的一种，因而它适用于检测内外质量比较一致的结构混凝土，而且检测面应为混凝土原状面，并应清洁、平整，不应有疏松层、浮浆、油垢、涂层以及蜂窝、麻面，必要时可用砂轮清除疏松层和杂物，且不应有残留的粉末和碎屑。

8.3.2　实验设备

HT70 型回弹仪，如图 8-4 所示。

图 8-4　HT70 型回弹仪

8.3.3　实验内容

8.3.3.1　了解回弹仪的测试原理

回弹仪是利用混凝土的强度与表面硬度间存在的相关关系,用检测混凝土表面硬度的方法来间接检验或推定混凝土强度。回弹值的大小与混凝土表面的弹、塑性质有关,其回弹值与表面硬度之间也存在相关关系,回弹值愈大说明表面硬度愈大、抗压强度愈高,反之愈低。由于测试方向、水泥品种、养护条件、龄期、碳化深度等的不同,所测的回弹值均有所不同,应予以修正,再查相应的混凝土强度关系图表,求得所测之混凝土强度。

8.3.3.2　学习回弹仪的使用方法

(1) 计算方法选择。

选择回弹法或综合法,选择回弹法则该构件作回弹法测试,选择综合法则该构件将作超声回弹综合法测试。不同计算方法的构件操作方式不同。回弹法构件一个测区 16 个测点连续采集,一个测区有一个测区参数;综合法构件适应超声回弹综合法的测试要求(超声法多为对测,有两个测试面,则回弹也需将一个测区的数据分为两个面来测),一个测区分为两组,前 8 个点为一组,后 8 个点为一组,每一组都有自己的组参数,综合法构件采集顺序为各测区第一组先采集,第二组后采集。

(2) 测区采集。

构件参数界面按"确定"键进入测区采集,该界面完成回弹数据采集工作,在该界面弹击机械回弹仪,焦点位置的回弹值自动更新,且焦点自动切换,当 16 个回弹值全部弹完时绿色框框出计算时剔除的 3 个较大值,黄色框框出 3 个剔除的较小值,界面下方显示计算出的最大值、最小值、测区平均回弹值。弹击时如插接耳机,可以听到语音报数。

(3) 碳化值。

输入构件内各测区碳化值,本仪器最多支持 10 个测区的碳化值输入,当焦点在界面右侧平均碳化值处时可以直接修改构件平均碳化值以简化现场操作。

(4) 计算结果。

显示强度计算结果,界面上半部分显示构件计算结果,下半部分显示测区计算结果,键盘上下方向键切换结果测区。

（5）回弹率定。

主菜单下焦点在"回弹率定"时按"确定"键进入该界面,该界面方便完成回弹率定操作,按照规程规定,共需弹击 12 次,具体为在一个方向弹击 3 次,每弹击 3 次转动机械回弹仪 90°。该界面下按键盘左上多功能键进入回弹标定界面,用于当机械回弹仪存在机械偏差时标定回弹仪电子计数器,置入标定值的方式为键盘左上多功能键改变焦点（上下两挡）,键盘方向键改变标定值,标定值在 −9～+9 之间,默认为 0,设置完成后将在以后的采集和回弹率定中自动加上此标定值。

8.4　多点位移计的使用

8.4.1　实验目的和意义

巷道收敛量测反映的是巷道壁面上的相对变形（如顶、底板之间的变形）,它虽然包括了岩体的内部位移,却无法反映出岩体内部不同深度的变形情况。而实际上巷道或者洞室由于开挖引起围岩的应力变化与相应的变形,距临空面不同深度处是各不相同的,了解其分布规律,可以准确地掌握巷道的动态稳定性特征。

围岩内部位移量测,就是观测围岩表面与内部各测点间的相对位移值,它能较好地反映出围岩受力的稳定状态。岩体扰动与松动范围直观地反映了地压活动的规律,是指导施工与评价围岩稳定性的重要指标。该项测试,是位移观测的主要内容,一般工程都要进行这项测试工作。国内围岩内部位移测试手段很多,用得较多的是钻孔伸长计和钻孔多点位移计。

8.4.2　实验设备

WRM-3 型多点位移计,如图 8-5 所示。

图 8-5　机械式多点位移计

8.4.3 实验内容

8.4.3.1 了解多点位移计测试原理

WRM-3 型多点位移计由磁座、测力计、测微计三部分组成,其测试原理是先在围岩内钻深孔,再钻凿不同的深度埋入各个测点。埋设在钻孔内的各测点与钻孔壁紧密连接,岩层移动时能带动测点一起移动。每次测量孔口基准面与不同深度测点间的位移,比较可得出钻孔不同深度岩层的相对位移值和绝对位移值。一般情况下,把最深的测点布置在开挖影响的范围以外,视其为基准点。其原理图如图 8-6 所示。

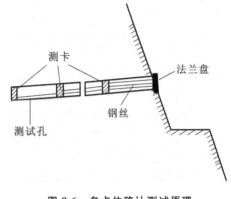

图 8-6 多点位移计测试原理

8.4.3.2 学习多点位移计的使用方法

(1) 测点安装。

① 在测点处钻凿 80 mm 孔径的测量孔,孔深依据边坡估计松动范围而定。

② 将配置好的多点位移计测卡布置在监测方案中设计的不同深度。

③ 用水泥砂浆将量测孔周边抹平整,以便安装多点位移计配套的法兰盘。

④ 将从测卡引出的钢丝测线安装在多点位移计法兰盘上,并用锥形不锈钢丝拧紧固定,再用膨胀螺栓将法兰盘固定在隧道壁面上,以后的多点位移量测在法兰盘基准面上进行。

⑤ 用水泥砂浆把法兰盘与隧道壁面固结,防止法兰盘因爆破而松动,影响量测结果。

(2) 数据测读。

① 将多点位移计的底座放在量测孔的法兰盘上,以仪器上的定位环和定位销定位,打开磁力座开关,通过永久磁铁的磁力将仪器固定在孔口的法兰盘基准面上。当测试孔口朝下或水平时,必须在仪器牢固后才能松手。

② 根据仪器上的锥形槽的距离,调整锥形钢丝夹的位置,使测量时钢丝能张紧。测量时,将需测量的锥形钢丝夹放在仪器的锥形槽内,将测微计松至离拉紧螺杆的最远点,然后转动大螺母以拉紧钢丝,使测力钢环至所要求的拉力(100~200 N)。转动测微计与拉紧螺杆接触,读出测微计的数值。

③ 经过 1 天或者 2 天再重复以上步骤。前后两次测量数值之差,即该测点相对于孔口法兰盘基准面的位移值,但要注意每次量测时的拉力一定要相等。

④ 多点位移计自安装到读数,全过程均应采用国际岩石力学学会 ISRM(International Society for Rock Mechanics)现场实验标准委员会建议的方法执行。测试组织严格采用 3 人制,即测读 1 人,记录 1 人,辅助 1 人。各组测试人员必须保持相对稳定,以减少人为误差的影响。

8.5 钻孔测斜仪的使用

8.5.1 实验目的和意义

深基坑施工引起土体的变形,基坑内外土体由原来的静止土压力状态转向主动土压力状态。即使采取了支护措施,支护结构及周围土体的沉降和侧向位移仍难以避免。而且周围地表水的渗漏及建筑物的荷载常常加剧土体的变形。因此,钻孔位移监测一直是深基坑施工中需要重点注意的问题。只有及时、有效地获取第一手资料,及时调整开挖速度及位置,才能保证土钉支护结构的稳定性,保证工程顺利进行。

钻孔测斜仪广泛应用于深基坑施工以及高边坡稳定性监测中。

8.5.2 实验设备

CX-03 钻孔测斜仪。

8.5.3 实验内容

8.5.3.1 了解钻孔测斜仪测试原理

本书采用美国 Sinoc 公司的 50325-M 型探头、50309-M 型显示器以及中国航天科工集团三十三研究所的 CX-03 钻孔测斜仪。通过测试安装在钻孔内的导管的变形情况来监测地下岩体的变形,即在钻孔内安装测试导管,使探头沿导管移动以实现对地下岩体水平位移的测量。当岩体发生位移时,埋设在岩体中的测斜管随着岩土体的位移产生相应的变形,而测斜管的弯曲变形则由它各段的倾角变化反映出来。探头在测斜管内以一定间距逐段滑动量测,就可获得每个量测段的倾斜角及水平位移增量,通过计算就可得到任意深度的水平位移。

监测系统分为两个部分:一部分是以倾斜仪、电缆、数据采集器、提升装置等组成的测试系统;另一部分是以测斜管和钻孔组成的固定系统,具体的监测系统结构如图 8-7 所示。监测系统的安装主要是固定系统的安装,测斜管外径为 70 mm,测斜管下到钻孔中后,在测斜管的管壁外与钻孔孔壁间的间隙中灌入砂子,消除测斜管的管壁与周围土体的间隙,使测斜仪能真实、细微地反映土体内部的水平位移。管内壁探头导槽的连线与东西和南北方向平行,直观地反映水平移动方向。

8.5.3.2 学习钻孔测斜仪的使用方法

(1)测斜管安装。

测斜管可安装在地下连续墙或支护桩钢筋笼上,随钢筋笼浇注在混凝土中,也可钻孔埋设在支护结构或边坡土体中(如土钉墙中)。安装或埋设过程中注意事项如下:

① 在支护结构或被支护土体内钻孔,将测斜管逐节组装并放入钻孔内,测斜管底部装有底盖,下入钻孔内预定深度后,即向测斜管与孔壁之间的间隙由下而上逐段灌浆或用砂填实,固定测斜管。

② 安装埋设时及时检查测斜管内的一对导槽指向是否与欲测量的位移方向一致,并及时修正。

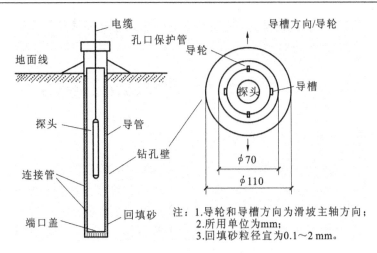

注:1.导轮和导槽方向为滑坡主轴方向;
  2.所用单位为mm;
  3.回填砂粒径宜为0.1~2 mm。

图 8-7 监测系统结构示意图

③ 测斜管固定完毕或浇注混凝土后,可将测头模型放入测斜管内沿导槽上下滑行一遍,以检查导槽是否畅通无阻,滚轮是否有滑出导槽的现象。如果没有测头模型,可将测头缓缓放入。如遇阻碍,立即拔出测头,对该测管进行必要处理或重新安装。由于测头贵重,在未确认测斜管导槽畅通时,应谨慎放入真实的测头。

(2) 测斜仪测量侧向位移。

测斜仪由测头、导向滚轮、连接电缆及读出仪器四部分组成。测量时,将测头沿埋于槽边的垂直柔性管放下,使导向滚轮置于管内的纵向定向槽中,沿槽滚动,这样就可以测到一定距离内柔性管与垂直方向的倾斜角。如果该柔性管的下端已深入位移为零的稳定土层中,便可根据倾斜角和测读点间的距离求出位移。

测斜管的埋设应在垂直方向,管内沟槽位置与测量位移的方向一致,测斜管应在正式读数 5 d 以前安装完毕,并在 3~5 d 内测量 3 次以上,判明测斜管已处于稳定状态后再开始正式测量工作。测斜管宜埋设在孔径等于或大于 89 mm 的钻孔中。一般情况下,管底应埋设在预计发生倾斜部位的深度以下。套管的埋设应连接紧密,防止沙土或水进入,影响观测效果。在深基坑观测中,保证管内沟槽一边垂直于基坑开挖边线,另一边平行于基坑开挖边线。为确保每次测得的支护结构的位移为最大位移,套管上下两端应密封严实,防止人为破坏。

以上各监测点在基坑开挖正式记录前必须进行 2~3 次初测,以确保初测数据准确可靠。然后每天准时观测,直到开挖到坑底,然后 2 d 观测一次,直到数据比较稳定,不再发生变化为止。

① 为保护测头的安全,有条件时可在测量前将测头模型下入测斜管内,沿导槽上下滑行一遍,检查测斜孔及导槽是否畅通无阻。如果无测头模型,应缓慢将测头放入测斜管底部。

② 连接测头和测读仪,检查密封装置、电池充电量和仪器是否能确保工作正常。

③ 将测头插入测斜管,使滚轮卡在导槽上,缓缓下至孔底,测量自孔底开始,自下而上沿导槽每隔一定距离(通常为 0.5 m)测读一次。每次测量时,应将测头稳定在某一位置上。整个高度测量完毕后,将测头旋转 180°插入同一对导槽,按以上方法重复测量一次。两次测量的测点应在同一位置上。此时各测点的两次读数应接近(绝对值不超过 2 mm)。如果测量数据有疑问,应及时补测。用同样方法可测与其垂直的另一对导槽的水平位移。一般测斜仪可以同时测量相互垂直两个方向的水平位移。

④ 侧向位移的初始值应是基坑开挖之前连续 3 次测量无明显差异读数的平均值,或取其中一次的测量值作为初始值。

地质雷达的使用

8.6　地质雷达的使用

8.6.1　实验目的和意义

地质雷达在工程质量检测、场地勘察中被广泛应用,近年来也被用于隧道地质超前预报工作。地质雷达能发现掌子面前方地层的变化,对于断裂带特别是含水带、破碎带有较高的识别能力。在深埋隧道和富水地层以及溶洞发育地区,地质雷达是一个很好的预报手段。学习地质雷达的基本原理和基本操作方法,对于分析目标体异常的地质雷达剖面特征,了解地下目标体的形态具有重要的理论与应用意义。

8.6.2　实验设备

加拿大探头与软件公司(Sensor & Software)生产的 Pulse EKKO Pro 专业型地质雷达。主机分别配备有 100 MHz 天线和 500 MHz 天线,分别应用于长距离和短距离预报。整个探测系统包括发射单元、接收单元、发射天线、接收天线、控制模块、DVL 显示器、专用电源、光纤信号线及电缆信号线。两种系统装配图分别如图 8-8 和图 8-9 所示。

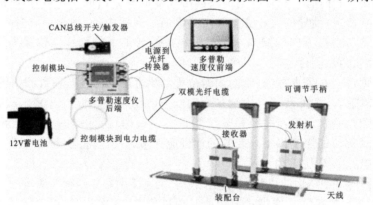

图 8-8　长距离(低频)探测系统

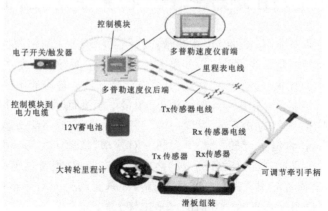

图 8-9　短距离(高频)探测系统

8.6.3　实验内容

8.6.3.1　了解地质雷达测试原理

地质雷达是一种确定介质内部物质分布规律的无损探测仪器。它采用高频电磁波进行探测,频率范围一般分布在 1 M～10 GHz 之间。地质雷达的探测系统包括发射天线 T 和接收天线 R,以及控制收发和数据存储的控制系统。地质雷达探测中一般以电磁脉冲的形式进行探测,电磁脉冲由发射天线 T 发出,在地下介质中传播,遇到介质界面或埋藏物发生反射,传播至接收天线 R 后被接收,如图 8-10 所示为地质雷达电磁脉冲传播示意图。电磁波信号被接收天线接收后,被控制系统转成数字信号记录,并通过显示屏实时显示测试成果,如图 8-11 所示。电磁波传播经过的介质的电性质和几何形态都会影响电磁波的传播路径、电磁场强度及波形。因此,根据接收波的双程走时、波幅及波形资料,能推测地下介质的结构。

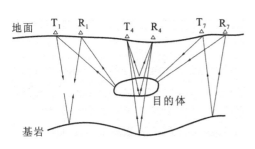

图 8-10　地质雷达电磁脉冲传播示意图

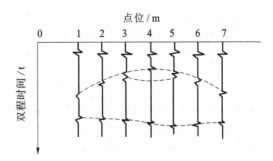

图 8-11　地质雷达测试成果示意图

1. 雷达波的传播

地质雷达使用高频电磁波进行勘探,雷达电磁波能够近似当作均匀的平面电磁波。当电磁波在地下介质中传播时,它的电场分量瞬时波动方程为:

$$E_x(r,t) = E_0 e^{-\beta r} \cos(\omega t - \alpha r) \tag{8.2}$$

式中,E_0 为 $r=0$,$t=0$ 条件下的电场分量强度;β 为电磁波在介质中传播的衰减系数;α 为相位系数,即单位距离的弧度;r 为电磁波传播距离;ω 为电磁波的角频率。

从式(8.2)可知:① 电场分量强度是以衰减系数和传播距离之积为幂指数衰减的。② 当 $\cos(\omega t - \alpha r) = 1$ 时,电场分量强度最大,据此可求得电磁波波速表达式为:

$$v = \frac{\omega}{\alpha} \tag{8.3}$$

$$\alpha = \omega \sqrt{\mu \varepsilon} \sqrt{\frac{1}{2}\left[\sqrt{1 + \left(\frac{\sigma}{\omega \varepsilon}\right)^2}\right] + 1} \tag{8.4}$$

式中,μ 为磁导率;ε 为介电常数;σ 为电导率。

对于一般的围岩介质,通常 $\frac{\sigma}{\omega \varepsilon} \leqslant 1$,$\mu \approx 1$。据此,上式可简化成如下:

$$v = \frac{c}{\sqrt{\varepsilon_r}} \tag{8.5}$$

式中,c 为真空光速,也是电磁波在真空中的传播速度;ε_r 为地下介质的相对介电常数,受介质含水量的影响。

由此可见,电磁波在地下介质的传播速度与介质的含水量有关。

地质雷达探测的数据包括雷达回波信号的时间信息、波幅信息及频率信息,距离是通过时间信息与波速计算而得,因此准确的电磁波波速是保证测试深度的精度的必要条件。对于隧道工程超前地质预报而言,岩体介质中电磁波波速的确定要结合岩体的岩性条件、构造条件、含水量、温度等综合考虑。在常见介质中的电磁波传播速度的取值也可依据经验并参考表 8-1 中列出的数值。

表 8-1　　　　　　　　　　　　常见介质中的电磁波波速

介质	空气	淡水	干砂	饱和砂	灰岩
电磁波波速/(m/ns)	0.3	0.033	0.15	0.06	0.12
介质	页岩	石英	黏土	花岗岩	盐岩
电磁波波速/(m/ns)	0.09	0.07	0.06	0.13	0.13

2. 雷达波的反射与折射

在地下介质中传播的雷达脉冲电磁波可简化成平面电磁波。当平面电磁波传播到两种不同均匀介质的分界面处,会发生反射与折射。入射波、反射波与折射波三个传播方向之间的关系,遵循反射定律和折射定律。而在相同入射波条件下,反射波和折射波的能量大小则取决于反射系数 R 和折射系数 T。对于某一个界面,界面上下介质的相对介电常数分别为 ε_1 和 ε_2 时,反射系数 R 和折射系数 T 可分别表示为:

$$R = \frac{\sqrt{\varepsilon_1} - \sqrt{\varepsilon_2}}{\sqrt{\varepsilon_1} + \sqrt{\varepsilon_2}} \tag{8.6}$$

$$T = \frac{2\sqrt{\varepsilon_1}}{\sqrt{\varepsilon_1} + \sqrt{\varepsilon_2}} \tag{8.7}$$

根据以上公式可以得出如下结论:① 决定界面反射系数大小的主要是界面两侧介质相对介电常数差异。② 界面两侧介质相对介电常数越大,界面反射系数越大,越有利于地质雷达的探测。相对介电常数的确定可依据经验参考表 8-2。

表 8-2　　　　　　　　　　　　常见介质的相对介电常数

介质	空气	淡水	干砂	饱和砂	灰岩
相对介电常数	1	80	3~5	23~30	4~8
介质	页岩	石英	黏土	花岗岩	盐岩
相对介电常数	5~15	5~30	5~40	4~6	5~6

8.6.3.2 学习地质雷达的使用方法

1.地质雷达数据采集

(1) 参数选取。

① 天线中心频率。

低频天线体积大,质量大,探测距离大,分辨率低。相对的,高频天线体积小,质量小,探测距离小,分辨率高。在选择天线中心频率时,应同时兼顾探测目标体的深度、尺寸以及现场工作条件。一般来说,在分辨率和场地条件都能得到满足时,应优先使用中心频率较低的天线,以获得更大的探测距离。如果要求的空间分辨率为 x(m),则天线中心频率 f_c^R(MHz)可由下式初步确定:

$$f_c^R > \frac{75}{x\sqrt{\varepsilon_r}} \tag{8.8}$$

在野外条件较复杂时,在介质中通常包含有非均匀体的干扰,频率越高其响应越明显。但频率增加到一定程度时,很难分辨主要目标体和干扰体的响应。可见降低频率能提高较大目标体的响应,并减少散射体的干扰。

② 采样时窗。

采样时窗的选择主要取决于最大探测深度 h_{max}(m)与地层电磁波波速 v(m/ns),采样时窗 W(ns)可由下式估算:

$$W = 1.3 \frac{2h_{max}}{v} \tag{8.9}$$

一般情况下,为了给地层速度与目标体深度后期修正留出空余时窗,最终选择的采样时窗数值会比由式(8.9)计算而得的数值增加 30%。

③ 采样间隔与采样率。

采样率是单位时间内记录反射波的采样点数,采样间隔为相邻采样点之间的时间间隔,二者互为倒数。在加拿大 EKKO 地质雷达中,是用采样间隔确定雷达波采样率。采样率由宁奎斯特采样定律控制,即采样率至少应达到记录的反射波中最高频率的 2 倍。为了使记录的波形更完整地还原真实状况,Annan 建议采样率为天线中心频率的 6 倍。即采样间隔 Δt(ns)满足:

$$\Delta t = \frac{1000}{6f}$$

式中,f 为天线中心频率,MHz。

④ 收发距与偏移距。

收发距是指发射天线 T 与接收天线 R 之间的距离。使用分离式天线时,可按探测需求选择收发距。选取合适的收发距可使来自目标体的回波信号增强。

偏移距是相邻测线之间的距离。在点测量模式下,偏移距也是一个可按探测需求自行调整的参数。在相同测试区长度的条件下,偏移距越小,测得的雷达剖面数据越精细。但在选择偏移距时,除了测试精度外,也要兼顾测试效率,所以偏移距不能选得过小。

⑤ 叠加道数。

叠加道数是指一个探测点位置重复探测的次数。EKKO Pro 型地质雷达常用叠加道数为 8、16、24。叠加道数越大,单位测点位置测试数据越多,测试时间越长,随机误差越小。因此,叠加道数的选择必须权衡现场测试条件、测试时间与数据精度要求的矛盾。一般情况下,点测量模式下可采用 24 道或 16 道叠加。而在连续测量模式下,考虑到测试工作者连续测量的困难,测量轮和天线移动速度不能太慢。因此,为了避免数据出现跳道漏测的现象(图 8-12),连续测量时常常使用 8 道叠加。

图 8-12　跳道漏测现象

(2)测线布置。

在隧道工程掌子面使用地质雷达进行超前地质预报时,为了更详细地预报掌子面前方的地质情况,往往在掌子面沿水平方向和竖直方向都布置几条测线。此外,为了提高测试的准确性,每条测线都要进行重复测试以排除随机误差。

(3)探测方法。

使用分离式天线进行地质超前预报的探测时往往采用点测模式。测试前将发射天线与接收天线之间的距离确定好,并用非金属绳或杆将两天线距离固定。将天线紧贴在掌子面上,确保雷达波与岩体介质良好耦合。按下控制平台的触发器后,发射天线将发射脉冲电磁波。电磁波在掌子面前方岩土介质中传播,遇到与围岩有显著电性差异的不良地质体时将产生反射波并被接收天线接收。接收天线将电磁波信号转变成电信号并储存在主机中,主机记录下电磁波双程走时及雷达回波的振幅、相位、频率变化特征。

配合测量轮使用一体式天线进行超前地质预报时往往采用连续测量。一体式天线与测量轮都要紧贴掌子面。测量轮不仅记录天线测试过程中移动的距离,还会在天线移动某固定距离后向发射天线传递触发信号。同样,在天线每移动一定距离时,测量轮的触发使发射天线发射电磁脉冲,脉冲波遇与围岩有明显电性差异的地质异常体反射后被接收天线接收,进而被主机记录回波信息。

每次测试接收到的数据是一个地质雷达时间剖面图像,横坐标是天线在掌子面测线上的位置,纵坐标为雷达脉冲波从发射天线出发经地质异常体反射回到接收天线的双程走时。时间剖面能准确反映掌子面前方的岩体条件及反射面的起伏变化。

值得一提的是,不管是点测模式还是连续测量模式,为了减少测试的随机误差,每条测线都需尽量做到重复测量。

(4)探测性能。

① 探测距离。

地质雷达的探测深度是其所能探测到的最远距离。探测距离需要采用雷达方程来确定,并由两部分控制:其一是地质雷达的增益系数;其二是地质雷达应用中介质的电性质,尤其是电阻率和介电常数。地质雷达系统的增益是仪器发射功率和接收系统噪声功率的比值,即:

$$Q = \frac{W_t}{W_r^n} \tag{8.10}$$

当雷达系统选定后,系统的增益已知,因此只要到达雷达接收器的回波信号幅度大于 W_r^n,来自该目标体的回波就可以为雷达系统识别,于是探测距离预测就转变成求目标体回波的大小。

若发射机的功率为 W_t,发射天线的效率为 η_t,目标体反射面到发射天线的距离为 r,入射波方向上天线方向的增益为 G_t,目标体的散射截面为 σ_s,目标体到接收点方向上散射增益为 G_s,偶极接收天线的有效面积为 $\lambda^2/4\pi$,接收天线的效率为 η_r,接受天线的方向性增益为 G_r,介质的衰减系数为 β。则接收机接收到的总功率 W_r 可表示为:

$$W_r = W + \eta_t \eta_r G_t G_r \sigma_s G_s \frac{\lambda^2}{64\pi r^4} e^{-4\beta r} \tag{8.11}$$

式(8.11)称为雷达公式。若 W_r 小于仪器的最小接收功率,则该目标体在地质雷达仪器探测能力范围之外,无法被地质雷达探测到。式(8.11)中,η_r、η_t 恒小于1,天线由于受到质量和体积的限制,效率 G 不便设计得很大。可见,W_r 是一个很小的值。由此说明,当地质雷达应用于探测地下介质时,探测距离受到了限制。

② 分辨率。

地质雷达的分辨率是指将两个异常体区分开的最小距离,分为垂直分辨率和水平分辨率。

垂直分辨率是指垂直方向上可以区分的最小厚度。理论上,可将雷达天线主频电磁波对应波长的1/8作为垂直分辨率的极限。但在实际操作过程中,由于诸多不利影响因素,通常将波长的1/4作为地质雷达垂直分辨率,即:

$$d_v = \frac{1}{4}\lambda \approx \frac{c}{4f\sqrt{\varepsilon_r}} \tag{8.12}$$

水平分辨率是天线在沿着测线移动时,可以识别的地下目标体最小横向尺寸。水平分辨率通常可由第一菲涅尔带确定:

$$d_h = \sqrt{\frac{\lambda h}{2}} = \sqrt{\frac{ch}{2f\sqrt{\varepsilon_r}}} \tag{8.13}$$

根据式(8.12)、式(8.13)可知,垂直分辨率和水平分辨率都受天线中心频率的影响。天线的中心频率越高,其水平分辨率和垂直分辨率越小,分辨能力越强。除此之外,水平分辨率还受目标体的埋深影响,随着目标体埋深的增大而增大,即目标体埋深越大,天线的水平分辨能力越低。

(5)测试流程。

地质雷达的超前预报现场测试流程如图 8-13 所示。

① 仪器组装:EEKO 地质雷达属于装配式仪器,需要现场组装。

② 测线标记:为了保证测试准确性,利用皮尺和喷漆在测试面上做好标记。

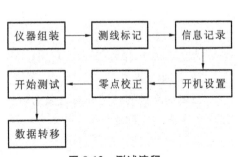

图 8-13 测试流程

③ 信息记录:用相机拍摄包含测线记号的整个掌子面,并记录掌子面揭露的地质信息,如岩性、岩体破碎程度、结构面产状等。

④ 开机设置:组装仪器完成后开机并根据现场工作条件,合理设置采样时窗、天线频率、收发距、偏移距等参数。并在设置完成后回顾检查。如图 8-14 所示。

⑤ 零点校正:进入 scope mode,将波幅起跳位置调整至整个时窗第一分区末或十分之一位置。如图 8-15 所示。

图 8-14　参数检查

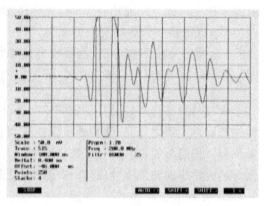

图 8-15　零点校正

⑥ 开始测试:点测量方式则在天线移动至每一测点位置时按触发键,连续测量方式时只需操作人员推动天线和测量轮沿测线前进。

⑦ 数据转移:将数据从内存转移至外置存储卡,关机。

2.地质雷达数据处理

(1) 数字滤波。

使用地质雷达测量时,为了尽可能保留更多的数据,记录方式首选全通。但是,全通意味着有效信号和干扰信号都会被记录。为了将数据中的干扰信号剔除,数字滤波是一个重要手段。

如果有效信号和干扰信号两者的频谱分布存在较大的区别,那么可据此设计一个滤波器来达到滤波的效果。常用的数字滤波器有高通滤波器、低通滤波器和带通滤波器。EKKO Pro 型地质雷达还有一种独有的 Dewow 滤波器。

① Dewow 滤波器。

Dewow 滤波器是 EEKO Pro 型地质雷达处理软件 EKKO_View Deluxe 强烈推荐首选使用的滤波器。发射天线在工作中也许会发射出一种缓慢衰减的低频脉冲,称为"wow"。"wow"会叠加在高频反射波上对数据造成不利影响。Dewow 处理就是用来移除反射波中不需要的低频成分,保留高频信号。这个移除数据中的低频 wow 步骤也称为"信号饱和度校正"。

② 高通滤波器。

当杂波信号的频谱分布主要为低频成分时,可设计如下高通滤波器将低频截止频率 f_l 以下的杂波信号剔除:

$$|H(f)| = \begin{cases} 1, f \geqslant f_l \\ 0, \text{其他} \end{cases} \tag{8.14}$$

③ 低通滤波器。

当杂波信号的频谱分布主要为高频成分时，可设计如下低通滤波器将高频截止频率 f_h 以上的杂波信号剔除：

$$|H(f)| = \begin{cases} 1, f \leqslant f_h \\ 0, 其他 \end{cases} \quad (8.15)$$

④ 带通滤波器。

当杂波信号的频谱分布既有高频成分又有低频成分时，一般可设计如下带通滤波器将低频截止频率 f_l 以下、高频截止频率 f_h 以上的杂波信号剔除：

$$|H(f)| = \begin{cases} 1, f_l \leqslant f \leqslant f_h \\ 0, 其他 \end{cases} \quad (8.16)$$

EKKO_View Deluxe 有着不同于一般的带通滤波方式。在进行带通滤波时，软件窗口需要用户提供 4 个升序的频率参数 f_1、f_2、f_3、f_4。带通滤波器将 f_1 以下、f_4 以上频率的波剔除（乘以零）。频率在 f_2 和 f_3 之间的波不做任何修正（乘以单位振幅值）。当频率处于 $[f_1, f_2]$ 或 $[f_3, f_4]$ 两个区间时，波幅从或的零值向或方向的原值呈余弦函数变化。

⑤ 道内均衡滤波器。

道内均衡滤波器是一个沿竖直方向（时间方向）运动的均值滤波器。滤波器将在用户设置的采样点数范围内求取振幅均值，并将这个振幅均值代替滤波器范围内各点的初始振幅。均值化后，滤波器向下沿着时间轴方向移动同样的采样点数，继续在下一个单位数量的采样点范围内进行均值处理。道内均衡滤波器的主要作用类似低通滤波器，是为了减少随机噪点和高频噪点。

⑥ 道间均衡滤波器。

道间均衡滤波器是一个沿着测线方向运行的均值滤波器。滤波器将用户设置数目的相邻道求取波幅均值并将均值代替原值。道间均衡滤波器的主要目的是加强水平以及缓倾反射体的信号，同时压制陡倾反射体的反射信号。

⑦ 反褶积。

预测反褶积的算法大多遵从标准地震处理概念，利用一个反滤波器对信号进行褶积运算。反褶积将具有一定时间延续度的雷达子波转化成尖脉冲，不仅可以提高垂向分辨率，还可以消除天线的瞬变和多次波。

（2）增益调整。

地质雷达在低耗介质和有耗介质中探测，雷达波在向介质中传播时，波幅会随着传播距离的增长而发生衰减。EKKO 型地质雷达有三个增益相关参数可供调整，能够沿深度（时间）轴调整增益，将衰减后的信号放大。当选择的增益参数合适时，能够抵消电磁波传播过程中衰减带来的不利影响，尽可能将回波波形显示完整增益。

（3）波速校正。

雷达电磁波在岩土介质中的传播速度可以由式(8.5)确定。但在工程实践中，由于介质的不均匀性，相对介电常数 ε_r 不是由单一介质确定的。相应的，电磁波在复杂地下介质中的传播速度也不是由单一介质确定的。此外，在工程实践中，岩土介质介电常数通常是参考经验估计的，因此准确性存在一定程度的不足。这将直接影响超前地质预报的定位准确性。

在现场测试时,可结合介质条件,根据经验选取电磁波的传播速度。并据此波速和目标体深度进一步确定时窗等参数,以便开展测试。但在测试过后,需进行波速校正。常用的波速校正方法有已知目标换算法、几何刻度法、介电常数法、共中心点(CDP)速度分析法、反射系数法等。EKKO_View Deluxe 中常用图形拟合法(图 8-16)来校正波速。

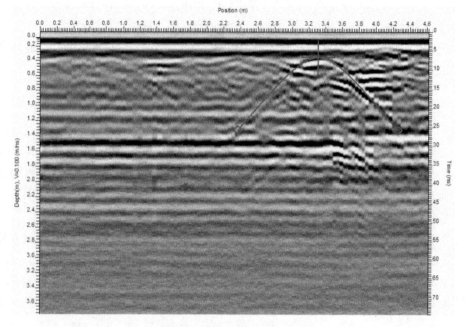

图 8-16　图形拟合法校正波速

(4)地质雷达数据解释。

地质雷达所有的测线设计、数据采集、数据处理等都是为了最终能获得具有地质意义的剖面,为工程的设计、施工及支持等提供地质参考信息。地质雷达数据解释就是经过一系列综合推理验证,将时间剖面转化成地质剖面的过程。在工程实践中,常常结合钻探数据进行联合解释。

(5)反射层拾取。

反射层的拾取是将地质雷达数据进行地质解释的基础。通常从经过钻孔的测线开始,根据钻孔资料与地质雷达时间剖面图像对比,建立各地层的地质雷达标志性反射波组特征和参数。根据反射波组的特征就可以在地质雷达图像剖面中拾取反射层。同向性、相似性与波形特征等都是识别反射波组的标志。

(6)时间剖面解释。

在根据地层反射波组特征与钻孔资料划分反射波组之后,需要根据反射波组的同向性与相似性进行地层的追索与对比。

特征波通常指振幅强、可长距离连续追踪且波形稳定的反射波。特征波通常是主要岩性分界面的有效波。在掌握测试区域地质背景后,概览整条测线,研究重要波组的特征、相互关系及地质构造特征,其中重点研究特征波的同相轴变化。时间剖面上主要有以下特征:

① 反射波同相轴错动。

这是正常地层电性质发生突变的现象,可能的异常包括破碎带及较大裂缝、含水量变化较大区域。电性质变化越大,同相轴错动越明显。

② 反射波同相轴局部缺失。

这是地层对雷达反射波的吸收和衰减作用不均衡的现象,可能的异常包括地下裂缝、地层性质突变和孔隙发育变化等。土壤性质突变大小和地下裂缝横向发育范围会影响反射波同相轴发生缺失的范围。

③ 反射波波形畸变。

这是地下介质对雷达波的电磁弛豫效应和衰减、吸收造成的。可能的异常包括地下裂缝、不均匀体等。地下裂缝、不均匀体的规模会影响波形畸变程度。

④ 反射波频率变化。

这是介质各种成分及其盐碱性质对于雷达波具有频散和吸收、衰减作用而产生的现象。这也是地质雷达时间剖面上识别不同介质性质边界的一个重要标志。

上述四种现象在时间剖面上通常不是孤立存在的。一般而言,几种现象同时存在,但有时某种现象相对其他现象更为突出。要获得更准确的地质信息,相关工作人员除了需要充分了解区域地质外,更需要拥有丰富的地质解释工作经验。

(7) 数据处理流程。

数据处理界面如图 8-17 所示,地质雷达数据处理流程如图 8-18 所示,主要流程如下。

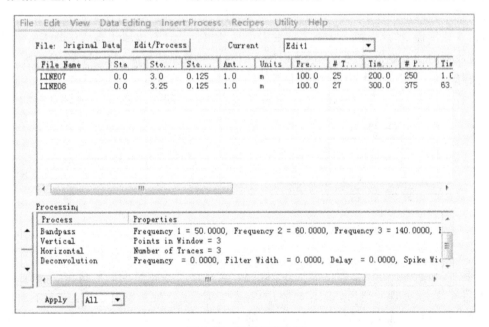

图 8-17 数据处理界面

① 预处理:将数据进行坐标校正,部分反向测线执行 reverse 操作。

② 带通滤波:天线中心频率为 100 MHz 时,带通滤波参数为"＝50""＝60""＝140""＝150";天线中心频率为 500 MHz 时,带通滤波参数为"＝250""＝300""＝700""＝750"。

③ 道内均衡:均衡窗口设置为缺省值 3 个采样点。

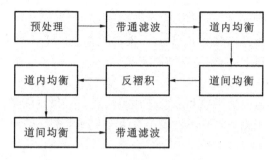

图 8-18　地质雷达数据处理流程

④ 道间均衡:均衡窗口设置为缺省值 3 道。

⑤ 反褶积:采用缺省设置进行反褶积。

⑥ 再次进行道内均衡、道间均衡与带通滤波处理,消除反褶积引入的噪声并美化处理结果。

8.7　声发射仪的使用

8.7.1　实验目的和意义

对于脆性岩石材料而言,岩石的破坏过程与其内部微裂纹演化过程是一致的,岩石破裂主要表现为其内部的微裂纹的初始、扩展。微裂纹的产生和扩展,伴随有弹性波的释放并在岩石内快速传播,即声发射。每一个声发射信号都包含着岩石内部状态变化的丰富信息,通过对接收到的信号进行处理、分析,可以判断岩石内部裂纹的生成、扩展过程,从中捕捉岩石破裂失稳的前兆信息。因此,开展声发射仪的学习与应用,深刻揭示岩石破裂过程与声发射特征参数之间的关系,有助于我们进一步认识岩石的破坏机理,获取岩石破坏的前兆信息。

8.7.2　实验设备

SDAES 声发射检测仪、钢板、SR150A 传感器、前置放大器、铅笔、耦合剂。

8.7.3　实验内容

8.7.3.1　了解声发射测试原理

声发射检测的原理如图 8-19 所示。从声发射源发射的弹性波最终传播到达材料的表面,引起可以用声发射传感器探测的表面位移,这些探测器将材料的机械振动转换为电信号,然后被放大、处理和记录。固体材料中内应力的变化产生声发射信号,在材料加工、处理和使用过程中有很多因素能引起内应力的变化,如位错运动、孪生、裂纹萌生与扩展、断裂、无扩散型相变、磁畴壁运动、热胀冷缩、外加负荷的变化等。人们根据观察到的声发射信号进行分析与推断以了解材料产生声发射的机制。

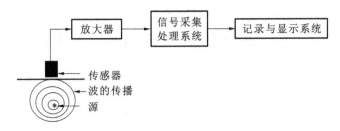

图 8-19　声发射原理

8.7.3.2　学习声发射仪的使用方法

(1) 硬件连接(图 8-20)。

图 8-20　声发射硬件连接

① 采集卡安装:将采集卡直接插到计算机的 PCI 插槽上,并用螺钉将采集卡固定好即可。

② 传感器与信号线连接:传感器均须与信号线连接,信号线一端为 M5-KY 接口(小);另一端为 BNC 接口(大),将 M5-KY 接口与传感器接口相连,二者间要拧紧,确定连接良好。

③ 信号线与前置放大器连接:信号线的 BNC 接口与前置放大器的输入端(Sensor)连接,并确定连接良好。因为前置放大器的两端均为 BNC 接口,所以一定要注意区分其输入端(Sensor)与输出端(Output)。

④ 前置放大器与信号电缆连接:信号电缆两个端口没有区别,均为 BNC 接口,将其中一个接口与前置放大器的输出端(Output)连接,确保连接良好。

⑤ 信号电缆与采集卡连接:将信号电缆的另一端口连接到主机中采集卡的 BNC 接口上,并确保连接良好。

⑥ 传感器的安装程序如下:a. 在压力容器壳体上标出传感器的安装部位;b. 对传感器的安装部位进行表面打磨去除油漆、氧化皮或油垢等;c. 将传感器与信号线连接好;d. 在传感器或压力容器壳体上涂上耦合剂;e. 安装和固定传感器。

(2) SDAES-V7.5 软件设置。

① 打开软件。

运行 AERTS 采集软件。

② 检查采集卡。

声发射系统硬件连接完毕后,可通过 AERTS 采集软件来检查系统中所有采集卡是否安装接触良好。检查过程为:单击主菜单中的"硬件设置"→"声发射信号采集设置",选择"板卡参数设置"栏,然后单击"刷新硬件"按钮,主机中有几块采集卡,在"板卡选择"中就应该有几块采集卡可供选择,如系统中共安装连接有 7 块采集卡,则此处显示"板卡一"至"板卡七"。如果设置窗口中可供选择的板卡数量与实际安装的采集卡数量不符,则说明有采集卡接触不良。例如,系统中装有 7 块采集卡,而板卡选择中只显示"板卡一"至"板卡六",就说明第七块采集卡的安装存在问题,需重新检查此处不显示的采集卡的安装情况。

③ 视图设置。

采样过程中通常设置四个视图,包括"波形图""参数表""相关图"及"定位图"(如无须定位,那么建立"波形图""参数表"及"相关图"三个视图即可;如采样时间过长,硬盘没有足够空间存储,那么也可不采集波形,建立"参数表"和"相关图"即可)。以 35 通道球面定位,不采集外接参数,设置"波形图""参数表""相关图"及"定位图"四视图为例说明视图设置过程。

a. 波形图。

单击主菜单中的"分析显示"→"视图设置",出现"配置视图"窗口,在"视图树"上单击右键,选择"增加视图标签",右键单击"新建视图组"选择"增加视图",出现"视图设置"窗口,可添加"波形图",并完成相关设置,如图 8-21 所示。

"视图选择"处选择"波形图";"通道模式"选择"四通道"("简单模式"波形图只显示一个蓝色指示灯,"单通道"波形图只显示一个通道的波形信号,"四通道"波形图每次只显示一个蓝色指示灯,"显示灯"波形图只显示 80 个蓝色指示灯,使用最多、最普遍的是"四通道");勾选"所有通道(可翻页)"(以便可通过翻页的形式显示全部通道的波形图);"可选通道"处此时任何项均不勾选;然后单击"确定"即可。

b. 参数表。

单击主菜单中的"分析显示"→"视图设置",出现"配置视图"窗口,在"视图树"上单击右键,选择"增加视图标签",右键单击"新建视图组",选择"增加视图",出现"视图设置"窗口,可添加"参数表",并完成相关设置,如图 8-22 所示。

图 8-21　"波形图"设置

图 8-22　"参数表"设置

c. 相关图。

单击主菜单中的"分析显示"→"视图设置",出现"配置视图"窗口,在"视图树"上单击右键,选择"增加视图标签",右键单击"新建视图组",选择"增加视图",出现"视图设置"窗口,可添加"相关图",并完成相关设置,如图 8-23 所示。

d. 定位图。

单击主菜单中的"分析显示"→"视图设置",出现"配置视图"窗口,在"视图树"上单击右键,选择"增加视图标签",右键单击"新建视图组",选择"增加视图",出现"视图设置"窗口,可添加"定位图",并完成相关设置,如图 8-24 所示。

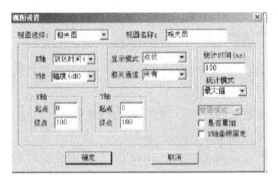

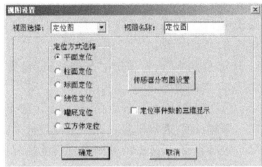

图 8-23　"相关图"设置　　　　　　　　图 8-24　"定位图"设置

如图 8-24 所示,"视图选择"处选择"定位图";"定位方式选择""球面定位";单击"传感器分布图设置"按钮,出现新窗口如图 8-25 所示:

直接在"球体积"文本框中输入被检测球罐的体积(整数);直接在"分层数目"文本框中输入欲在被检球面布置传感器的层数;单击"自动布置"按钮,将按设置的球体积和分层数目自动完成传感器布置,同一纬度的传感器平均分布;然后单击"确定"即可。

④ 硬件设置。

单击主菜单中的"硬件设置"→"声发射信号采集设置",出现"声发射信号采集设置"窗口(图 8-26)。详细设置顺序如下。

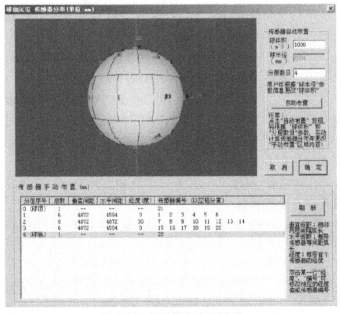

图 8-25　传感器分布图设置　　　　　　图 8-26　"声发射信号采集设置"窗口

a.板卡参数设置。

在"声发射信号采集设置"窗口中选择"板卡参数设置"栏。

Ⅰ.板卡选择。

选择板卡,然后单击"刷新硬件"按钮,声发射系统中有几块采集卡,在板卡选择中就应该有几块采集卡可供选择,如系统中共有采集卡 7 块,显示从"板卡一"至"板卡七",此处需要使用 35 个通道,因此将"板卡一"至"板卡七"都勾选上。

Ⅱ.板卡设置。

"采样频率"设为 2500,"采样长度"设为 2048,"参数间隔"设为 2000,"锁闭时间"设为20000,"软件锁闭时间"设为 1000。

采样频率:对采集过程而言,表示采集卡采集数据的速率,可根据检测对象的不同设定。

采样长度:表示采集一次波形的数据量,设置范围为 2～2048(整数)。

定时参数:指撞击信号测量过程的控制参数,包括峰值定义时间(PDT)、撞击定义时间(HDT)和撞击闭锁时间(HLT)。

峰值定义时间:指为正确确定撞击信号的上升时间而设置的新最大峰值等待时间间隔。如将其选得过短,会把高速、低幅度前驱波误作为主波处理,但应尽可能选得短为宜。

撞击定义时间(参数间隔):指为正确确定一撞击信号的终点而设置的撞击信号等待时间间隔。如将其选得过短,会把一个撞击测量为几个撞击;如选得过长,又会把几个撞击测量为一个撞击。在系统设定的 HDT 大于两个波包过门限时间间隔 T 时,则两个波包被划归为一个声发射撞击信号;但如果系统设定的 HDT 小于两个波包过门限时间间隔,则这两个波包被划分为两个声发射撞击信号。可以理解为,任意两个相邻的波包过门限时间间隔 T 小于 HDT,这两个波包都被划归到同一个声发射撞击信号中,而一个撞击信号产生一组参数,因此 HDT 越小,系统采集的参数越多。如图 8-27 所示。

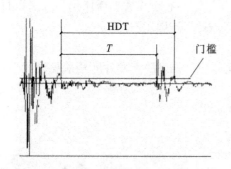

图 8-27　撞击定义时间描述

撞击锁闭时间:指在撞击信号中为避免测量反射波或迟到波而设置的关闭测量电路的时间间隔。一个声发射事件完成后,后面一段时间的信号被忽略,这段时间称为锁闭时间,开始于声发射事件的结束时间,终止于事先设定的锁闭时间。硬件锁闭时间只针对本通道信号。

软件锁闭时间:设置范围为 1～+∞(整数,单位 μs),可在文本框内直接输入。定时参数应根据试件中所观察到的实际波形进行合理选择。

刷新硬件:通过此按钮可重新识别系统中安装的采集卡,使"板卡选择"中显示当前安装连接良好的所有板卡。

Ⅲ.触发模式。

触发模式有内触发和外触发两种模式可选。选择"内触发"时,单击"开始采集",系统采集卡就开始采集数据;而选择"外触发"时,单击"开始采集"后还需外部控制信号达到高电平(直流3.3 V)时才能触发采集卡采集数据。该处选择"内触发"。

　　b. 文件存储设置(图 8-28)。

　　数据文件路径:单击按钮选择采样文件存放位置。数据文件名:输入要设定的采样文件名。

　　标签:方便用户对采样文件作标识,用户可根据需要在文本框中直接输入采样文件标签内容。

　　保存采样文件:通过勾选来选择是否保存采样文件。

　　通道参数设置:如图 8-29 所示。

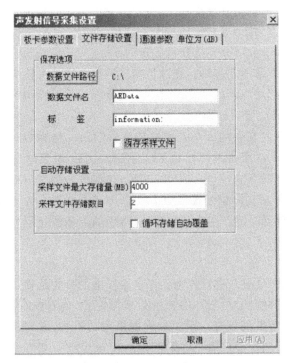

图 8-28　文件存储设置页面

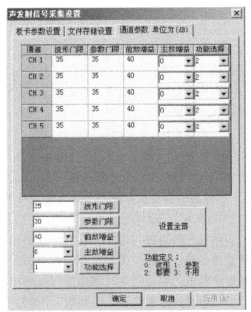

图 8-29　通道参数设置页面

　　波形门限:根据声发射系统应用环境来设置,设置范围为 0～100(整数,单位 dB)。可对各通道单独设置,通过双击要修改的波形门限值后直接修改;也可对所有通道同时设置,在窗口下部的文本框中直接输入波形门限值后单击"设置全部"按钮即可。

　　参数门限:根据声发射系统应用的环境来设置,设置范围为 0～100(整数,单位 dB)。与"波形门限"的设置方法相同。

　　前放增益:根据声发射系统选用的前置放大器的增益来设定,有 34 dB、40 dB、44 dB 三种选择。可对各个通道单独设置,通过双击要修改的前放增益值后直接修改;也可对所有通道同时设置,通过窗口下部在下拉项中选择,再单击"设置全部"按钮即可。该设备是 40 dB。

　　主放增益:根据声发射系统所用主放大器设置的增益来设定,有 0 dB 和 20 dB 两种选择。该设备是 0 dB。与"前放增益"的设置方法相同。

功能选择:根据实际需要选择,有"0""1""2""3"四个代码可选,"0"表示只存储波形,"1"表示只存储参数,"2"表示波形和参数都存储,"3"表示都不存储。

(3) 采集前调试与设置。

① 现场声发射检测系统灵敏度的校准。

通过直接在被检构件上发射声发射模拟源信号来进行校准。灵敏度校准的目的是确认传感器的耦合质量和检测电路的连续性,各通道灵敏度的校准为在距传感器一定距离(压力容器规定为100 mm)发射三次声发射模拟源信号,分别测量其响应幅度,三个信号幅度的平均值即为该通道的灵敏度,多数金属压力容器的检测规程规定,每通道对铅笔芯模拟信号源的响应幅度与所有传感器通道的平均值偏差为±3 dB 或±4 dB,而玻璃钢构件为±6 dB。

② 衰减测量。

衰减就是信号的幅值随着离开声源距离的增加而减小。衰减控制了声源距离的可检测性。因此,对于声发射检验来说,它是确定传感器间距的关键因素。对被检容器采用模拟声发射信号进行衰减测量,画出距离-声发射信号幅度衰减曲线。

构件声发射检测所需传感数量,取决于压力容器的大小和所选传感器间距。传感器间距又取决于波的传播衰减,而传播衰减值又来自用铅笔芯模拟源实际测得的距离-衰减曲线。时差定位中,最大传感器间距所对应的传播衰减,不宜大于预定最小检测信号幅度与检测门槛值之差。例如,门槛值为40 dB,预计最小检测信号幅度为70 dB,则其衰减不宜大于30 dB。区域定位比时差定位允许更大的传感器间距。在金属容器中,常用的传感器间距为1～5 m,多数容器的检测需布置8～32个探头。

③ 源定位校准。

通过直接在被检构件上发射声发射模拟源信号来进行校准。源定位校准的目的是确定定位源的唯一性和与实际模拟声发射源发射部位的对应性,一般通过实测时差和声速以及设置仪器内的定位闭锁时间来进行仪器定位精度的校准。定位校准的最终结果为,所加模拟信号应被一个定位阵列所接收,并提供唯一的定位显示,区域定位时,应至少被一个传感器接收到。多数金属容器检测方法中规定,源定位精度应在两倍壁厚或最大传感器间距的5%以内。

④ 检测。

检测时应观察声发射撞击数随载荷或时间的变化趋势,声发射撞击数随载荷或时间的增加呈快速增加时,应及时停止加载,在未查出声发射撞击数增加的原因时,禁止继续加压。检测中如遇到强噪声干扰,应暂停检测,排除强噪声干扰后再进行检测。

8.8　微震监测设备的使用

微震监测技术
Burried Array

8.8.1　实验目的和意义

微震监测技术是利用岩体受力变形和破坏过程中发射出的声波和微震来进行监测工程岩体稳定性的技术方法。一般情况下,任何岩体在破坏前都会产生许多细小的微裂纹。这些微裂纹会以弹性能释放的形式产生弹性波,并可被安装在有效范围内的传感器接收。利用多个传感器接收这种弹性波信息,通过反演方法就可以得到岩体微破裂发生的时刻、位置和性质。根据裂纹的大小、集中程度、破裂密度、视体积及能量指数等的变化规律,就可以判断岩体裂纹破裂的发展趋势。微震监测技术具有许多独特的优点:第一,它能直接确定岩体内部破裂的时间、位置、震级、释放能量等信息,对岩爆预测提供必要的参考信息。第二,由于其利用传感器接收微震波信息,传感器可以布置在距岩体破坏区域较远的位置,这样可以保证系统的稳定运行而不至于遭到破坏。第三,微震监测可以通过多套设备联合同步监测,这样不但可以扩大监测范围,而且能确保对微震事件定位的精度。因此,对于微震监测技术的学习,是对大型工程实践中进行围岩破坏监测的一项重要内容。

8.8.2　实验设备

南非 ISS 微震监测设备。

8.8.3　实验内容

8.8.3.1　了解微震监测原理

岩体在破坏之前,必然持续一段时间以声波的形式释放积蓄的能量。隧洞掘进活动在岩体中引起弹性变形和非弹性变形,在岩体中积蓄的弹性势能在非弹性变形过程中以震动波的形式沿周围的介质向外逐步或突然释放出去,这种能量释放的强度,随着破坏的发展而变化,导致岩体内部产生微震事件。

微震监测技术研究的主要内容就是通过分析微震事件产生的信号(位置、震级、能量、矩张量等参数)特征,推断掘进过程中的岩体状态和力学行为,估测围岩是否发生破坏,以实现防止、控制或预测潜在的不稳定岩体,从而避免危险事故的发生。对丁深埋高应力条件下的硬岩隧洞,开挖会引起围岩应力的进一步集中,导致坚硬岩体高储能集聚然后突然释放,产生岩爆。微震实时监测的主要目的即探究围岩破裂和岩爆孕育的前兆微震信息特征,预测、预报岩爆的发生。

图 8-30 为微震监测原理示意图。微震事件发生后,其产生的震动波沿周围的介质向外传播,放置于孔内紧贴岩壁的传感器接收到其原始的微震信号并将其转变为电信号,随后将其发送至信号采集仪;通过数据传输线路再将数据信号传送给计算机,通过分析处理软件可以对微震动数据信号进行多方面处理和分析,这样就实现了对微震事件的定位、获取震源参数、趋势跟踪等处理,并可对定位微震事件在三维空间和时间轴下进行实体演示,其原始数据和处理文件均可实时显示。

微震体变势(P)表示震源区内由微震伴生的非弹性变形区的岩体体积的改变量,它与形状无关。微震体变势是一个标量$[m^3]$,定义为震源非弹性区的体积和体应变增量的乘积。

$$P = \Delta\varepsilon \cdot V \tag{8.17}$$

对于一个平面剪切型震源,微震体变势定义为:

$$P = \bar{u} \cdot A \tag{8.18}$$

式中,A 为震源面积;$\bar{u}$ 是平均滑移量;P 的量纲为$[m \cdot m^2]$。

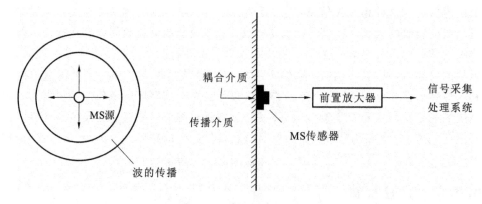

图 8-30　微震监测原理示意图

在震源位置,微震体变势是震源时间函数对整个震动期间的积分。在监测点,微震体变势与经远场辐射形态修正后的 P 波或 S 波位移脉冲的积分 $u_{corr}(t)$ 成正比。

$$P_{P,S} = 4\pi v_{P,S} R \int_0^{t_s} u_{corr}(t)\,\mathrm{d}t \tag{8.19}$$

式中,$v_{P,S}$ 是 P 波或 S 波波速;R 是到震源的距离;t_s 是震动时间,$u(0)=0$,$u(t_s)=0$。微震体变势通常是由记录到的频率域内的低频位移谱辐值 Ω_0 估计获得:

$$P_{P,S} = 4\pi v_{P,S} R \frac{\Omega_{0,P,S}}{\Lambda_{P,S}} \tag{8.20}$$

式中,$\Lambda_{P,S}$ 是远场幅值经震源焦球体上平均处理后的分布形式的平方根值;对 P 波,$\Lambda_P = 0.516$;对 S 波,$\Lambda_S = 0.632$。

(1) 微震能量 E。

在开裂或摩擦滑动过程中能量的释放是由于岩体由弹性变形向非弹性变形转化的结果。这个转化速率可能是很慢的蠕变事件,也可能是很快的动力微震事件,其在微震源处的平均变化速度可达每秒数米。相同大小的事件,慢速事件较快速动力事件发展时间要长,因此慢速事件主要辐射出低频波。由于激发的微震能量是震源函数的时间导数,慢震过程产生较小的微震辐射。根据断裂力学的观点,开裂速度越慢,辐射能量就越少,拟静力开裂过程将不会产生辐射能。

在时间域内,P 波和 S 波的辐射微震能与经由远场速度脉冲的平方值修正后的辐射波形在时段 t_s 上的积分成正比。

$$E_{P,S} = \frac{8}{5}\pi\rho v_{P,S} R^2 \int_0^{t_s} u_{corr}(t)\,\mathrm{d}t \tag{8.21}$$

式中,ρ 是岩石密度。在远场监测中,P 波和 S 波对总辐射能量的贡献与 P 波和 S 波速度谱平方的积分成正比。要想获取主导角频率 f_0 两侧频带范围内合理的信噪比,就需要确定由微震观测网记录的波形的积分。如果要有效研究微震区的应力分布情况,微震系统应能记录到微震辐射的高频分量。

① 视体积 V_A。

在地震学中,视体积和视应力是描述地震孕育过程的两个重要参数,经常用来描述地震发生前岩体的变化规律。视体积表示的是震源非弹性变形区岩体的体积,可以通过记录的波形参数计算得到,是一个较为稳健的震源参数,计算公式如下:

$$V_A = \frac{\mu P^2}{E} \tag{8.22}$$

式中,μ 为岩石的剪切模量。

② 能量指数 EI。

一个微震事件的能量指数是该事件所产生的实测地震释放能量与区域内所有事件的平均微震能之比:

$$EI = \frac{E}{E(P)} = \frac{E}{10^{d\lg P + c}} = 10^{-c}\frac{E}{P^d} \tag{8.23}$$

式中,d,c 为常数。

(2) 视应力 σ_A。

视应力 σ_A 表示震源单位非弹性应变区岩体的辐射微震能。将其定义为辐射微震能 E 与微震体变势 P 之比:

$$\sigma_A = \frac{E}{P} \tag{8.24}$$

由式(8.23)、式(8.24)可得:

$$\sigma_A = P^{d-1}10^c EI \tag{8.25}$$

在 $d = 1.0$ 的条件下,视应力和能量指数成正比例。因此,可通过视体积与能量指数的变化,获取岩体灾害发生前的信息与规律。

微震监测系统的建立,为岩爆预测提供硬件基础,是准确评估岩爆风险的前提条件。对工程区岩体微震活动不间断的实时监测为岩爆预测提供大量的数据,通过对这些以微震波形式存在的数据进行分析,可以得到反映岩爆前岩体破裂或裂纹发展情况的一系列参数,从而达到对岩爆潜在高风险区的预警。在岩爆预测中最常用的参考依据是微震事件数、事件震级、累积视体积与能量指数。

岩爆预警最直接、最基础的参数就是微震事件数。在某一特定区域和时段内,微震事件的多少和集中程度是判断岩爆的最关键因素。微震事件本身反映的就是岩体破裂变形,它的出现意味着岩体内部发生了破坏,或者是裂纹受压缩而闭合,或者是裂纹被撕裂而扩展,总之,是一个动态发展变化的过程。微震事件频繁出现,说明岩体微震活动剧烈,有失稳的趋势,发生岩爆的风险相对较大;反之,则岩爆风险较低。

微震事件的震级也是一个非常重要的因素。它直接反映岩体裂纹的破坏程度,大震级微震事件的出现通常是岩爆发生前的主要特征。

视体积是地震学中一个特有的概念。它表示震源非弹性变形区岩体的体积,由微震体变势和微震辐射能计算得来。能量指数是事件所产生的实测地震释放能量与区域内所有事件的平均微震能之比。某一区域累积视体积的增加过程也是该区域岩体能量的聚集过程,能量指数的下降过程则是岩体内聚集能量的释放过程。在累积视体积突增之后,能量指数又突然下降,往往预示着岩爆的到来。如图 8-31 所示,典型的岩爆孕育过程通常具有这种规律。

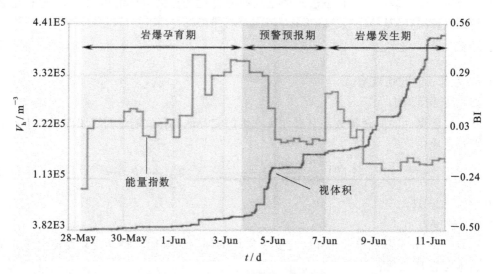

图 8-31　岩爆孕育过程各阶段特征

在多数情况下,岩爆发生前会伴随着一些反映岩体内部微裂纹扩展的微震信号,这被称为微震前兆信息。微震前兆信息的存在是通过微震系统预测岩爆的前提条件,从大量实例来看,岩爆发生前,微震信号一般会表现出一些规律性的特征,掌握这些特征并对其进行分析是岩爆预测中一项重要内容。

第一,岩爆发生前一般会有大量微震事件集中出现,且呈递增的趋势,直至岩爆发生;第二,视体积持续增加且增幅较大;第三,能量指数在保持较高值后突然下降。这是因为,累积视体积和能量指数随时间的变化发展规律反映着岩体的内部状态,能量指数增加伴随着加速发展的累积视体积,表示岩体的硬化过程,能量指数下降伴随着加速发展的累积视体积表示岩体的软化过程,预示着岩体进入不稳定工作状态。微震灾害可以通过事件累积频率和震级关系来描述,一般用古德堡-里克特分析法。通过对特定时间段内已获取的微震事件信息,可以计算出微震灾害,并以表格的形式给出微震灾害的概率与重现周期。微震灾害是指在特定时间内发生大于或者等于指定震级的微震事件的概率。

8.8.3.2　学习微震监测设备的使用方法

(1) 设备安装。

微震监测设备分为硬件系统和软件系统两部分,其中硬件系统(图 8-32、图 8-33)主要包括传感器、数据采集单元(GS)、数据传输系统(调制解调器、光电转换器)、服务器及电缆、电话线及光纤等。传感器为 14 Hz 高性能三向检波器和单向检波器,频率范围 7～2000 Hz,灵敏度 80 V/(m·s^{-1}),拥有智能型自检功能,可以自动确定传感器的编号,以方便安装时对传感器编号和坐标的辨识。数据采集单元(GS)为 32 位 A/D 转换采集模块,采样率 3～48 kHz,动态范围 147 dB,配套智能不间断电源和基于浏览器的管理配置。

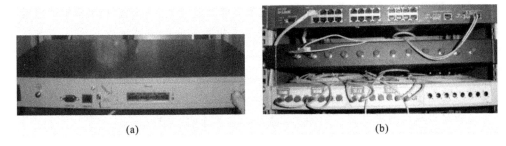

(a)   (b)

图 8-32 网络通信设备

（a）调制解调器；（b）光电转换器

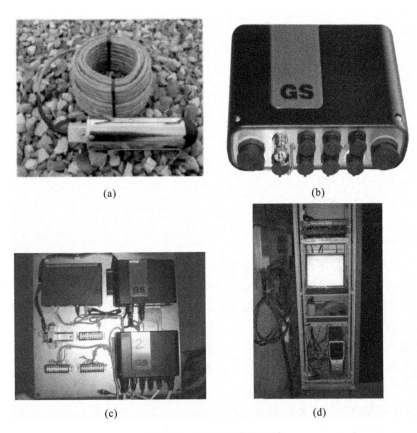

图 8-33 ISS 微震监测系统

（a）14Hz 三向检波器；（b）32 字节数字型微震数据采集单元；（c）数据采集模块箱；（d）服务器

（2）数据处理。

ISS 微震监测系统的后处理软件具有强大分析功能，主要包括系统计时软件（RTS）、微震事件实时显示软件（Ticker）、微震数据处理软件（JMTS）、微震事件的可视化及解释软件（Jdi），其功能如下：

① 系统计时软件(RTS)(图 8-34):系统计时软件(RTS)运行于微震数据控制中心的硬件之上,便携式计时系统软件(PRTS)运行于笔记本电脑之上。该软件由多个管理逻辑通信协同运行的软件模块组成,通信由连接到数据采集器的通信子系统来实现。GPS 计时单元用来使系统时间与 GPS 时间同步。系统计时软件通过操作界面进行系统配置,执行数据采集,实现故障在线诊断。系统状态监视器向操作人员连续显示系统活动的状态,异常情况出现时发出警报来提醒操作者。综合数据管理工具支持查询数据、生成报告,报告可通过电子邮件自动发布或者通过标准网络浏览器来阅读。数据可存储于任何一台本地计算机中,以便由 IT 部门进行日常数据备份。

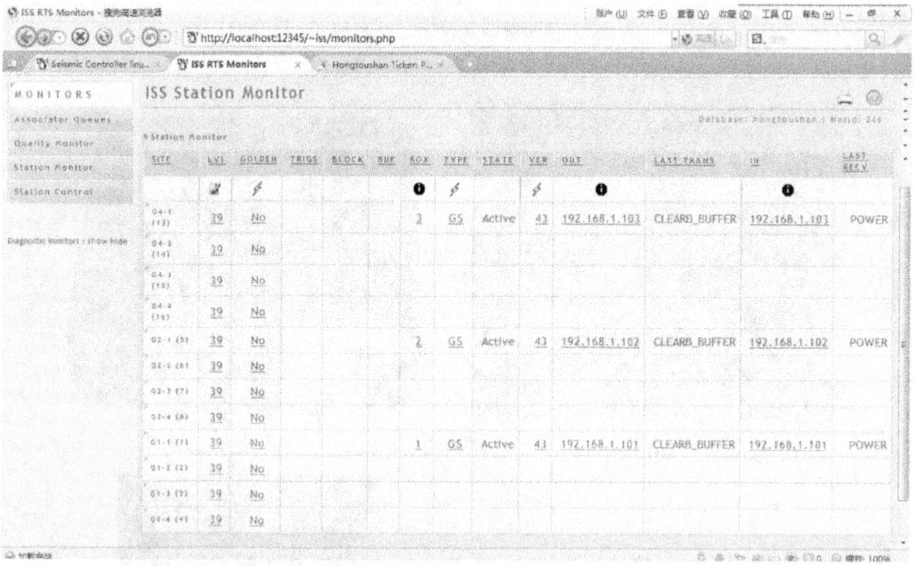

图 8-34 ISS 微震监测系统 RTS 软件监控界面

② 微震事件实时显示软件(Ticker)(图 8-35):实时显示软件是一个三维的微震可视化软件,显示来自 ISS 微震监测系统的微震事件。事件记录后及时给用户提供可视化的微震事件的位置和量级。其特点如下。

a.三维交互:该软件是三维可视化软件,避免了大多数 CAD 软件的过度复杂和烦琐的操作。通过简单地点击和拖拉鼠标可在三维矿图上操作,同时可显示传感器位置和事件位置。

b.事件滤波:提供在特殊量级范围内进行滤波的工具。这些滤波器将在显示器中确保事件可见,软件包带有 60 个滤波器,可滤去各类干扰波。

c.事件列表:直接显示所有事件并将所有事件列表显示,显示的颜色与三维显示相匹配。

d.事件定位:能显示快速定位、自动定位、人工定位等三种定位结果。

e.实时显示微震事件:通过点击某一事件,软件包会显示出事件的相关资料。

f.直观式的用户界面:易于使用,采用了指南风格的帮助系统,使用户在短时间内了解并使用该软件。

g.平台:采用Java 和 Java 3D编程,确保软件能运行于 Linux 和 Windows 平台。

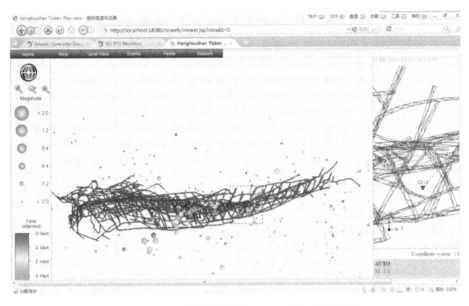

图 8-35　ISS 微震监测系统 Ticker 软件显示界面

③ 微震数据处理软件(JMTS)(图 8-36)：数据处理软件提供常规和高级微震事件分析功能,可运行于 Windows 或者 Linux 平台。该软件大多数的开发集中于对事件高质量采集、震源定位、地震谱参数评估等功能的全自动执行功能程序。该软件包具有如下几个专门交互功能:相位选择、微震定位、量级计算、谱参数估计、矩张量、震源机制、震源时间函数计算。软件包具有几种可视化的常规功能,如波形、转动分量、极性图、能量、P 波谱、S 波谱、衰减修正的栈谱移位。客户可以设定上下限截止频率滤波,还可以显示几个地面移动参数。源参数由计时系统自动产生,也可以在后续交互处理过程中进行修正。软件可以处理由检波器或者加速度传感器采集的三轴或单轴波形。

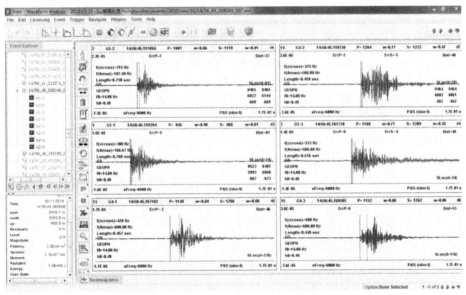

图 8-36　ISS 微震监测系统微震数据处理软件(Jmts)界面

④ 微震事件的可视化及解释软件(Jdi)(图 8-37)是 ISS 先进的微震数据可视化与分析软件包。Jdi 的显著特点包括：全三维交互；综合的事件滤波与显示、任意表面的立体和线性等高线、历时分析、非均匀有理 B 样条曲面、可视化外来空间数据数字化、分布图、事件动态图、里氏(Gutenberg-Richter)震级分布；可运行于 Windows 和 Linux 平台。除了上述特点，Jdi 还提供了直观式的用户界面，协助用户快速、高效开展工作。三维空间的 Jdi 软件保证了与数据、矿图、构造的三维流畅交互。例如：点击空间任一点即可获得其坐标，点击任一事件即可获得其参数。还可以保存选定的事件到某个文件中；三维空间中创建面、多边形；三维空间中线条和多边形数字化；鼠标移至事件周围时将显示该事件的三维动态；用鼠标可以操纵场景，可以旋转、缩放感兴趣的区域。

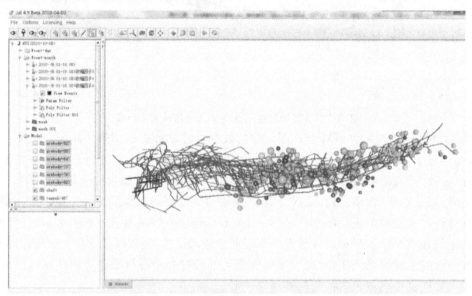

图 8-37　ISS 微震监测系统微震事件的可视化及解释软件(Jdi)界面

8.9　相似材料模型实验方法

8.9.1　相似材料模型实验原理

相似材料模型实验是以相似理论为基础，通过建立相似物理模型，来观测、研究难以用数学描述的系统特性及原型系统与模型系统间的相似特性。模型系统与原型系统的区别仅在系统要素的序结构和特征值存在一定的比例，而支配系统特性的本质不变，因而模型系统能够直观地反映所研究的物理现象，可以解决目前理论分析和数值分析方法不能解决的多种物理力学问题。对于矿山采动岩体力学问题，相似材料模拟实验是一种有效的研究手段，不但过程直观，实验条件可以控制，还可以重复实验，且实验周期短，观测方便，因而能够全面地反映采动覆岩破坏过程与破坏形态。通过采用与原型力学性质相似的材料，在满足相似条件下，按照一定的几何比来模拟岩煤层及其采动，通过测量和分析在相似时期内形成的相似的矿山压力现象，来研究矿山采动围岩运动过程和规律。

8.9.2　相似材料模型实验基本原则

进行模型实验以及应用实验结果时,都必须坚持相关的普遍原则。

① 相似性原则:在每次模型实验时,都必须对模型和天然实体进行相似性分析。

② 选择性原则:研究过程实体相似的模型,不可能全方面都相似,而应选择天然实体在发生过程中的主要相似处。

③ 分离性原则:为了掌握在模型研究过程中不同因素的作用,需要对天然实体中重要因素分别研究。

④ 逼近性原则:受研究程度和实验条件的限制,模型和天然实体完全相似是不可能的,所以在研究中只能使二者的完全相似趋于逐渐逼近。

⑤ 统计性原则:模型实验所获得结论的可靠性和精确性应给予评价并进行统计检验。

8.9.3　相似定理

相似原理的理论基础是相似三定理:

① 相似第一定理(相似正定理)是 1848 年由法国的 J. Bertrand 建立的。即"相似的现象,其相似指标等于 1"或"相似的现象,其相似准数的数值是相同的"。

② 相似第二定理(π 定理)是 1914 年由美国的 L. Buckingham 建立的。设某一现象,有 n 个物理量,其中 k 个物理量是相互独立的,则这几个物理量可表示为相似准数 $\pi_1, \pi_2, \cdots, \pi_{i=k}$ 之间的函数关系,即:

$$f(\pi_1, \pi_2, \cdots, \pi_{i=k}) = 0 \tag{8.26}$$

③ 相似第三定理(相似逆定理)是 1930 年由前苏联 M. B. Kupnhyeb 建立的。对于同一类物理现象,若单值条件相似,且由单值条件组成的相似准数的数值相等,则现象相似。

8.9.4　相似条件

进行相似材料模拟实验时,模型和被模拟体几何形状方面、质点运动的轨迹以及质点所受的力相似。具体几何、运动和力学关系表示如下。

(1) 几何相似。

模型与原型的几何形状相似,二者的几何尺寸保持一定的比例,即模型与原型的几何比为常数,即:

$$\alpha_1 = \frac{l_m}{l_p} \tag{8.27}$$

式中,α_1 为几何相似常数,根据研究对象选取;l_m 为模型几何尺寸;l_p 为原型几何尺寸。

(2) 运动学相似。

运动学相似要求模型与原型中各对应质点运动相似,由于原型和模型中的重力加速度相等,运动时间应保持一定的比例,即:

$$\alpha_t = \frac{t_m}{t_p} \tag{8.28}$$

式中,α_t 为时间相似比;t_m 为模型质点运动时间;t_p 为原型质点运动时间。

　　根据牛顿定律及岩层移动的相似准数推导方法,可以得出时间比例与模型比例的关系为:

$$\alpha_t = \sqrt{\alpha_1} \tag{8.29}$$

　　(3) 动力学相似。

　　动力学相似要求模型与原型间作用力保持相似,即:

$$\alpha_M = \frac{M_m}{M_p} \tag{8.30}$$

$$\alpha_F = \frac{F_m}{F_p} \tag{8.31}$$

式中,α_M 为质量相似常数;α_F 为作用力相似常数;M_m 为模型单元体积质量;M_p 为原型单元体积质量;F_m 为模型质点受力;F_p 为原型质点受力。

　　根据牛顿第二定律,$F = Ma$ 和公式 $\alpha = F_m/F_p$ 可推导出力场与力的相似条件为:

$$\frac{N_m}{\rho_m L_m} = \frac{N_p}{\rho_p L_p} \tag{8.32}$$

$$N_m = \frac{\rho_m L_m}{\rho_p L_p} N_p = \alpha_1 \alpha_p N_p \tag{8.33}$$

则应力相似比为:

$$\frac{N_m}{N_p} = \alpha_1 \alpha_p$$

式中:$\alpha_p = \rho_m/\rho_p$;N_m 为模型上的应力;N_p 为原型上的应力。只要满足上述力场与力的相似条件,模型上所出现力学过程就与原型上的力学过程相似。

　　原型和模型材料的强度特征用抗压强度 $\sigma_{压}$、抗拉强度 $\sigma_{拉}$、抗弯强度 $\sigma_{弯}$ 或黏聚力 c 和内摩擦系数 $\tan\phi$ 表示,为保证模型与原型的相似,必须满足如下关系:

$$F_m = \frac{\rho_m L_m^3}{\rho_p L_p^3} F_p = \alpha_1 \alpha_p R_p \tag{8.34}$$

对于外力,相似条件为:

$$\sigma_{m(压)} = \alpha_1 \alpha_p \sigma_{p压} \tag{8.35}$$

$$\sigma_{m(弯)} = \alpha_1 \alpha_p \sigma_{p弯} \tag{8.36}$$

或者

$$c_m = \alpha_1 \alpha_p c_p \tag{8.37}$$

$$\tan\phi_m = \tan\phi_p \tag{8.38}$$

在岩体弹性变形区内,若岩体力学过程相似,则:

$$E_m = \alpha_1 \alpha_p E_p \tag{8.39}$$

$$\mu_m = \mu_p \tag{8.40}$$

　　在岩体塑性变形区内,要保证岩体力学过程相似,必须满足:

$$\frac{(\varepsilon_n)_m}{(\varepsilon_y + \varepsilon_n)_m} = \frac{(\varepsilon_n)_p}{(\varepsilon_y + \varepsilon_n)_p} \tag{8.41}$$

此时:

$$\varepsilon_y + \varepsilon_n = f(\delta) \tag{8.42}$$

式中，ε_y 为塑性相对变形；ε_n 为弹性相对变形。

在进行相似材料模拟实验时，所配制的相似模拟材料应尽可能满足上述力学特性的相似条件。

8.9.5 实验方案设计

实验设备主要是模型实验台，包括框架系统、加载系统和测试系统等三大系统。

框架系统尺寸为 4.2 m(长)×0.25 m(宽)平面应力模型实验台。本次模拟过程中采用的观测方法有压力传感器连续监测法、摄影记录法、直接量测法、经纬仪观测法。压力传感器连续监测法是将事先准备好的压力传感器埋入模型中，监测开采过程中围岩应力变化情况；摄影记录法是在实验过程中对模型进行拍照，对比分析岩层运动规律；经纬仪观测法是利用经纬仪观测监测点的水平角和垂直角，计算得到监测点的水平位移和垂直位移。设备如图 8-38 和图 8-39 所示。

图 8-38 应变监测仪和压力传感器

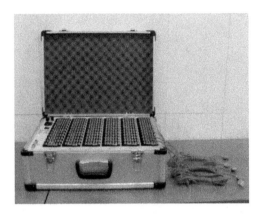

图 8-39 经纬仪

8.9.6 数据处理方法

模型观测示意图如图 8-40 所示，点 1、点 2、点 3、点 4 设在模型架的左右两侧的固定架上，这些点不受开采影响，相当于固定点。在地面的 A 点安设电子经纬仪，C 点为电子经纬仪的中心位置，以 C 点垂直于模型的平面为基准平面，来观测点 1、点 2、点 3、点 4 的水平角和垂直角，并且精密测量出点 1、点 2、点 3、点 4 之间的距离。其方法是在 1—2(1—4、2—3、3—4)边上拉一钢尺，用经纬仪的横丝(或竖丝)瞄准点 1(或 2、3、4)，然后进行水平微调读取钢尺读数，以同样的方法读取点 2 的读数，点 1、点 2 的读数差即为 1—2 边的长度，用同样的方法量测其他各边，这些数据作为观测任意点的起算数据。

为了便于观测和推导公式，我们把该基准平面的投影平移到地面，现来推导水平位移和垂直位移的计算公式。设 $A—1$、$A—2$ 和 $A—3$、$A—4$ 的水平投影距离分别为 L_1 和 L_2，L_1 和 L_2 的水平夹角为 α。任意点 B 到 A 点的水平投影距离为 L，L 与 L_1 的水平夹角为 α_1，L 与 L_2 的水平夹角为 α_2，距 1—2 边的距离为 l_x，距离 1—4 边的垂直距离为 h_x。

如图 8-40 所示，若 1、2 点观测的垂直角分别为 δ_1 和 δ_2，1、2 点之间的垂直高度为 H_0，则有：

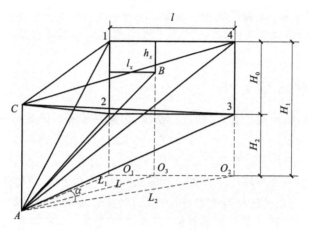

图 8-40　模型观测示意图

$$H_1 = L_1 \cdot \tan\delta_1 \qquad (8.43)$$

$$H_2 = L_1 \cdot \tan\delta_2 \qquad (8.44)$$

$$H_0 = H_1 - H_2 = L_1(\tan\delta_1 - \tan\delta_2) \qquad (8.45)$$

$$L_1 = \frac{H_0}{\tan\delta_1 - \tan\delta_2} \qquad (8.46)$$

同理,若点 3、点 4 观测的垂直角分别为 δ_3 和 δ_4,由于在设置固定点时要求点 1、点 4 和点 2、点 3 须精确在同一水平上且间距都等于 l,点 3、点 4 之间的垂直高度也为 H_0,所以有:

$$H_1 = L_2 \cdot \tan\delta_4 \qquad (8.47)$$

$$H_2 = L_2 \cdot \tan\delta_3 \qquad (8.48)$$

$$H_0 = H_1 - H_2 = L_2(\tan\delta_4 - \tan\delta_3) \qquad (8.49)$$

所以

$$L_2 = \frac{H_0}{\tan\delta_4 - \tan\delta_3} \qquad (8.50)$$

如图 8-41(b)所示,模型内任一点 B,其水平角观测值为 α_1、α_2,垂直角为 δ_x,则根据三角正弦定理有:

$$\frac{l}{\sin\alpha} = \frac{L_1}{\sin\angle 2} - \frac{L_2}{\sin\angle 1}$$

$$\frac{L}{\sin\angle 1} = \frac{l_x}{\sin\alpha_1}$$

$$\frac{L}{\sin\angle 2} = \frac{l - l_x}{\sin\alpha_2}$$

所以有任意点 B 到 $1-2$ 边的距离 l_x 为:

$$l_x = \frac{l \cdot \sin\alpha_1(\tan\delta_4 - \tan\delta_3)}{\sin\alpha_1(\tan\delta_4 - \tan\delta_3) + \sin\alpha_2(\tan\delta_1 - \tan\delta_2)} \qquad (8.51)$$

又

$$L = \frac{l_x}{\sin\alpha_1}\sin\angle 1$$

或

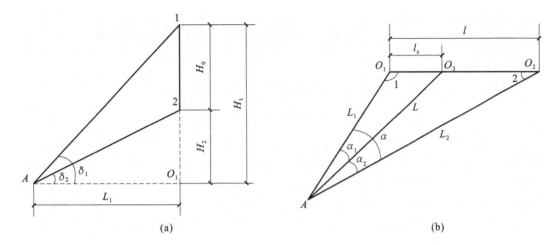

图 8-41   计算原理图

$$L = \frac{l - l_x}{\sin\alpha_2}\sin\angle 2$$

$$
\begin{aligned}
L &= \frac{l_x}{\sin\alpha_1} \cdot \frac{L_2}{l}\sin\alpha \\
&= \frac{l\sin\alpha_1(\tan\delta_4 - \tan\delta_3)}{\dfrac{\sin\alpha_1(\tan\delta_4 - \tan\delta_3) + \sin\alpha_2(\tan\delta_1 - \tan\delta_2)}{l\sin\alpha_1}} \cdot \frac{H_0}{\tan\delta_4 - \tan\delta_3} \cdot s \\
&= \frac{H_0\sin\alpha}{\sin\alpha_1(\tan\delta_4 - \tan\delta_3) + \sin\alpha_2(\tan\delta_1 - \tan\delta_2)}
\end{aligned}
\tag{8.52}
$$

由此可得任意点 B 到 $1-4$ 边的距离 h_x 为：

$$
\begin{aligned}
h_x &= H_1 - L \cdot \tan\delta_x \\
&= \frac{H_0\tan\delta_1}{\tan\delta_1 - \tan\delta_2} - \frac{H_0 \cdot \sin(\alpha_1 + \alpha_2) \cdot \tan\delta_x}{\sin\alpha_1(\tan\delta_4 - \tan\delta_3) + \sin\alpha_2(\tan\delta_1 - \tan\delta_2)}
\end{aligned}
\tag{8.53}
$$

开采前先测量并计算每个位移测点的 l_{x0} 和 h_{x0} 作为该点的原始数据，随着工作面的推进，测点产生移动，通过测量和计算便可得出此刻的 l_{xi}、h_{xi}，因此该测点的下沉量 W_i 和水平移动量 U_i 就可由以下公式求得：

$$W_i = h_{x0} - h_{xi} \tag{8.54}$$

$$U_i = l_{xi} - l_{x0} \tag{8.55}$$

根据上述分析可知，固定点 1、点 2 和点 3、点 4 必须处于同一铅垂线上，且点 1、点 4 和点 2、点 3 分别处于同一水平高度上。所以设置固定点时，必须用经纬仪和水准仪进行布设，并精确测量点 1、点 2 和点 3、点 4 之间的距离 H_0，以及点 1、点 4 和点 2、点 3 之间的距离 l。设置好后，用经纬仪精确测定其竖直角 δ_1、δ_2、δ_3 和 δ_4 以及水平角 α。

矿堆测量三维
激光扫描仪

8.10　三维激光扫描仪的使用

8.10.1　实验目的和意义

三维激光扫描技术又被称为实景复制技术,是测绘领域继 GPS 技术之后的又一次技术革命。它突破了传统的单点测量方法,具有高效率、高精度的独特优势。三维激光扫描技术能够提供扫描物体表面的三维点云数据,因此可以用于获取高精度、高分辨率的数字地形模型。在工业设计、瑕疵检测、逆向工程、机器人导引、地貌测量、医学信息、生物信息、刑事鉴定、数字文物典藏、电影制片、游戏创作素材等领域都可见其应用。

8.10.2　实验设备

三维激光扫描仪徕卡 P40、Cyclone 数据分析软件。

8.10.3　实验内容

8.10.3.1　了解三维激光扫描仪的工作原理

三维激光扫描技术是利用激光测距的原理,通过记录被测物体表面大量的密集的点的三维坐标、反射率和纹理等信息,可快速复建出被测目标的三维模型及线、面、体等各种图件数据。由于三维激光扫描系统可以密集地大量获取目标对象的数据点,因此相对于传统的单点测量,三维激光扫描技术也被称为从单点测量进化到面测量的革命性技术突破。

三维激光扫描仪是应用扫描技术来测量工件的尺寸及形状等原理来工作的。主要应用于逆向工程,负责曲面抄数,工件三维测量,针对现有三维实物(样品或模型)在没有技术文档的情况下,可快速测得物体的轮廓集合数据,并加以建构、编辑、修改,生成通用输出格式的曲面数字化模型。

8.10.3.2　学习三维激光扫描仪的使用方法

1.使用 Cyclone

在 Navigator 窗口中检查快速入门的数据库的层次。

(1) 打开 Cyclone。

使用桌面快捷方式或从开始菜单→Cyclone。

(2) 通过点击文件夹前的加号,展开 Servers 文件夹。

如果快速入门数据库还没有被添加,那么请按如下操作:

Configure\Databases。点击"Add"按钮,找到数据库文件。该文件应该在 Cyclone\Databases 文件夹里。选择"OK",再点"Close"。这样快速入门数据就能够在 Server 文件夹下显示出来了。

继续在 Navigator 窗口中展开文件结构(图 8-42):

让所有的 Model Space 的视图都有非常清楚和明确的名称是甚为重要的。给 Model Space 视图重新命名,让这些名称能够像在扫描日志样例中展示的那样,能够反映出推荐的

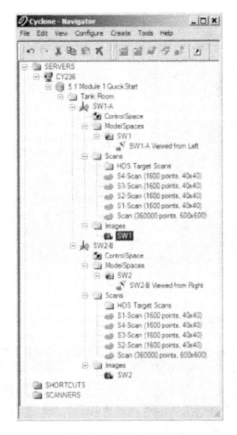

图 8-42　展开文件结构

命名方案。

在本练习中，将把两个 Scan World 拼接到一起，生成一个具有统一的坐标系的 Scan World。这个过程就是拼接。拼接可以对任意多的扫描空间进行。

2. 拼接

Registration 是把多个不同的 Scan World 拼合在一起，生成一个单一的坐标系统的过程。初始的坐标系统是由指定的其中某一个独立的扫描仪的位置和方向决定的。当拼接完成后，多个 Scan World 就被合并到一个新的 Scan World 中。在拼接过程中，某个 Scan World 会被指定为 Home Scan World。Home Scan World 可以是任何一个原始的 Scan World，或是导入的测量数据。其他的 Scan World 可以合并到 home Scan World 上去，通过约束条件旋转相应的三个方向的坐标轴。Scan World 的内部结构并没有改变，只是相对于其他的位置有了变化。如图 8-43 所示为拼接。

通过拼接工具，把 Scan World SW2 拼接到 home Scan World SW1。在拼接之后，拼接完毕的 Scan World 如图 8-44 所示。

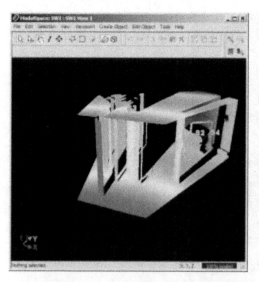
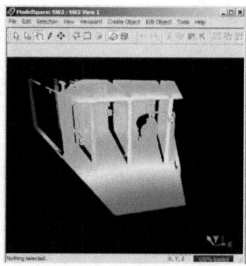

图 8-43 拼接

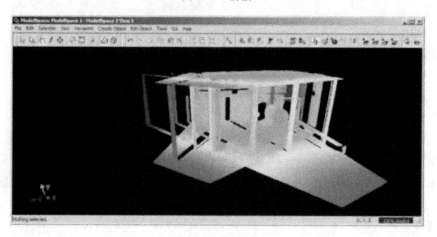

图 8-44 拼接完成

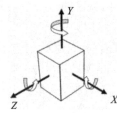

图 8-45 六自由度

直观上看,我们知道三个点可以控制一个物体在空间的位置。但是为什么呢? 这是因为,每个对象都可以绕着三个坐标轴进行旋转。这三个平移和旋转被叫作"六自由度"(图 8-45),必须指定了三个点之后才能在 3D 空间中完全定位一个对象。

拼接程序如下所示。

(1) 选择一个文件夹,用于放置生成的拼接数据:

选择工程文件夹 Tank Room,这里面包含了两个 Scan Worlds,SW1 和 SW2。新的拼接也将放置在这个文件夹里。

(2) 在这个文件夹中创建一个拼接:

点击"Create"按钮,选择 Registration\Create\Registration,如图 8-46 所示,或在 Project 文件夹图标上点击鼠标右键,然后选择 Registration。

（3）重命名拼接窗口：

选择已经存在的条目 Registration 1，重命名为"Registration of SW1 & SW2"，如图 8-47 所示。

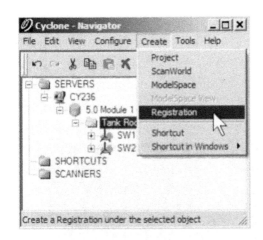

图 8-46　创建拼接

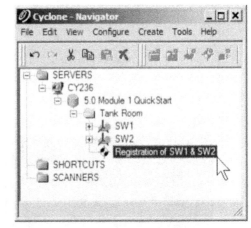

图 8-47　重新命名窗口

（4）打开拼接对象。

通过双击图标打开该拼接对象。

拼接视图窗口显示如图 8-48 所示。

（5）将需要拼接的 Scan World 添加到拼接窗口中。

选择 Scan World\Add Scan World。

选择 Tank Room 工程文件夹下的 SW1 和 SW2。

点击箭头图标">>"将两个 Scan World 添加到右边的对话框中，如图 8-49 所示。

（6）自动添加约束条件。

当这个命令被调用的时候，会在每个 Scan World 当中的 Control Spaces 里寻找相同的拼接对象。

要自动添加 Control Space 里的相同对象（本案例中是拟合的球）：

点击"Constraints List"标签。

点击"Constraint"按钮，选择"Auto-Add Constraints"。

（7）查看刚被添加进来的约束条件：

点击"Constraint List"标签，将看到如图 8-50 所示界面。

（8）拼接结果。

表示标靶间拼接误差的数字会在"Error"那一列列出。图 8-50 中出现的"n/a"，这是因为拼接过程还没执行。

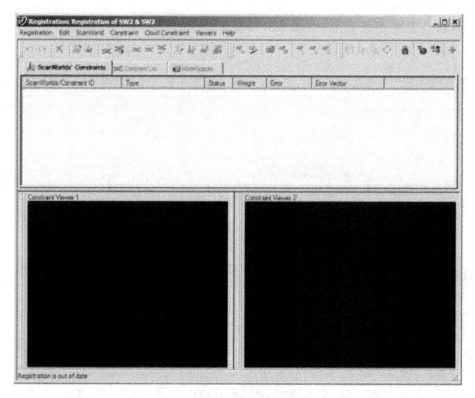

图 8-48 拼接视图窗口

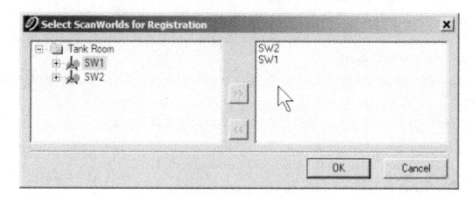

图 8-49 添加站点到拼接

Constraint ID	ScanWorld	ScanWorld	Type	Status	Weight	Error
TargetID: S2	SW1	SW2	Coincident: Sphere-Sphere	On	1.0000	n/a
TargetID: S3	SW1	SW2	Coincident: Sphere-Sphere	On	1.0000	n/a
TargetID: S4	SW1	SW2	Coincident: Sphere-Sphere	On	1.0000	n/a
TargetID: S1	SW1	SW2	Coincident: Sphere-Sphere	On	1.0000	n/a

图 8-50 查看约束条件

（9）拼接 Scan World。

点击拼接菜单，进行拼接，如图 8-51 所示。

Registration\Register。

图 8-51　拼接 Scan World

（10）分析拼接结果（图 8-52）。

Constraint ID	ScanWorld	ScanWorld	Type	Status	Weight	Error	Error Vector
TargetID: S3	SW1	SW2	Coincident: Sphere-Sphere	On	1.0000	0.000 m	(0.000, 0.000, 0.000) m
TargetID: S4	SW1	SW2	Coincident: Sphere-Sphere	On	1.0000	0.001 m	(0.000, 0.000, 0.000) m
TargetID: S1	SW1	SW2	Coincident: Sphere-Sphere	On	1.0000	0.001 m	(0.000, -0.001, 0.000) m
TargetID: S2	SW1	SW2	Coincident: Sphere-Sphere	On	1.0000	0.001 m	(0.000, 0.001, 0.000) m

图 8-52　分析拼接结果

（11）检查拼接的误差值，然后冻结拼接。

误差如果小于 6 mm 就是可接受的。选择 Registration\Create Scan World\Freeze Registration。冻结拼接将完成拼接的整个过程。拼接后的 Model Space 如图 8-53 所示。现在可以在新创建的 Model Space 里进行其他的操作了。

要创建新的 Model Space，可点击菜单 Registration\Create and Open Model Space。

（12）保留建模后的对象。

如果你想创建一个新的拼接，包含原有里的建模对象的话，选择 Model Space 标签里的所有的 Model Space，然后点"Registration"窗口下的"Create and Open a New Model Space"，或点击"Create Model Space"的图标。

利用标创建新的 Model Space 视图，如图 8-54 所示。

创建包含所有 Scan World 的一个新的 Model Space，如图 8-55 所示。

（13）重命名 ModelSpace。

将 ModelSpace1 重命名为 Fully Registered Tank Room。

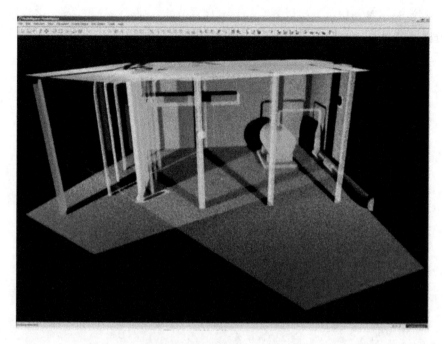

图 8-53　拼接后的 Model Space

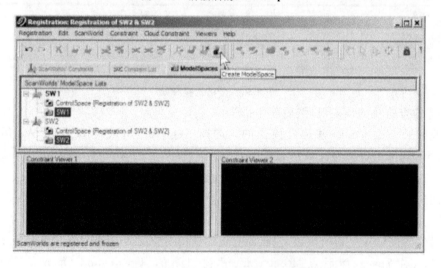

图 8-54　创建新的 Model Space 视图

双击"ModelSpace"图标并选择"Create and Open ModelSpace View",打开一个新的 ModelSpace 视图,如图 8-56 所示。

一个新的 ModelSpace 视图将被打开,ModelSpace 视图被命名为 Fully Registered SW1 & SW2 View1。

通过旋转和缩放仔细检查这个 ModelSpace。如果拼接得很精确,会发现由 SW1 和 SW2 生成的 ModelSpace 已经无缝地整合成一个新的 ModelSpace 了。

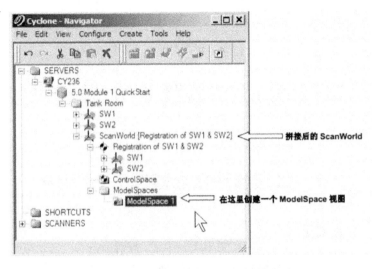

图 8-55　更新的 Navigator 级别图

图 8-56　打开 ModelSpace 视图

9　基于虚拟仪器的矿山监测技术

9.1　认识虚拟仪器软件 LabVIEW

9.1.1　实验目的

20 世纪 80 年代初，NI 公司是 GPIB 总线设备的主要供货商，丰富的硬件经验和强大的软件开发需求，促使 NI 公司的工程师们决心寻找一种代替传统编程语言的开发工具，这促成了 1986 年 LabVIEW 的横空出世。

LabVIEW 的应用范围已经覆盖了工业自动化、测试测量、嵌入式应用、运动控制、图像处理、计算机仿真、FPGA 等众多领域。以 LabVIEW 为核心，采用不同的专用工具包、统一的图形编程方式，可以实现不同技术领域的需求。

本次实验重在引导学生认识这款软件的基本情况。

9.1.2　实验内容

熟悉 LabVIEW 的启动窗口、前面板、后面板、函数选板和控件选板并创建一个 VI，如图 9-1 所示。

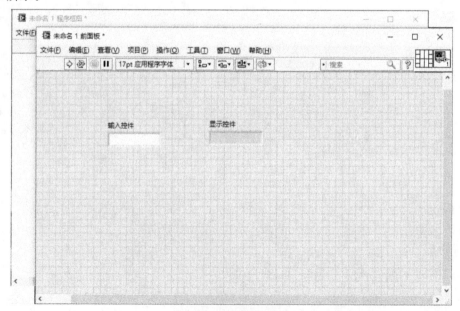

图 9-1　创建 1 个 VI

9.1.3 操作步骤

常规编程语言,如 VB、VC 的 IDE 开发环境,都是从新建一个具体的项目开始的,而 LabVIEW 的第一项是新建 VI,显然 VI 对 LabVIEW 来说是非常基本和重要的概念。LabVIEW 启动窗口如图 9-2 所示。

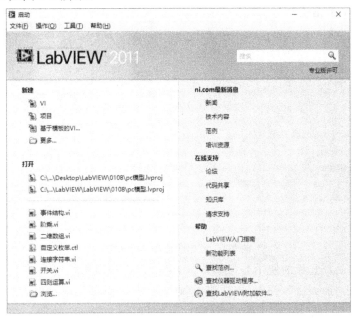

图 9-2 LabVIEW 启动窗口

新建一个 VI 后,呈现在我们面前的是两个常见的 Windows 窗口,分别为前面板窗口与程序框图窗口,如图 9-3 所示。

图 9-3 前面板窗口与程序框图窗口

　　显然,前面板是需要放置各种控件的,而程序框图是用来编写代码的。通过菜单栏的"工具"菜单,可以调出控件选板和函数选板,如图 9-4 所示。其中控件选板用于在前面板放置控件,函数选板用于在程序框图中放置函数(即代码)。

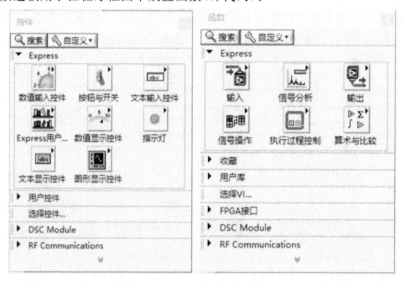

图 9-4　控件选板和函数选板

　　控件选板和函数选板的使用非常频繁,而使用菜单来调用它们非常不方便。最简单的调用方法是:右击"前面板",弹出"控件选板";右击"程序框图",弹出"函数选板";然后按快捷键"Ctrl+E",即可快速在前面板和程序框图之间切换。

　　常规语言的入门程序一般是经典的"Hello World!",即在显示窗口放置一个显示控件,一般是文本框,然后给这个文本框赋值。这里,我们也从"Hello World!"的 VI 创建开始。要输出字符串"Hello World",首先需要在前面板放置字符串显示控件。通过控件选板,选择字符串显示控件。此时出现一个带虚框的控件,将其移动到前面板合适的位置。单击"前面板",字符串显示控件就会自动放置在前面板中。

　　在前面板放置显示控件后,在对应的程序框图中自动出现对应的接线端子,如图 9-5 所示。接线端子是 LabVIEW 特有的概念,它与前面板控件一一对应。

　　双击前面板中的控件或者程序框图中的接线端子,可以自动定位到对应的控件或接线端子。在快捷菜单中,通过查找控件或者接线端子,也可以实现同样目的。

　　接下来是如何给这个显示控件赋值。由于数据流是 LabVIEW 编程的核心,作为字符串显示控件,它是数据要流动到达的目标。因此,必须有一个数据流出的源,而字符串输入控件就是数据源。在前面板放置一个字符串输入控件。接下来我们需要考虑如何在输入控件和输出控件之间建立联系。

　　在 LabVIEW 中创建程序框图的过程相当于用常规语言编写代码的过程;输入控件接线端子和显示控件接线端子之间连线的过程,相当于用常规语言编写语句的过程。

　　通过连线工具创建的"Hello World"VI,如图 9-6 所示。

　　LabVIEW 中的 VI 类似一个函数,但是与 C 语言中的函数有明显区别。用常规编程语言编写的程序都有一个明显的入口点,比如 main( )函数。VI 则不同,任何一个 VI 都是可

图 9-5　接线端子示意图

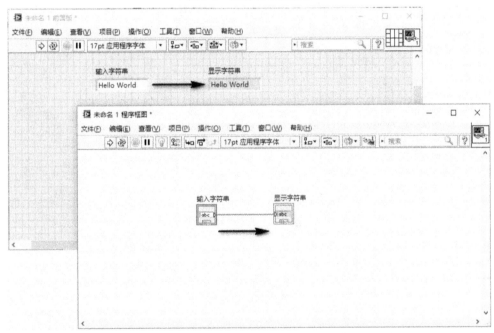

图 9-6　"Hello World"VI

以单独运行的,不存在明显的入口点。用常规编程语言编写代码后,需要明显的编译、连接过程,VI 则不存在明显的编译过程,在对 VI 程序框图连线时,编译过程在后台自动发生,编译过程是动态的。

单击工具栏中的"运行"按钮,运行 VI,输入字符串控件当前的值将自动显示到字符串输出控件中。

输出控件经过连线,把它的值传递给显示控件。

9.2　程序中的数据类型

9.2.1　实验目的

首先了解的基本控件包括基本数值控件、布尔控件、数组控件、簇控件等。这些控件是最常用的,是构成一个 VI 的基本控件对象。VI 就是程序,程序离不开数据和运行结构。

9.2.2　实验内容

(1)熟悉并掌握数值控件的使用,创建一个四则运算 VI,如图 9-7 所示。

(2)熟悉并掌握布尔控件的使用,创建一个开关 VI,如图 9-8 所示。

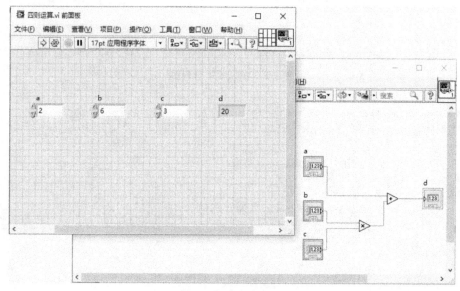

图 9-7　四则运算 VI

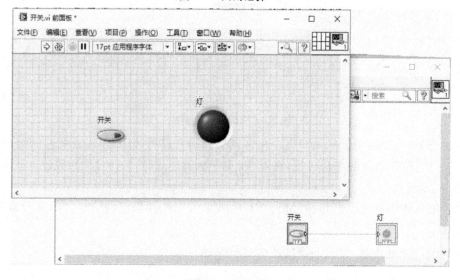

　　　　　图 9-8　开关 VI

（3）熟悉并掌握字符串和路径控件的使用，创建一个连接字符串 VI，如图 9-9 所示。

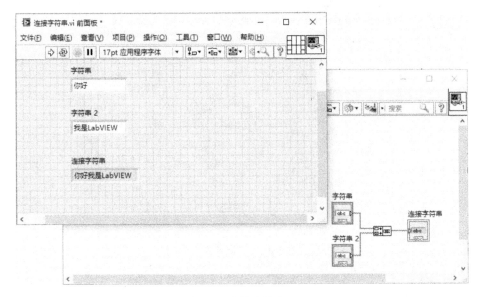

图 9-9　连接字符串 VI

（4）熟悉并掌握下拉列表与枚举控件的使用，创建一个自定义枚举，如图 9-10 所示。

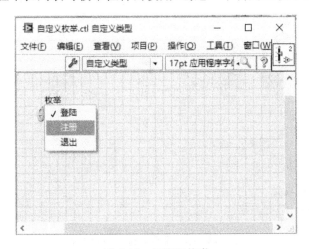

图 9-10　自定义枚举

（5）熟悉并掌握数组控件的使用，创建一个二维数组 VI，如图 9-11 所示。

（6）熟悉并掌握簇控件的使用，创建一个簇并调整簇中元素顺序，如图 9-12 所示。

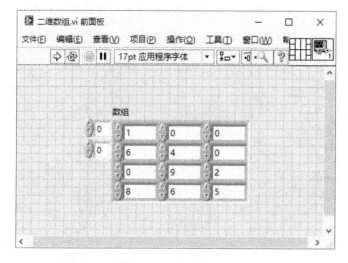

图 9-11　二维数组 VI

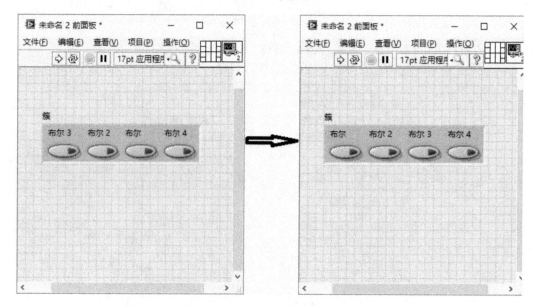

图 9-12　簇中元素调整顺序示意图

9.2.3　数值输入控件

数值输入控件对象由一些基本对象元素组成,这些元素包括增量按钮、减量按钮、数字文本框、标签、标题、单位标签和基数等。基数指的是进制形式,可以是十进制、十六进制、八进制、二进制。基数不同,不过是数值的表现形式不同,它所代表的值是相同的。

图 9-13 说明了数值输入控件的基本对象元素以及进制、单位的不同表现形式。数值输入控件的基数默认是不显示的,可以在它的快捷菜单上选择"显示""基数"项来确定是否显示。常规语言中对一个数用不同的进制显示需要由编程实现,非常复杂,而在 LabVIEW 中只需选择相应的进制。这充分说明了 LabVIEW 的确是工程师的语言,直观、方便又快捷。

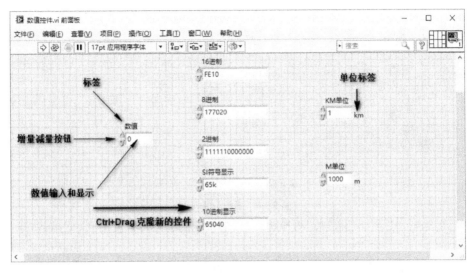

图 9-13 数值输入控件的进制和单位

如果数值控件的基数处于显示状态,单击基数标记(数值左侧),可以自由选择十进制、十六进制、八进制、二进制和 SI 符号。如果是整型数,那么这些数值都可以选择;如果是双精度数等,则只能选择十进制和 SI 符号。另外,LabVIEW 可以自动判断哪些是可以显示其他进制的,哪些是不能显示的。选择 SI 符号,会以字母的形式显示比较大或者非常小的数值。例如,10^3 用 k 表示,10^6 用 M 表示,10^9 用 G 表示,10^{-3} 用 m 表示,10^{-6} 用 μ 表示,10^{-9} 用 n 表示等。

在数值控件的快捷菜单上,可以选择是否显示基数。通过单击控件上的基数,可以选择十进制、二进制、八进制、十六进制和 SI 显示。很大和很小的数值适合用 SI 符号表示。

数值控件不仅可以实现数制的自由转换,还可以携带单位。图 9-13 中,右边的两个数据是包括单位的。它们采用克隆方式复制,所以数值相同。如果把 km 改成 m,数值将自动由 1 变成了 1000,自动实现了不同单位的转换。

LabVIEW 数值输入控件的单位标签默认是不显示的,但是可以在它的快捷菜单上选择"显示""单位标签"项,来确定是否显示。

适当地运用数值控件的单位标签,可以自动进行单位转换。

单位转换的功能是非常重要的。因为在实际应用过程中,经常会遇到单位转换的问题。只要适当选取单位标签,LabVIEW 会自动地为我们完成单位转换的工作。另外,LabVIEW 不仅可以对相同单位类型进行转换(比如长度单位),还可以通过运算自动处理组合单位,如图 9-14 所示,长度相乘,自动生成面积单位。

9.2.4 布尔控件

布尔控件属于常用控件,其使用极其频繁。与常规语言的布尔控件不同,LabVIEW 提供了大量的、功能各异的布尔控件,极大地方便了用户。不仅如此,LabVIEW 在 DSC 组件中也提供了大量的布尔控件,比如管路、阀门等。

开关型控件在工业领域是非常重要的。比如各类开关、按钮、继电器等,从物理描述上

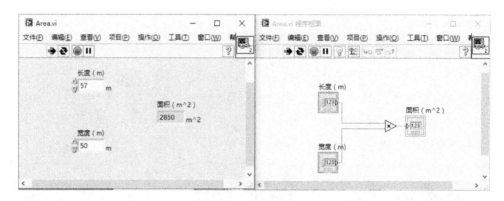

图 9-14　面积计算 VI

来看都是布尔型,只有"开"和"关"两种状态。在编程语言中一般使用真、假描述,这样更具有普遍性。

LabVIEW 的布尔数据类型占用一个字节,而不是位。一个字节从二进制的角度上看是由 8 个位组成的,一个字节实际上可以表示 8 个真假状态。

目前,几乎所有的编程语言都采用整数来表示布尔量。虽然字节相对于位来说,占用的空间比较大,但是它是各种编程语言支持的基本数据类型,运算速度很快。只有在单片机编程中,由于 RAM 空间极其有限,才采用位表示布尔型数据。

LabVIEW 布尔控件从名称上看分成两类,即按钮布尔控件和开关布尔控件。按钮和开关虽然都是布尔控件,但是它们的物理意义是有区别的。

真实的按钮按下时改变原来的状态,释放后自动恢复到原来的状态。原来的状态是接通还是断开,取决于接线方式,因此有常开按钮和常闭按钮。开关则不同,改变状态后,开关保持在一个稳定状态,直到下一次改变为止。比如,计算机机箱上的是启动按钮而不是启动开关,是因为按钮内部有个弹簧,当手离开后,弹簧使按钮自动复位,而灯的开关则完全不同,当打开开关后,它会自动保持在打开的状态。

虽然 LabVIEW 的布尔控件分成按钮型和开关型两种,但是 LabVIEW 内部并没有区分按钮型和开关型。从编程的角度看它们是完全相同的,只是默认的操作方式不同。编辑GUI 时还是要根据需要,选择合适的按钮或者开关,以免造成用户误解。

9.2.5　字符串和路径控件

LabVIEW 以字符串输入控件和字符串显示控件的方式,提供了对字符串的支持。在常规语言中,很少有专门的路径类型,路径不过是特殊格式的字符串而已。LabVIEW 中,路径是一种专门的数据类型,同时和字符串存在密切的关系,二者之间可以自由转换。在LabVIEW 的字符串和路径选板中,还包括组合框控件。组合框提供了预先定义的一组字符串,以供用户选择。

字符串控件是字符串数据的容器,字符串控件的值属性是字符串。如同其他类型控件一样,LabVIEW 的字符串控件也分为输入控件和显示控件。输入控件的值可以由用户通过鼠标或者键盘来改变,而显示控件则不允许用户直接输入,只能通过数据流的方式,显示字符串信息。

LabVIEW 的字符串控件颇有特色,具有 4 种不同的显示方式,可以通过快捷菜单或者属性对话框设置,如图 9-15 所示。

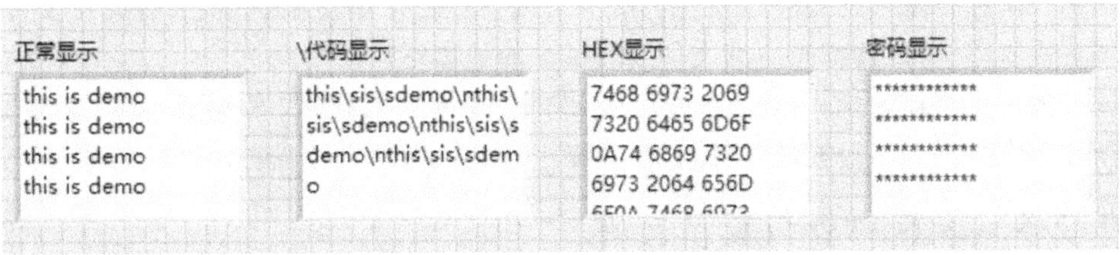

正常显示	\代码显示	HEX显示	密码显示
this is demo	this\sis\sdemo\nthis\	7468 6973 2069	***********
this is demo	sis\sdemo\nthis\sis\s	7320 6465 6D6F	***********
this is demo	demo\nthis\sis\sdem	0A74 6869 7320	***********
this is demo	o	6973 2064 656D	***********
		650A 7468 6973	

图 9-15 字符串控件的显示方式

(1) 正常显示。

以字符的方式显示字符串数据,这是字符串默认的显示方式。对于不可显示的字符,则显示乱码。可显示字符也可称作可打印字符。

(2) \代码显示。

不可显示的字符以反斜杠加 ASCII 十六进制的方式显示。对于回车、换行、空格等特殊字符,则采用反斜杠加特殊字符的方式显示。LabVIEW 支持的特殊字符如表 9-1 所示。

表 9-1   **特殊字符对照表**

代码	十六进制	十进制	含义
\b	0x08	8	退格符号
\n	0x0A	10	换行符号
\r	0X0D	13	回车符号
\t	0x09	9	制表符号
\s	0x20	32	空格符号
\\	0x5C	92	"\"符号
\f	0x0C	12	进格符号
\00 ~\FF			8 位字符的十六进制值

代码中,反斜杠"\"后的特殊字符必须是小写的,而"\＋ASCIIHEX",其中十六进制中的 A、B、C、D、E、F 必须是大写的。比如,"\02"表示输入 STX,"\1B"表示 ESC。

(3) 密码显示。

选择密码显示方式时,用户输入的字符在输入字符串控件中显示为星号,一般常用于登录对话框。此时输入的真实内容是字符,类似于正常模式,只是显示为星号而已。字符串控件支持复制、粘贴命令,如果在密码显示状态下,选择复制,则复制的是星号,而不是星号代表的字符。

(4) HEX 显示。

以十六进制数值方式显示字符串,这种方式在通信和文件操作中,经常会遇到。展示了不同显示方式下字符串的不同效果。

路径控件是 LabVIEW 提供的独特的数据类型,专门用来表示文件或者目录的路径。

常规语言一般都是用字符串控件,附加一些特殊的格式来表示路径的。LabVIEW 的路径极大地方便了文件和目录的选择操作。

与字符串控件不同的是路径控件包括一个浏览按钮。单击浏览按钮,将弹出文件选择对话框。在这里,可以选择相应的文件或者目录的绝对路径。

路径控件支持拖动操作,在计算机上找到文件或者文件所在文件夹后,直接拖动文件或文件所在的文件夹到路径控件,则路径控件显示的是被拖动文件或者目录的绝对路径。

9.2.6　下拉列表与枚举控件

下拉列表与枚举控件从它包含的数据类型来说,属于数值控件。它们都是用文本的方式表示数值。下拉列表有多种表现形式,包括文本下拉列表、菜单下拉列表、图片下拉列表,以及文本与图片下拉列表。

文本下拉列表和菜单下拉列表中,文字的输入可以通过快捷菜单中的“编辑”项进行。更简单的方法则是调用属性对话框,然后在“编辑项”属性页中设置。

图片下拉列表和文本与图片下拉列表只能通过快捷菜单编辑。选择合适的项目后,可以从剪切板导入图片,也可以从文件夹中直接拖动图片到图片下拉列表。文本与图片下拉列表中的文字,则是通过工具按钮中的“编辑文本”按钮添加的。

下拉列表用文字或者图片的方式表示数字。数字可以是整型数,也可以是浮点数。既可以是有序的,比如从 0 开始递增的整型数,也可以是无序的,由用户自定义它代表的数字。

下拉列表上的各项,可以设置为启用或者禁用。如果设置为禁用,则该选择项目用灰色显示,不允许选择。下拉列表另外一个特有属性是“是否允许运行时有未定义值”,默认是未勾选的。未勾选的情况下,只能选择设计好的条目。勾选后,将自动增添一个其他项。勾选该项,列表框边上将出现一个数字框。在框中修改数字并回车,列表框将采用用户输入的新数值。

枚举控件与下拉列表控件非常相似。枚举控件只能代表整数,而且是有序、自动分配的。

9.2.7　数组控件

数值控件、布尔控件和字符串控件,它们的共同点是都包括一种基本的数据类型,如整数、浮点数和字符串等。基本数据类型在 LabVIEW 中也称作标量。

右击数组框架,可出现常见的控件选板。选择合适的输入控件或者输出控件,就建立了数组。也可以在前面板中先创建合适的控件,然后拖动到数组框架中。此时建立的数组只包括控件的类型,未包含任何实际数据。同时控件发灰显示,数组包含的元素长度为 0。

沿着水平或者垂直方向拖动数组,同时显示多个数组元素。单击其中一个元素,则此时数组就包含了实际元素,包括被单击的元素与其前面的所有元素。实际元素不再处于发灰的状态,变成有效状态。

数组框架的左侧是数组的索引框。LabVIEW 的数组是以索引号 0 表示数组中的首个数据的,临近索引号的控件就是索引代表的数据。图 9-16 中,索引号 99 所代表的数据就是离它最近的那个布尔控件,当前值为 TRUE。可以看出,该数组有 100 个元素,索引号为 0~99。数组中索引号代表的是与索引距离最近的元素。

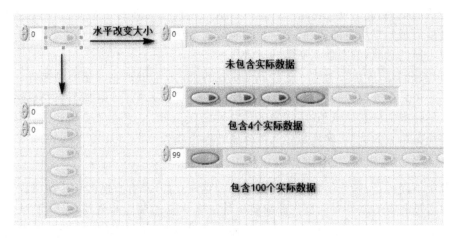

图 9-16　数组控件操作示意图

通过上面的方式建立的数组是一维数组，而 LabVIEW 支持多维数组。增加数组的维数可以采用以下三种方法。

① 在索引框的快捷菜单中，选择"增加维度"项。

② 直接向下拖动索引框。

③ 使用属性对话框增加维数。

相应的，删除维数，可以在索引框快捷菜单中，选择"减少维度"项；也可以直接向上拖动索引框。

通过拖动索引框，可以增加或者减少数组的维度。

数组控件的属性设置比较简单，主要是设置是否显示索引框、增加或者减少数组间隙。在数组元素较多的时候，可以显示水平或者垂直滚动条。滚动条是水平的还是垂直的取决于数组控件是水平显示还是垂直显示。多维数组可以同时显示水平滚动条和垂直滚动条。

数组中的元素可以是各种类型的控件，但是不能是数组的数组，也就是说，数组包含的元素不能是数组。数组中的元素除了它所代表的值以外，其他是完全相同的，具有同样的标签、标题以及其他属性。

9.2.8　簇控件

簇和数组是 LabVIEW 最常见的复合数据类型，簇类似于 C 语言的结构和 VB 中的记录。在描述一个外部现象时，使用簇是必不可少的。各种编程语言无一例外地提供了类似于簇的数据结构，主要是因为这种数据结构很好地实现了数据的分类和分层。在此基础上，诞生了类的概念和面向对象的编程语言。可以说簇这种复合数据类型是 LabVIEW 的核心数据类型。

9.2.8.1　簇的创建

簇控件和数组控件位于同一个控件选板中，创建簇的基本方法和创建数组类似，具体操作如下。

单击控件选板中簇控件，随着鼠标的移动，出现簇的虚框；鼠标移动到合适位置后，单击前面板，簇的框架就建立起来了。

右击簇的框架,即出现控件选板。选择合适的控件作为簇的一个元素,加入簇中,也可以首先在前面板创建所需的控件,然后拖动到簇框架中。

重复上面的过程,依次加入所需的元素。

需要注意的是,簇也分为输入控件和显示控件两种,至于到底属于哪种控件,则取决于输入的第一个元素是输入控件还是显示控件。如果是输入控件,则整个簇变成输入控件。后续加入的元素即使是显示控件,也自动转换成输入控件;反之亦然。当然,整个簇可以通过选择快捷菜单上的选项,转换成输入控件或者输出控件。

9.2.8.2　簇的大小和排序

与数组不同的是,簇中的每一个元素都是相互独立的,具有自己的标签和标题。每个元素都可以通过各自的属性对话框修改相应属性。簇本身的属性非常简单,除了标签、标题、可见性等通用属性外,只具有几个特别的属性,例如快捷菜单"自动调整大小"和"重新排序簇中控件"中所包含的属性。

"自动调整大小"属性中包括四个选择项,分别是"无""自动匹配大小""垂直排列""水平排列",如图 9-17 所示。选择"无"的情况下,簇的框架大小和控件分布完全由用户决定。若选择"自动匹配大小",则控件的分布由用户决定,框架自动缩小,匹配控件。选择"水平排列"和"垂直排列"时,控件分布和框架的大小都是 LabVIEW 自动调整的。

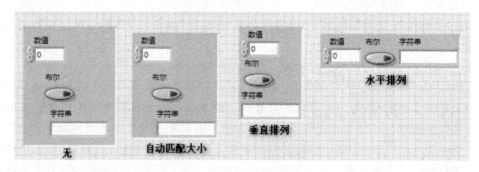

图 9-17　簇中元素的排列

9.2.8.3　簇的逻辑次序

簇控件的一个极其重要的特性是逻辑次序。对于簇中的元素,根据添加元素的先后,最先加入的元素的序号为 0。根据添加的次序,序号自动排列,比如 0、1、2 等。与簇相关的函数有些需要根据它的序号操作,因此正确排序极其重要。簇的序号与元素控件的位置无关,只与生成次序有关。

通过簇的快捷菜单可以重新定义簇元素的内部次序。具体方法如图 9-18 所示,启动排序窗口,光标变成"手"形光标。按照 0、1、2、…的次序分别单击簇元素,进行重排。单击工具条的"确认"按钮,将使修改生效。如果单击"取消"按钮,则放弃修改。

9.2.8.4　簇的自定义

簇作为复合数据类型,常常用作一种数据结构。在多个 VI 中,通常需要采用同一数据结构,然后利用数据流相互传递数据。这种情况下,簇的作用就非常明显了。我们可以在一个 VI 中创建簇结构,然后采用复制的方法,使各个 VI 采用相同的簇。

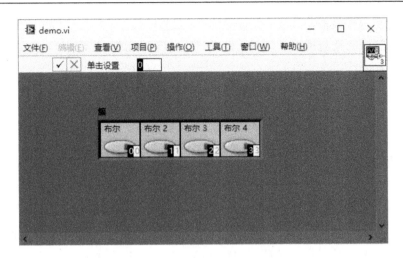

图 9-18　簇的逻辑次序的调整

　　上述方法存在一个致命的缺陷：如果簇结构中需要增加一个或多个新元素，则每个子VI中使用的簇结构必须重新构造。

　　通过严格自定义簇控件就可以轻松解决这个问题。严格自定义簇控件后，簇的定义保存在单独的文件中，每个使用它的VI都和这个文件保持链接关系。因此，对这个文件的修改，将自动体现在各个使用它的VI之中。这样就一次性地完成了整个修改。

　　程序中所有用到的簇结构，要尽可能地使用严格自定义方式。数组可以在运行中改变大小，而簇在运行中不能改变大小。

　　簇的运用非常重要，通过简单的簇结构，可以构造出复杂的簇结构，即簇的嵌套。下面通过创建雇员信息簇，说明如何构造自定义簇。

　　雇员信息大致可以分成两部分：与公司无关的信息，比如姓名、年龄、性别等；与公司有关的信息，比如职务、工资、部门、工作年限等。前者可以称为个人信息，后者称为基本信息。下面来建立个人信息簇和基本信息簇（图 9-19）。

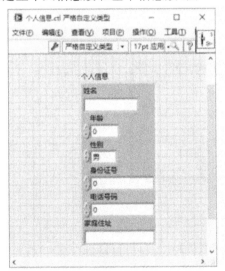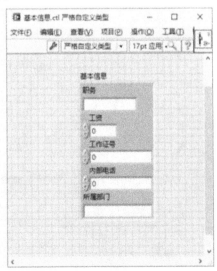

图 9-19　自定义簇

打开自定义控件编辑器。

个人信息簇的元素包括姓名、年龄、性别、住址、身份证号、电话号码,输入完成后,建立图标,存储文件。

基本信息簇的元素包括职务、所属部门、工资、内部电话等。

建立雇员完整信息簇,完整信息簇中包含两个元素中的两个自定义簇。

9.3　常用的程序结构

9.3.1　实验目的

LabVIEW 是数据流驱动的编程语言。程序在执行时按照数据在连线上的流动方向执行。同时,LabVIEW 是自动多线程的编程语言。如果在程序中有两个并行放置且它们之间没有任何连线的模块,则 LabVIEW 会把它们放置到不同的线程中,并行执行。VI 就是程序,程序是离不开数据和运行结构的,学习程序结构有助于我们进一步理解 LabVIEW。

9.3.2　实验内容

(1)熟悉并掌握选择结构的使用,使用选择结构创建一个判断真假的 VI,当输入值大于等于 5 时灯亮,小于 5 时灯不亮,如图 9-20 所示。

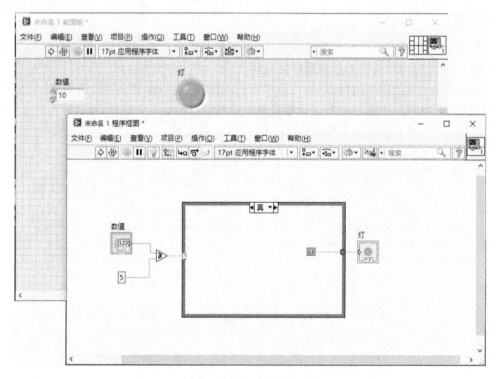

图 9-20　真假判断 VI

（2）熟悉并掌握循环结构的使用，使用循环结构创建一个计算阶乘的 VI，如图 9-21 所示。

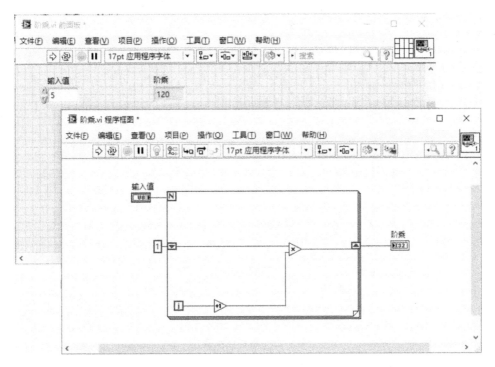

图 9-21　阶乘计算 VI

（3）熟悉并掌握事件结构的使用，使用事件结构创建一个 VI，当阶乘键按下时计算输入值的阶乘，当判断键按下时判断输入值是否大于 5，当停止键按下时结束程序，如图 9-22 所示。

9.3.3　顺序结构

如果需要让几个没有互相连线的 VI，按照一定的顺序执行，可以使用顺序结构（Sequence Structure）来完成。在函数选板中选择"编程—结构—平铺式（层叠式）顺序结构"就可以在程序框图放置一个顺序结构，如图 9-23 所示。

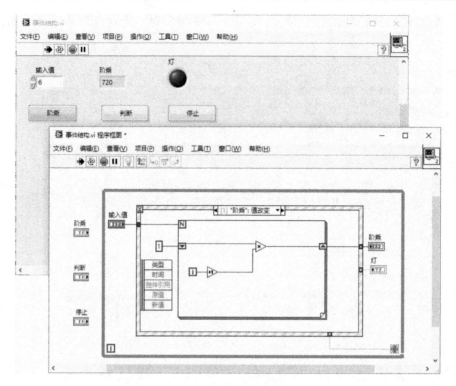

图 9-22　事件结构应用

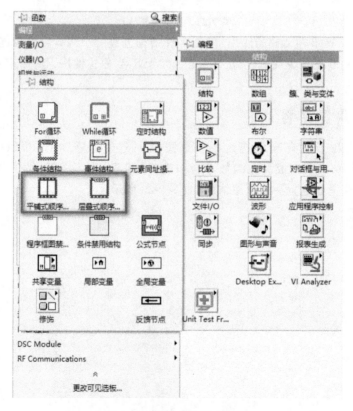

图 9-23　顺序结构创建方法

　　初次创建的顺序结构是一个深灰色的方框,这是一个只有一帧的顺序结构,在顺序结构的右键菜单中可以为顺序结构添加新的帧,结构的每一帧都可以放置相应的代码。当程序运行到顺序结构时,会按照一个框架接着一个框架的顺序依次执行。每个框架中的代码全部执行结束,才会再开始执行下一个框架。把代码放置在不同的框架中就可以保证它们的执行顺序。

　　LabVIEW 有两种顺序结构,分别是层叠式顺序结构(stacked sequence structure)、平铺式顺序结构(flat sequence structure)。这两种顺序结构功能完全相同。平铺式顺序结构把所有的框架按照从左到右的顺序展开在 VI 的框图上;而层叠式顺序结构的每个框架是重叠的,只有一个框架可以直接在 VI 的框图上显示出来。在层叠式顺序结构的不同的框架之间如需要传递数据,需要使用顺序结构局部变量(sequence local)。

　　好的编程风格应尽可能少使用层叠式顺序结构。层叠式顺序结构的优点是部分代码重叠在一起,可以减少代码占用的屏幕空间。但它的缺点也是显而易见:因为每次只能看到程序的部分代码,尤其是当使用局部变量传递数据时,要弄清楚数据是从哪里传来的或传到哪里去就比较麻烦。

　　使用平铺式顺序结构可以大大提高程序的可读性,但一个编写得好的 VI 是可以不使用任何顺序结构的。由于 LabVIEW 是数据流驱动的编程语言,因此完全可以使用 VI 间连线来保证程序的运行顺序。对于原本没有可连线的 LabVIEW 自带函数,比如延时函数,也可以为其包装一个 VI,并使用 error in,error out,这样就可以为使用它的 VI 提供连线,以保证运行顺序。

9.3.4　选择结构

1. 程序框图禁用结构(diagram disable structure)

　　在调试程序时常常会用到程序框图禁用结构。程序框图禁用结构中只有 Enabled 的一页会在运行时执行,而 Disabled 页是被禁用,即不会执行的;并且在运行时,Disabled 页面里的 Sub VI 不会被调入内存。所以,被禁用的页面如果有语法错误也不会影响整个程序的运行。这是一般选择结构(case structure)无法做到的。

　　如在图 9-24 中,如果我们在运行程序的时候暂时不希望将 test 写入文件里,但又觉得有可能以后会用到。此时,就可以使用程序框图禁用结构把不需要的程序禁用。需要注意的是程序框图禁用结构可以有多个被禁用的框架,但必须有且只能有一个被使用的框架。在被使用的框架中,一定要实现正确的逻辑。

2. 选择结构(case structure)

　　在一般情况下,选择结构类似于 C 语言的 switch 语句。当输入为布尔数据类型、枚举数据(图 9-25)或错误簇数据类型时,选择结构类似于 C 语言中的 if 语句或者 switch 语句。

　　数据流入条件结构的隧道输入端在结构外侧,可以与其他节点的输出端连接;但是其输出端在结构内侧,条件结构每个分支都可以使用隧道输入端的数据。而数据流出的条件结构的隧道正好相反,输出端在结构外侧,输入端在结构内侧,虽然条件结构每次只执行其中某一个分支,但是每一个框架中都必须连一个输出数据。

　　当然这样编程是相当烦琐的,因此也可以选择“未连线时使用默认值”。选择“未连线时

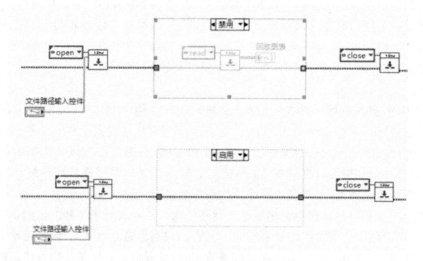

图 9-24　使用程序框图禁用结构

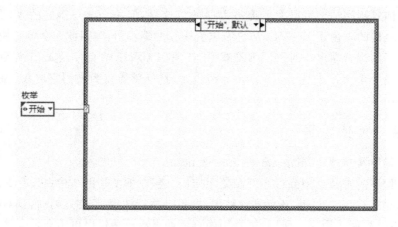

图 9-25　枚举类型的条件结构

使用默认值"会有一定的风险,因为有可能会忘记了连线,这时候 LabVIEW 并不会提醒你,程序就可能得到不可预料的结果。

如图 9-26 所示,鼠标右击数据输出隧道,可以选择是否使用"未连线时使用默认"。

9.3.5　循环结构

LabVIEW 中的循环结构有 for 循环和 while 循环。其功能与文本语言的循环结构的功能类似,可以控制循环体内的代码执行多次。

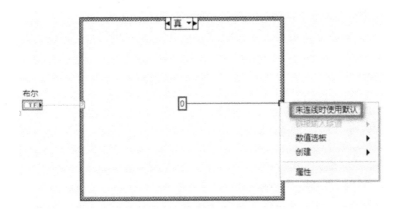

图 9-26   选择"未连线时使用默认"

1. for 循环

图 9-27 是一个典型的 for 循环结构。左上角的 N 表示循环迭代的总次数,由外部提供
给循环结构;左下角的 i 是当前迭代的次数,LabVIEW 中的
for 循环的迭代器只能从 0 开始,并且每次只能增加 1。需要
注意的是 for 循环不能中途中断退出,C 语言里有 break 语
句,但在 LabVIEW 中不要试图中间停止 for 循环。

外部数据进入循环体是通过隧道进入的,图 9-27 所示的
for 循环结构演示了三种隧道结构,就是在 for 循环结构左右
边框上用于数据输入输出的节点。这三种隧道从上至下分别
是:索引隧道、移位寄存器、一般隧道。

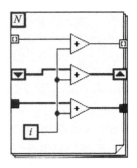

图 9-27   循环结构上的隧道

索引隧道,是 LabVIEW 的一种独特功能。一个循环外
的数组通过索引隧道连接到循环结构上,隧道在循环内一侧会自动取出数组的元素,依顺序
每次循环取出一个元素。用索引隧道传出数据,可以自动把循环内的数据组织成数组。

通过移位寄存器传入传出数据,数据的类型和值都不会发生变化。移位寄存器的特殊
之处在于在循环结构两端的接线端是强制使用同一内存的。因此,上一次迭代执行产生的
某一值,传给移位寄存器右侧的接线端,如果下一次迭代运行需要用到这个数据,从移位寄
存器左侧的接线端引出就可以了。

一般隧道,就是把数据传入传出循环结构。数据的类型和值在传入传出循环结构前后
不发生变化。

C 语言程序员初学 LabVIEW,在使用循环结构时,常常为创建一个中间变量烦恼。为
循环中的变量创建一个局部变量不是好的方法。我们应当时刻记住 LabVIEW 与一般文本
语言不同,LabVIEW 的数据不是保存在显示的变量里,而是在连线上流动的。LabVIEW
是通过移位寄存器把数据从一次循环传递到下一次。

在循环结构边框的右键菜单中即可为循环结构添加一对移位寄存器,这一对移位寄存
器由两部分组成,分别位于循环的左右两侧。当一次迭代结束后,数据流入右侧的移位寄存
器;在下一次迭代开始时,该数据会从同一移位寄存器的左侧流出。

移位寄存器左侧的接线端可以不只有一个,用鼠标可以把左侧的接线端拉出多个来,如

图 9-28 所示。下面的接线端可以记录上两次、三次、……的数据。

如果单纯是为了让下一次迭代使用上次迭代的数据,也可以使用反馈节点,如图 9-29 所示。

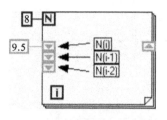 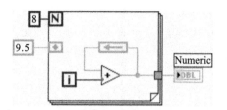

图 9-28　多接线端移位寄存器　　　　图 9-29　反馈节点

2. while 循环

while 循环的功能和 for 循环类似,用于把循环结构体内的代码执行一定的次数。与 for 循环不同的是,while 循环在执行之前无法确定循环的次数,只能在循环开始执行后,根据"条件接线端"的数据判断是否进行下一次迭代,这与文本语言中的 do-while 循环有些类似。如果程序的逻辑是先执行循环再判断是否停止循环,则应当优先考虑使用 while 循环。

for 循环中可以用的数据传递方式(隧道、移位寄存器和反馈节点)及其使用方法都适用于 while 循环,但在使用索引隧道时需要注意,while 循环的循环次数只受到"条件接线端"的控制,并不受到索引隧道长度的影响,因此数组数据进入 while 循环时,默认创建的是一个普通隧道。

如图 9-30 所示,用两种循环所产生的数组大小是相同的。但如果使用的是 for 循环,LabVIEW 在循环运行之前,就已经知道数组的大小是 100,因此 LabVIEW 可以一次为 Array1 分配一个大小为 100 的内存空间。但是对于 while 循环,由于循环次数不能在循环运行前确定,LabVIEW 无法一次就为 Array2 分配合适的内存空间。LabVIEW 会在 while 循环的过程中不断调整 Array2 内存空间的大小,因此效率较低。

所以,在可以确定次数的情形下,最好使用 for 循环。

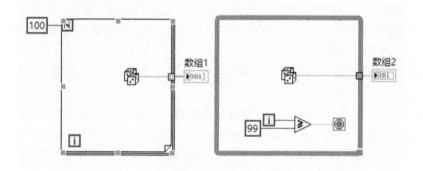

图 9-30　使用循环构造数组

9.3.6　事件结构

事件结构也是一种选择结构,它根据发生的事件确定执行哪一个分支中的代码。

当有事件发生时,事件结构会自动感知,并不需要用数据线把数据传递至事件结构。事件结构上方的事件标签显示的是当前分支所对应的事件(图 9-31)。当事件发生后,事件结构除了得知是何事件发生,还能得到一些相关数据,这些数据可以从左侧的数据节点获得。

图 9-31　配置事件

按照事件的产生源来区分,LabVIEW 有以下几种事件。

1. 应用程序事件

这类事件主要反映整个应用程序状态的变化,例如:程序是否关闭、是否超时等。

2. VI 事件

这类事件反映当前 VI 状态的改变。例如:当前 VI 是否被关闭,是否选择了菜单中的某一项,大小是否被改变等。

3. 动态事件

这类事件是用户自己定义的或在程序中临时生成的事件。

4. 窗格事件

这类事件包括与某一窗格有关的事件,比如鼠标进入、离开窗格等。默认情况下,一个 VI 的前面板就为一个窗格,在控件选板上选择"新式—容器—分隔栏"就可以放置分隔栏,将窗格划分为多个,如图 9-32 所示。

5. 分隔栏

分隔栏包括与分隔栏相关的事件,例如,鼠标拖动分隔栏等。

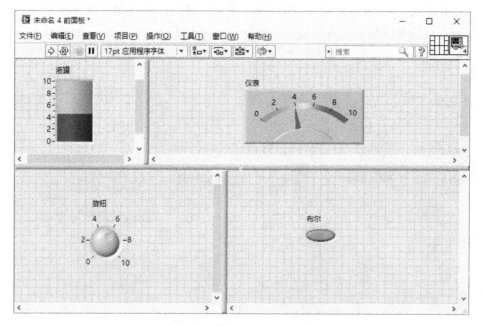

图 9-32　前面板上划分区域

6. 控件

控件是最常用的一种事件,用于处理某个控件状态的改变。例如,控件值的改变或者鼠标、键盘的操作。

打开上述的"编辑事件"框,只要选定了某一个事件产生源,其相应的所有事件均排列在右侧框中。

有时候,多个事件产生源会对同一个用户操作分别产生相应事件。比如,在某一控件上按下鼠标,区域事件和控件事件都会发出鼠标按下事件。LabVIEW 按以下规则顺序产生不同的事件:

① 键盘相关的事件只在当前选中的控件上产生。

② 鼠标相关的事件按照从外向里的顺序发出。例如,区域的鼠标按下事件先于控件的鼠标按下事件发出;结构的鼠标按下事件先于结构内控件的鼠标按下事件发出。

③ 值改变事件按照从内向外的顺序发出。结构内控件的值改变事件先于结构的值改变事件发出。

按照事件的发出时间来区分,LabVIEW 的事件可分为通知型事件(notify event)和过滤型事件(filter event)。

通知型事件是在 LabVIEW 处理完用户操作之后发出的,比如,用户利用键盘操作改变了一个字符串,LabVIEW 在改变了该控件的值之后,发出一个值改变(value changed)通知型事件,告诉事件结构,控件的值被改变了。如果事件结构内有处理该事件的框架,则程序转去执行该框架。

过滤型事件是在 LabVIEW 处理用户操作之前发出的,并等待相对应的事件框架执行完成之后,LabVIEW 再处理该用户操作。这类事件的名称之后都有一个问号。例如,"键盘按下?"事件,当用户处理该事件时,控件的值还没有被改变。因此,用户可以在该事件对应的事件框架内决定是否让 LabVIEW 先处理该事件,或改变键盘按下的值之后让 Lab-VIEW 继续处理该事件。

可以明显地看出,过滤型事件比相应的通知型事件要先发出。

当同一 VI 的程序框图上有多于一个事件结构时,通知型事件同时被发往所有的事件结构,而过滤型事件则是按顺序、依次发往每一个事件结构。但是,在同一 VI 上放置多个事件结构是没有必要的,而且极易引起错误。所以应该避免在同一 VI 上使用多个事件结构。

下面举例说明如何使用通知型事件。我们经常需要使用到这样的字符串控件:控件用于输入电话号码,因此只接收数字和横线,对其他按键不起反应。LabVIEW 没有直接提供此种控件,但是它们可以利用通知型事件方便地实现,如图 9-33 所示。

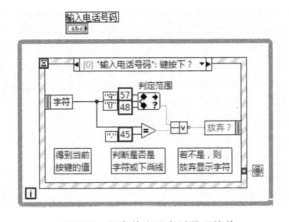

图 9-33 用事件实现电话号码控件

在事件处理分支的数据节点中可以得到被按下键所代表的 ASCII 码,程序代码则用于判断按键是否属于数字或者横线,并将判断结构取"否"后传给放弃节点,程序根据此决定是否放弃对这个操作的显示处理。

第5部分

矿山数字化及仿真实验

10　矿山数字化实验

10.1　认识数字矿山软件

10.1.1　3DMine 软件概述

3DMine 矿业工程软件是由北京三地曼矿业软件科技有限公司研发的拥有自主知识产权、采用国际上先进的三维引擎技术、全中文操作的国产化矿业软件系统，是在多年来应用推广、总结分析国外主流软件结构的基础上，开发符合中国矿业行业规范和技术要求的全新三维矿业软件系统。

3DMine 软件是一个开放性平台，它的菜单文件可以被任何文本编辑器修改，给采矿工程图的绘制带来很大方便。

10.1.2　3DMine 软件界面简介

3DMine 拥有简洁友好的界面，为用户提供了多种直观、实用的菜单命令和丰富的工具图标，采用多窗口方式，增强了用户与软件的互动性。

运行 3DMine 软件后，出现一个包含各种组件的窗口，主要包括菜单栏、工具栏、文件导航器、层浏览器、图形工作区、信息栏和状态栏等几部分。这些组件分别代表不同的功能。运行后的经典界面如图 10-1 所示，图中的字母分别代表：A，菜单栏；B，工具栏；C，文件导航器和层浏览器；D，图形工作区；E，自定义工具栏；F，坐标指示器；G，属性框；H，信息栏；I，状态栏。

3DMine 软件同时设置有 Ribbon 界面风格，软件界面更加清晰、简洁，常用功能命令按键集中组合，并可以定制调配，满足不同要求配置使用。

在经典界面的菜单栏或工具栏区域，点击鼠标右键，弹出自定义工具栏，选择切换到 Ribbon 界面可以完成快速切换。此外，通过菜单"文件—系统设置—界面—界面风格"也可进行界面选择。Ribbon 界面如图 10-2 所示。

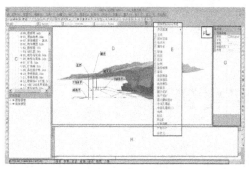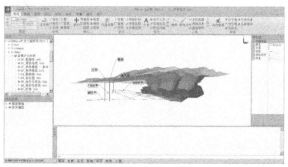

图 10-1　3DMine 软件经典界面预览图　　　　　图 10-2　3DMine 软件 Ribbon 界面预览图

3DMine 软件 2015.03 版本的经典界面中，按照不同功能归类，菜单主要包括："文件""视图""编辑""工具""创建""钻孔""表面""实体""块体""测量""露天""地下""窗口""帮助"14 个部分。

10.1.3　制作图元菜单

在采矿工程图中存在大量的图元模型、图例或图形结构。对具体的工程图，这些符号或图形的大小基本固定，有的重复次数较多。例如，生产系统中的避火、排水、回风风流、进风风流等，设备中的掘进机、运输矿车、风机、有轨电机车、水泵、通信信号灯等。上述设备均可做成三维模型文件，放置在 C:\3DMine\common\device 文件夹中，便于调用。同时图例或图签也可作为模板文件放置在 C:\3DMine\common\template 文件夹下，方便出图时调用。

（1）菜单制作步骤。

为了编制软件菜单，需要利用文本编辑器修改软件安装路径 C:\3DMine\common\cui\3dmine_profile\00_标准界面文件夹下的 menu_default. xml 文件。下面以修改部分菜单位置以及名称为例加以说明，步骤如下。

① 制作图框模板文件：将采矿生产平面示意图制作成标准的 3DMine 图形文件并存放在 C:\3DMine\common\template 文件夹下面。

② 在插入模板文件后可以对其大小进行编辑，使用菜单"文件—打印输出—插入模板文件"，在执行命令后，信息栏最底下出现提示，可以输入"S"，回车，输入比例大小后可以预览，右键可指定坐标插入基点位置。图框内的坐标网则使用菜单"文件—打印输出—插入坐标网"并设置参数即可完成。效果如图 10-3（a）所示。

③ 插入设备模型：将设备模型放置在 C:\3DMine\common\device 文件夹下面。使用菜单"创建—插入—设备"，弹出界面如图 10-3（b）所示。可以在标准设备下进行选择，并设置比例、旋转角度等参数即可插入设备模型。

④ 修改菜单：打开 C:\3DMine\common\cui\3dmine_profile\00_标准界面文件夹下的 menu_default. xml，使用文本编辑器即可打开，如果需要将"文件"菜单名称更改为"我的文件"，直接将"文件"更改为"我的文件"，保存后重新启动软件即可。

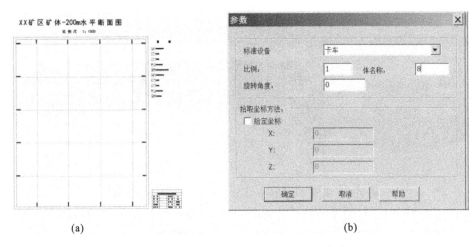

(a)   (b)

图 10-3　图形模板插入坐标网预览图及命令框

（2）使用图元。

重新启动 3DMine 软件后，"我的文件"菜单会自动显示出来。只要不做新的修改或者对软件卸载处理，以后每次启动 3DMine 软件时，"我的文件"菜单始终保持在菜单项中。

10.2　矿山三维可视化模块

随着计算机地质体三维建模技术的日趋成熟，建立数字矿山已在矿业中崭露头角。矿山数字模型可为矿山企业提供精确的资源评价，并为矿山技术人员在开采设计和生产决策方面带来真三维环境下的技术支持。矿床三维模型的建立，可以使以前较为复杂、抽象的问题变得简洁、直观。这也较大程度地减轻了矿山人员的工作任务，同时提高了矿山开采设计工作的效率，成为设计和处理矿山各种事务必不可少的工具。

3DMine 是国内第一款全中文自主开发的三维矿业工程软件，借鉴了国内外同类软件的优点，并总结了同类软件在国内地勘及生产矿山应用的不足之处。

三维核心模块是一个界面友好、功能强大的三维显示和编辑平台，可以编辑真实环境，使用习惯类似于 AutoCAD 和 Office。三维核心模块可以将多种类型空间数据叠加，实现完全真彩渲染、各个视角静态或者动态剖切、全景和缩放显示等。

三维核心模块的辅助设计模块类似 CAD 功能集，与 AutoCAD 尽可能保持一致，如选择集的使用、各种图元对象的创建、右键功能以及两者间文件互换，等等。核心模块提供了向导式的参数化设计方式，通过填写向导中的参数，就可以快速、准确地完成设计任务，极大地提高了工作效率。同时，三维核心模块是开放性的模型，可以进行多平台数据共享，为后续的三维动态展示和矿山资源数据查询提供基础数据源。如图 10-4 即为一个三维核心模块。

10.2.1　测量模块

在 3DMine 软件中，服务于测量工作的是一个交互性很强的功能集。一是实现不同测

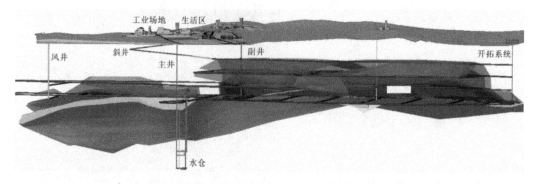

图 10-4　基于 3DMine 的某地下矿山三维核心模块展示

量仪器（全站仪或经纬仪）数据与软件的通信接口，使得不同的实测数据快速导入成图形数据；应用测量数据库，可以全面存储不同类型、不同阶段和不同文件的测量数据。二是具有独创性地实现了实测数据与 Excel、AutoCAD 软件之间的数据与图形互换功能，从而使得测量内业工作变得十分简单、快捷。

3DMine 软件还提供方便灵活的编辑工具，可快速地建立巷道、采场及采空区模型，及时完成不同掘进工程或不同阶段的验收和报告，如图 10-5 所示。

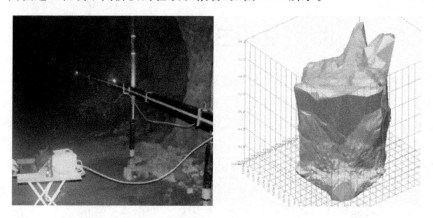

图 10-5　基于 3DMine 完成地下矿山扫描测量并建立采空区模型

10.2.2　地质模块

通过建立地质数据库、利用三角网建模技术，创建矿区地层模型、矿体模型、构造模型或其他类型模型；按照国际矿业领域通用块体模型概念，运用距离幂次反比法或地质统计学估值方法，创建品位模型，进行储量估算并完成储量地质模型。通过数据库和三维模型叠加显示，可对矿体空间展布、储量计算、动态储量报告、品位和不同属性的分布特点进行综合运用，为找矿和生产服务。

1. 地质数据库

地质数据库是矿体地质解译、矿床品位推估和储量计算、管理以及矿山采矿设计的基础。矿山原始地质资料包括：钻孔柱状图，槽探坑探图，钻探、槽探、坑探登记表和钻孔水文综合表，在 3DMine 中建立地质数据库，需将上述地质资料中的内容进行整理，以"定位表"

"测斜表""化验表""岩性表"的形式分别录入不同的 Excel 文件中,并导入软件。定位表中所包含的基本字段为:工程号、开孔坐标 E、开孔坐标 N、开孔坐标 R、最大孔深和轨迹类型;测斜表中所包含的基本字段为:工程号、深度、方位角和倾角;岩性表中所包含的基本字段为:工程号、从、至、样号、样长、岩性名称和岩性描述;化验表中所包含的基本字段为:工程号、从、至、样号、样长、品位 1 和品位 2。

图 10-6 为地质数据库建立流程图。

地质数据库的一个特点是实现了数据与图形的紧密关联。由数据库中的数据可以快速地得到相关的探矿工程的图形,通过三维软件平台可以迅速浏览和查看钻孔和剖面的图形。通过图形也可以查看数据库中的数据内容,如在屏幕上可以选择和编辑感兴趣的钻孔剖面,通过查询工具可以快速得到中段或者剖面上的品位和面积等数据。如图 10-6 所示为基于 3DMine 的某矿山钻孔地表复合图。

图 10-6　基于 3DMine 的某矿山钻孔地表复合图

2. 矿体模型

地质体的形态复杂多变,很难用规则的几何形体来描述,需要一种简单、快速、更符合工程实际的方法来建立复杂地质体的不规则几何模型。线框模型法是国际上构建复杂三维实体的通用方法,线框模型的实质是指在构建三维实体过程中,把目标空间轮廓上两两相邻的采样点或特征点用直线连接起来,通过一系列三角网来描述地质体的轮廓和表面。在三维空间内,任何两个三角网之间不能有交叉重叠。3DMine 软件提供了许多创建矿体的方法。

(1)剖面线法:首先将矿体各勘探线的剖面线放入三维空间;相邻勘探线之间按照矿体的趋势,连三角网;在矿体的两端封闭,就形成了矿体的实体。

(2)合并法:此方法一般用在水平或扁平矿体中。首先将矿体的上、下表面做成面模型,再获取上、下面的边界,两个边界之间连三角网,再合并这三个文件,就形成了矿体模型。

(3)相连段法:利用一系列矿体的轮廓线、辅助线,在线框之间连三角网。此方法可以应用在各种复杂的情况下,创建各种复杂的实体。

三角网的创建是通过计算机将大批的三维空间点转换到 X-Y 平面上连接形成的。3DMine 软件提供连接三角网的方法主要有:① 闭合线之间,在两个闭合线之间连接三角网;② 闭合线内连接三角网,用于封闭末端;③ 闭合线到开放线,尖灭到线;④ 线到点,尖灭到点;⑤ 单三角形,通过选定三角形顶点来定义每一个三角形;⑥ 对于需要外推的矿体,还有扩展外推线/体以及外推剖面等功能。

实体模型不仅用于描述地质体的轮廓,还具备以下功能:① 快速计算体积和表面积;② 制作任意方位的切割剖面;③ 可用于空间的约束,如内、外约束;④ 体之间、体与面可进行并、交、差运算;⑤ 与地质数据库交互;⑥ 较为直观地展现矿体产状形态。

由地质数据库进行矿体圈定的具体操作步骤为:

(1) 通过地质数据库调入钻孔数据,根据国家规范对矿床的每个工程进行矿段圈定。3DMine 软件提供了矿段圈定功能,通过参数设置并结合钻孔图形,可智能圈定符合工程要求的矿段,如图 10-7 所示。

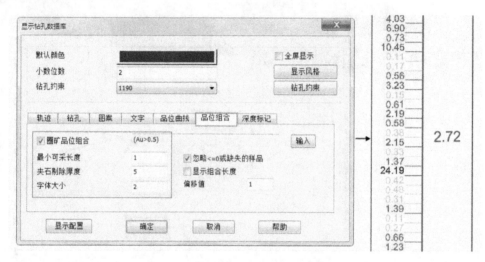

图 10-7　单钻孔数据矿段圈定设置界面

(2) 单工程矿段圈定后,在软件剖面状态下,根据国家规范对同一剖面内或同一水平内的探矿工程数据进行剖面矿体圈定,并依序合并各矿体图,如图 10-8 所示。

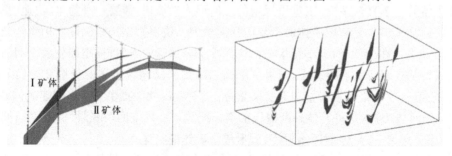

图 10-8　剖面矿体圈定

（3）提取各剖面或水平圈定的矿岩边界线，在三维空间内进行三角网连接，完成矿体建模，如图 10-9 所示。

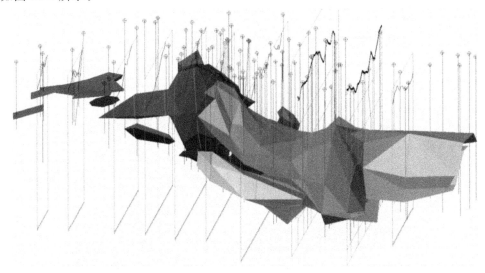

图 10-9　基于 3DMine 建立的某金属矿矿体

10.2.3　块体模型（矿山资源模型）

三维块体模型（图 10-10）是将矿床划分为许多单元块形成的离散模型。单元块一般是尺寸相等的长方体。三维块体模型不仅被广泛应用于品位和矿量计算，也经常被用于露天矿最终开采境界优化和开采计划优化。

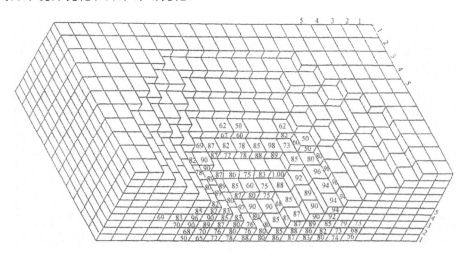

图 10-10　块体模型示意图

将矿床划分为单元块后，需要应用某种方法对每一小块的平均品位进行估计。常用的方法为最近样品法、距离幂次方反比法和地质统计学法。三者均基于样品加权平均的概念，对落在以单元块为中心的影响范围内的样品品位进行加权平均求得单元块的品位。三种方法的根本区别在于所用权值不同。

块体模型具有灵活的资源建模功能，每个块的属性可以量化或描述，也可以在任何点增加或者删除块的属性，块体模型通过矿岩属性、比重属性、品位属性、储量级别属性来表达矿石的品位、质量、成本、物理特征等。块体的属性和图例可以用不同颜色显示。如按照矿石的不同品级用不同的颜色来表达块体，如图 10-11 所示。

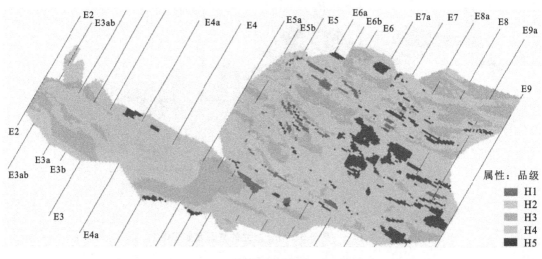

图 10-11　某金属矿品级块体分布图

块体模型可以在采矿设计中组合约束条件，根据合理的定义，在限定的区域内，快速提供矿块的体积、质量、品位等，从而可以在矿山生产过程中，结合生产勘探资料，实时对矿体进行二次圈定，及时反映矿体的形态、规模、品位和构造变化，准确把握三级矿量和资源量的变化趋势，从而计算矿石储量及质量分布，评价矿床的开采价值。

3DMine 矿业工程软件中提供了两种空间插值计算方法：距离幂次反比法和克立格估值法。本书中以距离幂次反比法为例，介绍块体模型空间插值计算过程。

距离幂次反比插值基于相近相似的原理（图 10-12），即两个物体离得近，它们的性质就越相似，反之亦然。在进行空间插值时，估测点的信息来自于周围的已知点，信息点距估测点的距离不同，它对估测点的影响也不同，其影响程度与距离成反比。距离幂次反比插值的一般步骤为：

① 以被估单元块中心为圆心、以影响半径 R 做圆，确定影响范围（三维状态下，圆变为球）；

② 计算落入影响范围内每一样品与被估单元块中心的距离；

③ 利用下式计算单元块的品位 X_b：

$$X_b = \frac{\dfrac{1}{D_1^n}X_1 + \dfrac{1}{D_2^n}X_2 + \cdots \dfrac{1}{D_i^n}X_i}{\dfrac{1}{D_1^n} + \dfrac{1}{D_2^n} + \cdots + \dfrac{1}{D_i^n}} \tag{10.1}$$

式中，X_i 为落入影响范围的第 i 个样品的品位；D_i 为第 i 个样品与单元块中心的距离。

如果没有样品落入影响范围之内，单元块的品位为零。公式中的指数 N 对于不同的矿床取值不同。在品位变化小的矿床，N 取值较小；在品位变化大的矿床，N 取值较大。在铁、镁等品位变化较小的矿床中，N 一般取 2；在贵重金属（如黄金矿床）中，N 的取值一般大于 2,有时高达 4 或 5。如果存在区域异性,不同区域中品位的变化不同,则需要在不同区域取不同的 N 值。同时,一个区域的样品一般不参与另一区域的单元块品位的估值运算。

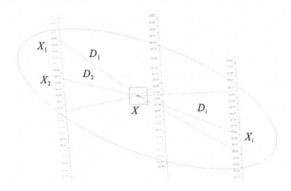

图 10-12   距离幂次反比法原理示意图

距离幂次反比法是一种较为快速的插值计算方法,当数据点的个数很多时就要根据搜索体来选取以待估点为中心的一个区域内的数据点参加插值计算,一般以与矿体走向、倾向一致的椭球体范围内的样品点作为已知点,进而对矿块模型的各个单元进行估值。3DMine软件中可对相应椭球体进行查看并便捷完成品位估值,如图 10-13 所示。

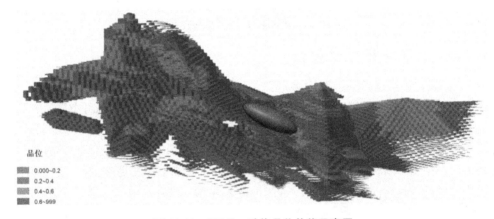

品位
■ 0.000~0.2
■ 0.2~0.4
■ 0.4~0.6
■ 0.6~999

图 10-13   3DMine 矿体品位估值示意图

10.3   3DMine 在地下矿山采矿设计和生产管理中的应用

10.3.1   开拓、采准设计

开拓设计,是地下采矿工程三维设计的重点内容。3DMine 矿业工程软件提倡弧段线的建立,弧段线是基于传统的二维多段线设计,可通过设定的参数自动完成斜坡道、天(竖)井、单体工程、回采和开拓设计。并可与块体模型相结合,可以快速得出各种工程设计报表、工程量、回采储量、品位和损失贫化指标计算,实现采矿设计的参数化、智能化与可视化。

开拓设计的功能设置,能够根据巷道中线,快速生成腰线,自动标注交叉口参数,调整流水坡度,生成控制点标注、表格及工程量报表。在对设计线路进行修正时,可以直接拖动夹点进行动态调整,由图形将数据直接输出表格,实现了图形与报表相互关联,如图 10-14 所示。

设计工程的实体模型一般根据巷道底板中心线和井筒中线并结合巷道形状、输入实际设计参数完成创建。一般来说,竖井、风井、天井、溜井、人行回风井等井筒三维模型的建立主要使用的是井筒的中心线,斜坡道、阶段运输巷、斜井、采场进路、联络道等巷道三维模型的创建主要使用的是底板中心线。而对于已建立井巷工程的实体建模,可按照实测或设计平面图、纵投影图进行。对于较为特殊的斜坡道建模,可对应纵投影图中各拐点高程,对平面图上的各拐点进行高程赋值,使空间位置和实际相吻合。待赋值完成后,结合底板中心线和断面尺寸,生成封闭的线框实体工程模型。

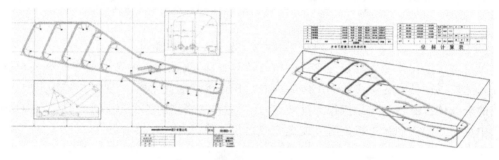

图 10-14　巷道设计、建模与图表关联

10.3.2　中深孔爆破设计

3DMine 软件中结合单一进路和多进路的不同而形成了两套方案。根据爆破孔底距,自动设计扇形炮孔,并进行容差调整。根据最小抵抗线原理自动装药,还可布置平行孔和单孔,适应不同采场要求。同时可以实现动态调整参数,炮孔、钻机、采场边界三者联动,并将设计成果与报表关联,与块体模型相结合,自动生成爆区的矿岩总量和品位结果,最终打印成图用于生产施工。与传统方法相比,在计算机软件中完成中深孔爆破设计,极大地节省了矿山工作人员的设计时间和绘图时间。图 10-15 所示为 3DMine 中深孔爆破设计实例。

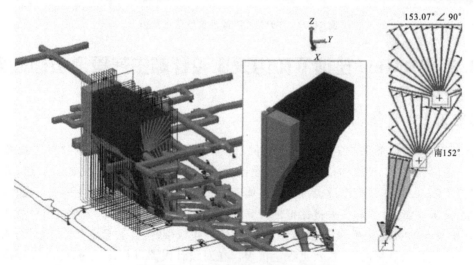

图 10-15　3DMine 中深孔爆破设计实例

10.3.3　进度计划管理

3DMine 软件将矿山管理的大部分信息,包括地质、测量、采矿的信息集中在一个系统中,便于统筹使用,并用于进度计划的管理。

在矿山生产计划方面,生产进度计划模块适用于多种开采过程,是为多种矿藏和采矿方法准备的。解决了开采计划中矿物、多样性、目标多样性、采矿地点多样性等复杂情况带来的难题,可以方便地解决在哪里开采、如何开采的问题。通过软件可快速报告开采工作正在进行的地点,并且给出每个周期的开采数量和质量。整个矿山的开采进度计划可以在几分钟内模拟运行一次,同时可以对多个开采方案进行有效的分析。

生产计划的时间段可以是任意长度(小时、天、周等),可以改变单个时间段;可以定义多种矿石与围岩,可以在开采时间段中根据品位的变化和地质标准来改变矿石与围岩的原始定义;可以根据单种矿物、或多种矿物的组合来计算生产率;多个采矿点可以使用单一的生产参数,也可以交互使用不同的参数;可以根据块模型的属性值(如岩石类型)来改变生产率;可以定义一体化的存储管理;可以定义自己的数学表达式,得到开采时间段内的平均和综合结果;可以得出多矿物多地点的单个或混合的结果(品位、质量、表达式);可以自动生成时间段内的生产结果图形,每个图形包含属性、品位、质量等;允许管理人员在计算机上研究生产计划,在不同的开采区域中用图形查询功能了解矿石品位等情况。

以建立的三维矿体模型、实测工程模型、采空区模型、设计文件和品位模型为基础,运用计划软件编制功能实现三维空间内采矿顺序的调整、模拟工程施工进度和采矿过程,快速报告和统计计划矿量和品位数据,从而确定矿山最佳生产计划方案,如图 10-16 所示。

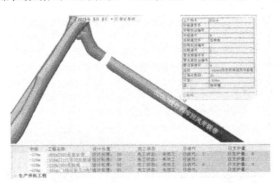

图 10-16　施工进度、开采进度可视化管理

10.3.4　生产报表系统

利用 3DMine 模型和报表数据,在软件中对每日、每周、每月、每季度和年度生产数据进行存储和管理,并将以上数据进行汇总、对比,得到生产报表系统,如图 10-17 所示:

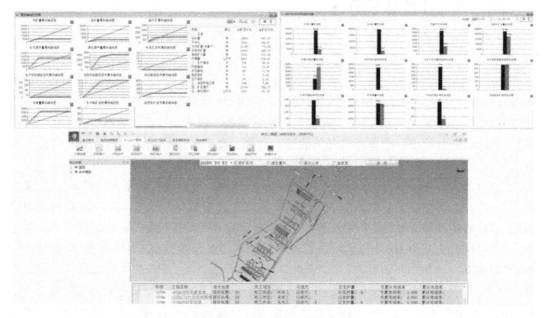

图 10-17 生产报表生成示意图

10.3.5 虚拟仿真系统

在矿床三维可视化的基础上,利用智能化技术优选开采方案,并将选定的开采方案数字化,利用虚拟现实(VR)技术创建出逼真的三维矿山工程环境,将初步设计方案在 VR 设计系统上"预演",模拟分析开采方案的可行性、各种技术参数和经济指标的合理性,为矿山设计、建设、生产、管理提供决策依据,为实现矿山无人开采或少人开采奠定基础。

矿山虚拟现实系统(图 10-18)通过虚拟的工作区和生活区的构建,使用户犹如处在真实环境之中。借助漫游了解矿区生活环境和生产情况,并通过与三维虚拟环境的交互,对生产设备进行操作使用,使人产生身临其境的感觉。

图 10-18 某金铜矿虚拟仿真系统界面

10.3.6 矿山通风(3DVent)

3DVent 是采用三维可视化引擎,结合巷道系统图,实现巷道建模、通风解算、网路检查、局部风量调节、风机选型、动画模拟、打印报告的三维动态模拟解算系统。软件融合了国内常见风机参数数据库,并建立了符合国内矿山巷道的摩擦阻力系数对照表,通过三维模拟直观表达通风参数和空间关系,可用于多风机多级机站复杂通风网络解算,能够实现特殊分支巷道的风量调节,可以对污风路径进行直观显示和分析,对解算结果可以利用通风设计说明书标准格式以 Word 文档的形式输出,方便用户编写通风设计说明书。

通风技术人员可在三维空间中观察任意通风参数,对实测结果进行风量实时解算和分析,帮助提高矿井通风的科学决策水平。风机采用数据库方式管理,用户可根据实际情况进行更改,建立符合自己矿山的风机数据库。巷道属性分类清楚,包括普通巷道、定流巷道和装机点巷道。其中,定流巷道可以设定风量,通过安装局扇、风窗等设备改变原有风量;装机点巷道是用于装风机的巷道,通过设计的风量来选择合适的风机型号。通风解算采用 Hardy Cross 算法原理,动画模拟能形象地表现通风状态并反映当前解算参数。3DVent 矿井通风动态模拟解算系统如图 10-19 所示。

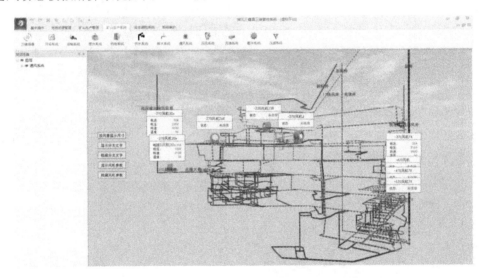

图 10-19 3DVent 矿井通风动态模拟解算系统

10.4 3DMine 在露天矿山优化与设计中的应用

10.4.1 境界优化

块体模型是实现境界优化的前提。在块体模型的基础上,通过设置矿床矿石的经济价值、采矿成本、露天境界边坡、开采约束及模型输出五个步骤圈定出实现"净现值"最大化的露天境界,对矿床进行露天境界优化。

矿床的经济价值参数包括:矿石品位值、矿产品的单位售价、矿岩石比重、矿石回收率及贫化率等;采矿成本参数包括:岩石剥离成本、矿石开采成本、复垦成本、矿石运输费用等;露天境界边坡参数为露天采场各个方向的稳定最终边坡角;开采约束参数主要约束矿床开采的深度和开采的平面范围;设置模型输出的尺寸可以生成境界优化模型。

3DMine 软件是利用 Lerchs-Grossman(图论法)作为境界优化的数学理论基础。其核心是将矿体量化到一个个块,不同块之间有开采顺序,如图 10-20 所示。如果要开采 18 号矿块,则必须开采 10 号、11 号、12 号矿块,同样,若要开采 10 号矿块,则必须开采 2 号、3 号、4 号矿块,10 号矿块对应 3 号、4 号、5 号矿块……则这样就组成了一个有向图 G,并且每个矿块的价值(对于矿石为正值,对于岩石为负值)为向图的权重,境界优化的目的:在该图中找一个权重之和最大的闭包(max closure)。

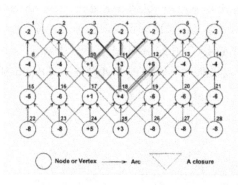
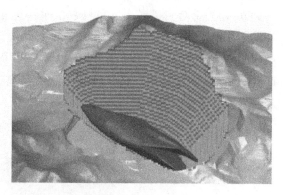

图 10-20　Lerchs-Grossman 优化原理图及效果

通过 3DMine 软件,不仅可以快速完成复杂的计算过程,还可以通过调整相关的参数,对不同的方案进行比选优化,使设计人员得到的方案更加可靠。如根据矿石价格上下浮动进行境界优化对比,如图 10-21 所示。

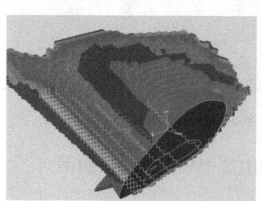
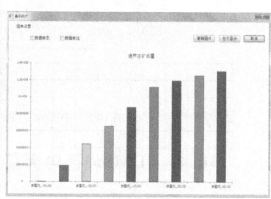

图 10-21　根据矿石价格上下浮动境界优化对比图

10.4.2　采 矿 设 计

在比选完成露天矿山的台阶参数、运输系统后,在境界优化模型的基础上,3DMine 软件根据设定参数自动生成坑内公路、台阶、平盘;对设计采场进行斜坡道、开段沟、排土场的优化和设计(图 10-22);可以与地质模型相结合,及时报告剥采比、品位、矿量、岩量等数值结果。

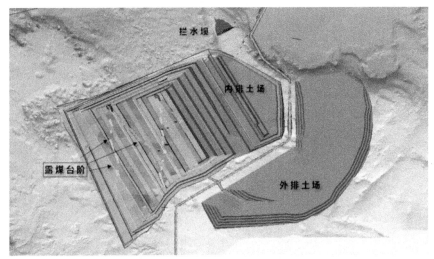

图 10-22　设计采场优化设计图

10.4.3　排 产 计 划

结合实际的块体模型,划定任意形态进行台阶矿量计算工作。实现软件图形与数据的联动,并可将图形快速更新,形成新的露天矿设计位置图。利用 3DMine 软件提供的采矿设计工具,可以根据采矿指标,针对采场现状进行采掘带的圈定、运输公路坡道的设置等工作。在矿体模型的后台运作下,露天采场圈定采掘带和生成公路坡道均可以在人机交互的运行模型中开展,能够将剥离量、采矿量及品位数据分离报告出来。采掘带斜坡道绘制如图 10-23 所示。

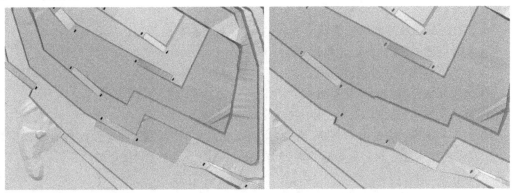

图 10-23　采掘带斜坡道绘制

10.4.4　爆 破 设 计

3DMine 软件的露天爆破模块,提供了技术人员开展露天爆破的工具。在该模块中可以进行炮孔的分布设置、装药设计、爆破连线设计、动画模拟以及爆破报告等功能。该模块具有高度的模块化、自动化的特点,可以高效、准确地进行露天生产爆破方面的设计及优化,如图 10-24 所示。

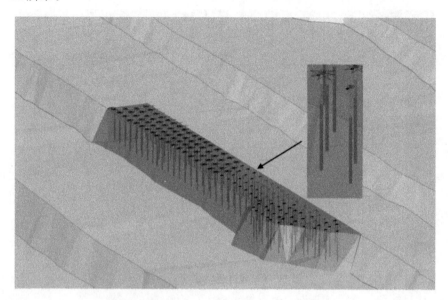

图 10-24　台阶爆破设计和优化

10.4.5　卡 车 调 度 系 统

露天矿 GPS 车辆智能调度管理系统综合运用计算机技术、现代通信技术、全球卫星定位(GPS)技术、系统工程理论和最优化技术等先进手段,建立生产监控、智能调度、生产指挥管理系统,对生产采装设备、移动运输设备、卸载点及生产现场进行实时监控和优化管理。矿山车辆管理与调度系统由无线通信设施、GPS 差分基站、配有 GPS 和移动通信设备的车载数据终端、调度中心图形显示四部分组成。如图 10-25 所示,调度中心图形显示功能包括:

① 以 3DMine 软件数字地表模型为载体,以地质信息模型为数据后台。

② 实时读取 GPS 设备位置数据。

③ 显示设备编号和设备运行轨迹。

④ 读取设备位置的地质信息数据。

⑤ 统计设备运行距离、平均速度、油耗等数据。

⑥ 可显示现场设备的各种保护、料位、设备运行及故障等状态,并可及时地打印出报警报表。对系统的主要生产过程参数可查询、打印,以备管理人员查询、分析。

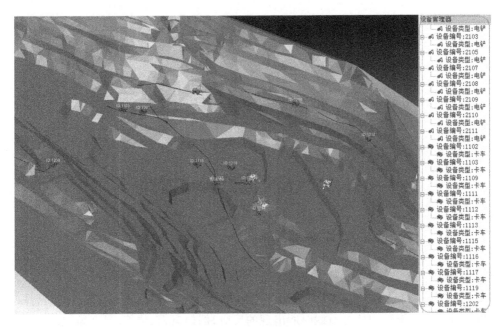

图 10-25　卡车调度系统显示界面

11　采矿工程虚拟仿真实验

11.1　认识仿真实验软件

11.1.1　ANSYS 软件概述

11.1.1.1　ANSYS 软件简介

ANSYS 是一种应用广泛的商业套装工程分析（CAE）软件。所谓工程分析软件，主要是分析机械结构系统受到外力负载时所出现的反应，例如应力、位移、温度等，根据该反应可知道机械结构系统受到外力负载后的状态，进而判断是否符合设计要求。一般机械结构系统的几何结构相当复杂，受的负载也相当多，理论分析往往无法进行。想要得到工程应用上的解答，必须先简化结构，采用数值模拟方法分析。计算机行业的发展，相应的软件也应运而生，ANSYS 软件在工程上应用相当广泛。

20 世纪 80 年代初期，国际上较大型的面向工程的有限元通用软件主要有 ANSYS、NASTRAN、ASKA、ADINA、SAP 等。以 ANSYS 为代表的工程数值模拟软件，是一个多用途的有限元法分析软件，它从 1971 年的 2.0 版本发展到现在，已有很大的不同。起初它仅提供结构线性分析和热分析，现在可用来计算结构、流体、电力、电磁场及碰撞等问题。

ANSYS 公司成立于 1970 年，由美国匹兹堡大学的 John Swanson 博士创建，其总部位于美国宾夕法尼亚州的匹兹堡，目前是世界 CAE 行业最大的公司。

11.1.1.2　ANSYS 软件的主要技术特点

① ANSYS 软件可实现前后处理、分析与求解以及多场分析中数据库相统一的有限元分析。

② ANSYS 软件可进行建模、加载与求解和输出分析结果。

③ ANSYS 软件是具有快速求解器和最早采用并行计算技术的 FEM 软件。

④ ANSYS 软件具有智能网格划分功能。

⑤ ANSYS 软件具有强大的非线性分析功能。

⑥ ANSYS 软件支持从计算机、工作站到大型计算机乃至巨型计算机的所有硬件平台，且用户界面是统一的。

⑦ ANSYS 软件可实现所有硬件平台上的数据文件兼容。

⑧ ANSYS 软件可与大多数 CAD 软件进行数据交换。

⑨ ANSYS 软件具有良好的用户自己开发环境和自动生成分析报告等功能。

⑩ ANSYS 软件是具有独一无二的优化功能以及流畅优化功能的分析软件。

⑪ ANSYS 软件具有多层次、多种类的计算分析模块。

⑫ ANSYS 软件是唯一具有多场及多场耦合功能的大型通用有限元分析软件。

11.1.1.3 ANSYS 软件的主要功能

ANSYS 软件是融结构、热力学、流体、电磁和声学等于一体的大型通用有限元(Finite Element Method)分析软件,可广泛用于核工业、铁路与公路交通、石油化工、航空航天、机械制造、能源、汽车、电子与家电、国防军工、造船、生物医学、轻工业、地矿、水利水电,以及土木建筑工程等方面的工程技术力学问题求解,以便指导其工程设计。

ANSYS 软件所支持的 CAD 系统有 Engineer、Unigraphics、Pro/E、Autodesk Inventor、Solid Works、Mechanical Desktop 和 Solid Edge。ANSYS 软件所支持的图形传递标准为 Parasolid 和 Sat。

11.1.2 ANSYS 使用介绍

11.1.2.1 ANSYS 运行初始参数设置

ANSYS 运行初始参数设置包括 License 管理器设置和启动中的初始参数设置。

(1) License 管理器设置(默认不需要设置)。

① 依次执行"开始→主程序→ANSYS FLEXlm License Manager →FLEXlm LMTOOLS Utility"命令,弹出"ANSYS License 管理设置"对话框。

② 单击"Service →License File"选项卡,选中"Configuration Using Services"复选框,并选中义本框中的"ANSYS FLEXlm License Manager"项。

③ 单击"Start →Stop →Reread"选项卡,单击"Stop Server"按钮,且到提示行出现"Stopping Server"为止。再单击"Start Server"按钮直到提示行出现"Server Start Successful"为止。

④ 关闭"ANSYS License 管理设置"对话框。

(2) 初始参数设置。

① 依次执行"开始→主程序→ANSYS →Configure ANSYS Products"命令,打开 ANSYS Launcher 程序进行初始参数设定。包括模块选择、文件管理、用户管理和程序初始化设置,如图 11-1 所示。

② 单击"Launch"选项卡,数值模拟环境"Simulation Environment"项后的下拉列表中包括 ANSYS 普通使用界面 ANSYS、ANSYS 命令流界面 ANSYS Batch 和线性动力求解界面 LS-DYNA Solver,License 选项后的下拉列表中列出了各种界面下相应的模块,包括力学、流体、热、电磁和几种场的耦合场等。

③ 单击"File Management"选项卡,在工作目录 Working Directory 后的文本框中设置工作目录,如图 11-2 中的 E:\ANSYS Documents,在"Job Name"后的文本框中设置项目名,如图 11-2 中的 My ANSYS。

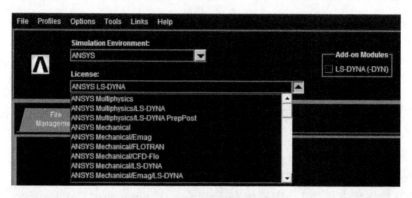

图 11-1　初始参数设置界面

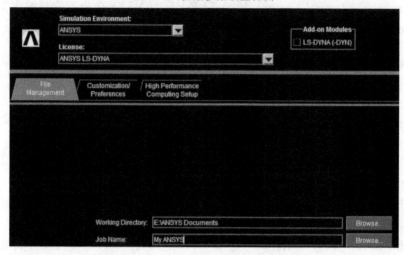

图 11-2　工作目录与文件设置界面

　　④ 单击"Customization Preferences"选项卡进行用户管理设置,包括内存分配、程序参数选择、语言和图形器等,如图 11-3 所示。

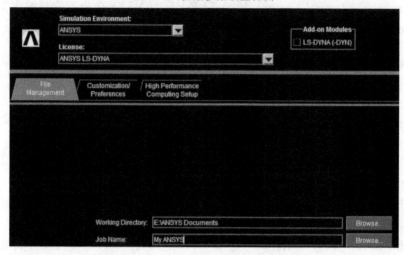

图 11-3　用户管理设置界面

⑤ 单击"High Performance Computing Setup"选项卡,勾选"Use GPU Accelerator Capability"。单击下方的"Run"按钮运行程序。

11.1.2.2 ANSYS 软件使用界面

启动 ANSYS 软件后,图形用户界面 GUI(Graphical User Interface)如图 11-4 所示。

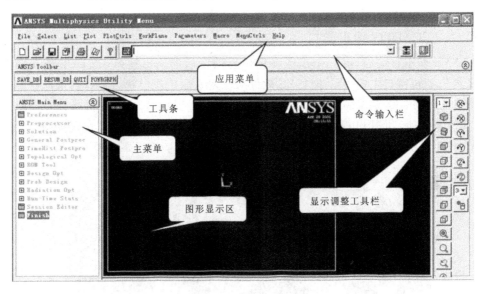

图 11-4   ANSYS 用户界面

(1) 应用菜单。应用菜单为通常的 Windows 下拉式结构,包括 10 个下拉式菜单,分别为 Filc(操作文件)、Select(选择实体部件)、List(列出数据)、Plot(显示图形)、PlotCtrls(显示控制内容)、WorkPlane(设置工作平面)、Parameters(数值参数操作)、Macro(宏命令编辑)、MenuCtrls(控制菜单)和 Help(帮助)。ANSYS 应用菜单可以完成一项功能或引出一个对话框,在程序操作过程的任何时候都可以单击应用菜单。

(2) 主菜单。主菜单包含采用 ANSYS 进行有限元力学分析的所有命令,并按照 ANSYS 的建模分析顺序进行排列。从上到下为 Preprocessor(前处理)、Solution(求解器)、General Postproc(通用后处理器)、Time Hist Postpro(时间历程后处理器)和 Design Opt (优化设计)等。

提示:菜单后带有"…"表示执行此命令后将弹出一个对话框;"+"表示单击后将显示下一级子菜单。

(3) 命令输入栏。对 ANSYS 程序的操作有两种方式:一是主菜单中的命令,二是通过命令输入栏输入命令。输入 ANSYS 命令时,将显示该命令的具体形式和有关参数的提示。

(4) 快捷工具栏。快捷工具栏包括常用的新建、打开和保存数据库,报告生成器以及帮助等操作,可以直接单击按钮完成操作。

(5) 显示图形区。图形区是 ANSYS 软件与用户交互的主要窗口,可显示分析模型、网格、计算结果和动画等图形信息以及计算过程中的收敛情况。

(6) 状态栏。位于图形显示区的下方,提示用户 ANSYS 当前的一些操作,如当前处理器、材料的本构模型、单元类型和几何常数以及系统坐标系等。

（7）显示隐藏对话框。在 ANSYS 操作过程中,可同时出现几个对话框,例如材料常数设置对话框,单击显示隐藏对话框按钮可将隐藏对话框调出。

（8）工具条。工具条包括 ANSYS 的一些宏命令,可单击按钮进行操作。用户可根据需要进行这些快捷命令的编辑、修改和删除操作,最多可设置 100 个命令按钮,单击"＾＾＾"按钮可以显示或隐藏该工具条。

11.1.2.3　DOS 输出窗口

ANSYS 程序启动后,有一个隐藏在用户界面背后的输出窗口,是 DOS 输出窗口,如图 11-5 所示。该窗口主要显示 ANSYS 软件对已输入命令或已执行操作的反应信息,也包括出错信息和警告信息。同时,DOS 输出窗口还可对 ANSYS 进行特殊操作,如在分析过程中,可强制中断和退出程序运行操作。由于对 DOS 输出窗口采用关闭操作将导致 ANSYS 程序退出运行,需要重新启动才能继续运行,故一般情况下不要关闭该窗口。

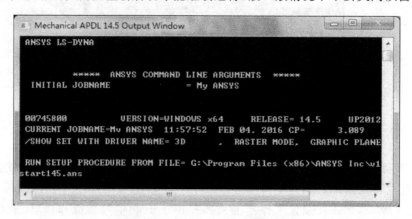

图 11-5　ANSYS DOS 输出窗口

11.1.2.4　用户界面设置

ANSYS 软件可根据个人的习惯设置用户界面,包括以下几个方面:

（1）图形用户界面设置。依次执行"开始→主程序→ANSYS→ANSYS Interactive"命令,弹出按用户方式启动程序对话框。在弹出的初始参数设置界面中选择 GUI Configuration 并弹出对话框,进行用户界面设置。

（2）启动菜单设置。可以使用"/MSTART"命令选择启动后出现需要的菜单,先通过执行 ANSYS Inc→V70→ANSYS→apdl 命令,在 apdl 文件夹中找到 start * *.ans,然后用记事本打开,并在里面增加"/MSTART"命令。

如果想在程序启动后关闭主菜单,可在 start * *.ans 文件中找到"! /MSTART,MAIN,OFF"语句,再将语句中的"!"去掉就可以了,程序默认语句为"/MSTART,MAIN,ON"。

（3）字体与颜色设置。可通过操作系统进行字体与颜色设置,例如对于 Windows 操作系统,通过控制面板进行设置。

通过 ANSYS 程序设置,通过"Utility Menu→Plots Ctrls→Font Controls"命令设置字体,通过"Utility Menu→Plots Ctrls→Style→Colors"命令设置颜色,通过"Utility Menu→Plots Ctrls→Style→Background"命令设置背景颜色。

11.2 有限元模型建立

11.2.1 建模方法

由节点和单元构成的有限元模型与结构系统的几何外形基本是一致的。有限元模型的建立可分为直接法和间接法(也称实体模型,Solid Modeling)。直接法为直接根据结构的几何外形建立节点和单元,因此直接法只适用于简单的结构系统。间接法适用于节点及单元数目较多的复杂几何外形系统。该方法通过点、线、面、体,先建立几何模型,再进行实体网格划分,以完成有限元模型的建立。图 11-6 所示是对一个平板建模,把该板分为四个单元。若用直接建模法,首先建立节点 1～9(如 N,1,0,0),定义单元类型后,连接相邻节点生成四个元素(如 E,1,2,5,4)。如果用间接法,先建立一块面积,再用二维空间四边形元素将面积分为 9 个节点及 4 元素的有限元模型,即需在网格划分时,设定网格尺寸或密度。用间接法建模,节点及单元的序号不容易控制,其节点等对象的序号的安排可能会与给定的图例存在差异。本章主要讨论直接法构建有限元模型,下一章介绍间接法(实体模型)有限元的建立。

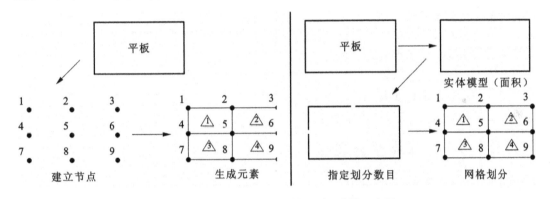

图 11-6 直接法(左)和间接法(右)建模示意图

11.2.2 坐标系统及工作平面

空间任何一点通常可用笛卡尔坐标(Cartesian)、圆柱坐标(Cylinder)或球面坐标(Sphericity)来表示该点的坐标位置,不管哪种坐标系都需要三个参数来表示该点的正确位置。每一坐标系统都有确定的代号,进入 ANSYS 的默认坐标系是笛卡尔坐标系统。上述三个坐标系统又称为整体坐标系统,在某些情况下可通过辅助节点来定义局部坐标系统。

工作平面是一个参考平面,类似于绘图板,可依用户要求移动。

欲显示工作平面可用如下操作:

GUI:Utility Menu→Work Plane→Display Working Plane。

欲设置平面辅助网格开关可用如下操作:

GUI:Utility Menu→Work Plane→WP Settings。

相关命令:

LOCAL,KCN,KCS,XC,YC,ZC,THXY,THYZ,THZX,PAR1,PAR2。

注意:定义局部坐标系统,以辅助有限元模型的建立,只要在建立节点前确定用何种坐标系统即可。

KCN:坐标系统代号,大于 10 的任何一个号码都可以。

KCS:局部坐标系统的属性。

① KCS=0,卡式坐标;KCS=1,圆柱坐标;KCS=2,球面坐标。

② XC,YC,ZC:局域坐标与整体坐标系统原点的偏移值。

③ THXY,THYZ,THZX:局域坐标与整体坐标系统 X、Y、Z 轴旋转角度。

Menu Paths:Unility Menu →Work Plane →Local Coordinate Systems →Creat Local CS →At Specified Loc。

CSYS,KSN

声明坐标系统,默认为卡式坐标系统(CSYS,0),KSN 为坐标系统代号,1 为柱面坐标系统,2 为球面坐标系统。

Menu Paths:Utility Menu →Work Plane →Change Active CSto →(CSYS Type)。

Menu Paths:Utility Menu →Work Plane →Change Active CSto →Working Plane。

Menu Paths:Utility Menu →Work Plane →Off set WP to →Global Origin。

/UNITS,LABEL

声明单位系统,表示分析时所用的单位,LABEL 表示系统单位,如下所示:

① LABEL=SI(公制,公尺、公斤、秒)。

② LABEL=CSG(公制,公分、公克、秒)。

③ LABEL=BFT(英制,长度=ft)。

④ LABEL=BIN(英制,长度=in)。

11.2.3 实体模型的建立

11.2.3.1 实体模型简介

相对来说,直接法建立有限元模型过程较为复杂而且容易出错,因此这里引入实体模型的建立,与一般的 CAD 软件一样,利用点、线、面、体组合而成。实体模型几何图形决定之后,由边界来决定网格密度,即每一线段要分成几个单元或单元的尺寸多大,决定了每边单元数目或尺寸大小之后,ANSYS 的内建程序即能自动产生网格,即自动产生节点和单元,完成有限元模型。

11.2.3.2 实体模型的建立方法

(1) 由下往上法(bottom-up method)。

依次建立最低单元的点到最高单元的体积,即先建立点,再由点连成线,然后由线组合成面积,最后由面积组合建立体积。

(2) 由上往下法(top-down method)及布尔运算命令一起使用。

此方法直接建立较高层次单元对象,其所对应的较低层次单元对象一起产生,对象单元高低顺序依次为体积、面积、线段及点。布尔运算为对象相互加、减、组合等。

（3）混合使用前两种方法。

前两种方法可综合运用，但应考虑到要获得什么样的有限元模型，即在网格划分时，要产生自由网格划分或对应网格划分。自由网格划分时，实体模型的建立比较简单，只要所有的面积或体积能接合成一个体就可以；对应网格划分时，平面结构一定要四边形或三边形面积相接而成，立体结构一定要六面体相接而成。

11.2.3.3 群组命令介绍

表 11-1 给出了 ANSYS 中 X 对象的名称，表 11-2 中列出了 ANSYS 中 X 对象的群组命令，命令参数大部分与节点及元素单元相似。

表 11-1   **ANSYS 中 X 对象的名称**

对象种（X）	节点	元素	点	线	面积	体积
对象名称	X=N	X=E	X=K	X=L	X=A	X=V

表 11-2   **ANSYS 中 X 对象的群组命令**

群组命令	意义	例子
XDELE	删除 X 对象	LDELE 删除线
XLIST	在窗口中列示 X 对象	VLIST 在窗口中列出体积资料
XGEN	复制 X 对象	VGEN 复制体积
XSEL	选择 X 对象	NSEL 选择节点
XSUM	计算 X 对象几何参数	ASUM 计算面积的几何参数，如面积大小、边长、重心等
XMESH	网格化 X 对象	AMESH 面积网格化 LMESH 线的网格化
XCLEAR	清除 X 对象网格	ACLEAR 清除面积网格 VCLEAR 清除体积网格
XPLOT	在窗口中显示 X 对象	KPLOT 在窗口中显示点 APLOT 在窗口中显示面积

11.2.3.4 点定义

实体模型建立时，点是最小的单元对象，点即为结构中一个点的坐标，点与点连接成线也可直接组合成面积及体积。点的建立按实体模型的需要而设定，但有时会建立一些辅助点以帮助其他命令的执行，如圆弧的建立。

相关命令：

K，NPT，X，Y，Z

建立点（Keypoint）坐标位置（X，Y，Z）及点的号码 NPT 时，号码的安排不影响实体模型的建立，点的建立也不一定要连号，但为了数据管理方便，定义点之前先规划好点的号码，有利于实体模型的建立。在圆柱坐标系下，$X，Y，Z$ 对应于 $R，\theta，Z$，球面坐标系下对应着 $R，\theta，\Phi$。

Menu Paths：Main Menu →Preprocessor →Modeling →Create →Key Point →In Active Cs

Menu Paths：Main Menu → Preprocessor → Modeling → Create → Key Point → On Working Plane

KFILL,NP1,NP2,NFILL,NSTRT,NINC,SPACE

点的填充命令是自动将两点 NP1、NP2 间，在现有的坐标系下填充许多点，两点间填充点的个数（NFILL）及分布状态视其参数（NSTRT,NINC,SPACE）而定，系统设定为均分填充。如语句 FILL,1,5，则平均填充 3 个点在 1 和 5 之间。如图 11-7 点填充所示。

图 11-7 点填充

Menu Paths：Main Menu →Preprocessor →Modeling →Create →Key Point →Fill Between KPs

KNODE,NPT,NODE

定义点（NPT）于已知节点上。

Menu Paths：Main Menu →Preprocessor →Modeling →Create →Keypoint →On Node

11.2.3.5 线段定义

建立实体模型时，线段为面积或体积的边界，由点与点连接而成，构成不同种类的线段，例如直线、曲线、圆、圆弧等，也可直接由建立面积或体积而产生。线的建立与坐标系统有关，直角坐标系下为直线，圆柱坐标下为曲线。

相关命令：

L,P1,P2,NDIV,SPACE,XV1,YV1,ZV1,XV2,YV2,ZV2

此命令是用两个点来定义线段，此线段的形状可为直线或曲线，此线段在产生面积之前可做任何修改，但若已成为面积的一部分，则不能再做任何改变，除非先把面积删除。NDIV 指欲进行网格化时所要分的元素数目。

Menu Paths：Main Menu →Preprocessor →Modeling →Create →Lines →Lines →In Active Coord

LDIV,NL1,RATIO,PDIV,NDIV,KEEP

此命令是将线分割成数条线，NL1 为线段的号码，NDIV 为线段欲分的段数（系统默认为两段），在不等于 2 时为均分，PDIV 为剖分点的编号（NDIV＝2 时才起作用），RATIO 为两段的比例（NDIV＝2 时才起作用），KEEP＝0 时原线段资料将删除，KEEP＝1 则保留。

Menu Paths：Main Menu → Preprocessor → Modeling → Operate → Booleans → Divide →(type options)

LFILLT,NL1,NL2,RAD,PCENT

此命令是在两条相交的线段（NL1,NL2）间产生一条半径等于 RAD 的圆角线段，同时自动产生三个点，其中两个点在 NL1、NL2 上，是新曲线与 NL1、NL2 相切的点，第三个点是新曲线的圆心点（PCENT，若 PENT＝0 则不产生该点），新曲线产生后原来的两条线段会改变,新形成的线段和点的号码会自动编排上去,如图 11-8 所示。

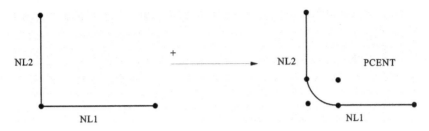

图 11-8　产生圆角

Menu Paths:Main Menu →Preprocessor →Modeling →Create →Lines →Line Fillet

LARC,P1,P2,PC,RAD

此命令是定义两点(P1,P2)间的圆弧线(Line of Arc),其半径为 RAD,若 RAD 的值没有输入,则圆弧的半径直接依据 P1,PC 到 P2 的距离自动计算出来。不管现在坐标为何,线的形状一定是圆的一部分。PC 为圆弧曲率中心部分任何一点,不一定是圆心。如图 11-9 所示:

图 11-9　圆弧的生成

Menu Paths:Main Menu →Preprocessor →Modeling →Create →Lines →Arcs →By End KPs & Rad

Menu Paths:Main Menu → Preprocessor → Modeling → Create → Lines → Arcs → Through 3 Kps

CIRCLE,PCENT,RAD,PAXIS,PZERO,ARC,NSEG

此命令会产生圆弧线(CIRCLE Line),该圆弧线为圆的一部分,依参数状况而定,与目前所在的坐标系统无关,点的号码和圆弧的线段号码会自动产生。

PCENT:圆弧中心点坐标号码。

PAXIS:定义圆心轴正向上任意点的号码。

PZERO:定义圆弧线起点轴上的任意点的号码,此点不一定在圆上。

RAD:圆半径,若此值不输入,则半径为 PCENT 到 PZERO 的距离。

ARC:弧长(以角度表示),若输入为正值,则由开始轴产生一段弧长;若没输入,则产生一个整圆。

NSEG:圆弧欲划分的段数,此处段数为线条的数目,非有限元网格化时的数目。

Menu Paths:Main Menu →Preprocessor →Modeling →Create → Lines →Arcs →By End Cent & Radius

Menu Paths:Main Menu → Preprocessor → Modeling → Create → Lines → Arcs → Full Circle

11.2.3.6　面积定义

实体模型建立时,面积为体积的边界,由线段连接而成,面积的建立可由点直接相接或线段围接而成,并构成不同数目边的面积。也可直接建构体积而产生面积,如要进行对应网格化,则必须将实体模型建构为四边形面积的组合,最简单的面积为 3 点连接而成。以点围成面积时,点必须以顺时针或逆时针输入,面积的法线方向按点的顺序依右手定则决定。

相关命令:

A,P1,P2,P3,P4,P5,P6,P7,P8,P9

此命令用已知的一组点(P1～P9)来定义面积(Area),最少使用 3 个点才能围成面积,同时产生围绕这些面积的线段。点要依次序输入,输入的顺序会决定面积的法线方向。如果此面积超过了 4 个点,则这些点必须在同一个平面上。如图 11-10 所示:

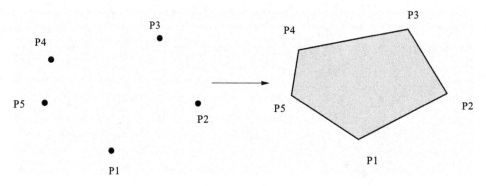

图 11-10　由点生成面积

Menu Paths:Main Menu →Preprocessor →Modeling →Create →Areas →Arbitrary →Through KPs

AL,L1,L2,L3,L4,L5,L6,L7,L8,L9,L10

此命令由已知的一组直线(L1,…,L10)线段(Lines)围绕而成的面积(Area),至少需要 3 条线段才能形成平面,线段的号码没有严格的顺序限制,只要它们能形成封闭的面积即可。若使用超过 4 条线段去定义平面,所有的线段必须在同一平面上,以右手定则来决定面积的方向。如图 11-11 所示。

Menu Paths:Main Menu →Preprocessor →Modeling →Create →Areas →Arbitrary →By Lines

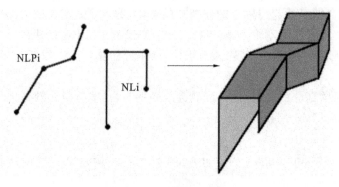

图 11-11　线拉伸生成面

AROTAT,NL1,NL2,NL3,NL4,NL5,NL6,PAX1,PAX2,ARC,NSEG

此命令用于建立一组圆柱形面积(Area)。产生方式为绕着某轴(PAX1、PAX2 为轴上的任意两点,并定义轴的方向)旋转一组已知线段(NL1~NL6),以已知线段为起点,旋转角度为 ARC,NSEG 为在旋转角度方向可分的数目。如图 11-12 所示。

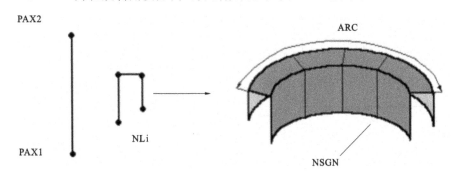

图 11-12　由线旋转生成面

Menu Paths：Main Menu → Preprocessor → Modeling → Operator → Extrude → Lines →About Axis

11.2.3.7　体积定义

体积为对象的最高单元,最简单的体积定义为点或面积组合而成。由点组合时,最多由八点形成六面体,八点顺序为相应面顺时针或逆时针皆可,其所属的面积、线段,自动产生。以面积组合时,最多为十块面积围成的封闭体积,也可由原始对象(Primitive Object)建立,例如:圆柱、长方体、球体等可直接建立。

相关命令:

V,P1,P2,P3,P4,P5,P6,P7,P8

此命令由已知的一组点(P1~P8)定义体积(Volume),同时产生相对应的面积及线。点的输入必须依连续的顺序,以八点为例,连接的原则为对应面的相同方向,对于四点角锥、六点角柱的建立都适用。如图 11-13 所示:

Menu Paths：Main Menu → Preprocessor → Modeling → Create → Volumes → Arbitrary → Through KPs

VA,A1,A2,A3,A4,A5,A6,A7,A8,A9,A10

此命令由已知的一组面(VA1~VA10)包围成一个体积,至少需要 4 个面才能围成一个体积,该命令适用于当体积要多于 8 个点才能产生时。平面号码可以是任何次序输入,只要该组面积能围成封闭的体积即可。

Menu Paths：Main Menu → Preprocessor → Modeling → Create → Volumes → Arbitrary → By Areas

VDRAG, NA1, NA2, NA3, NA4, NA5, NA6, NLP1, NLP2, NLP3, NLP4, NLP5,NLP6

此命令为体积(Volume)的建立是由一组面积(NA1~NA6),沿某组线段(NL1~NL6)为路径,拉伸而成。

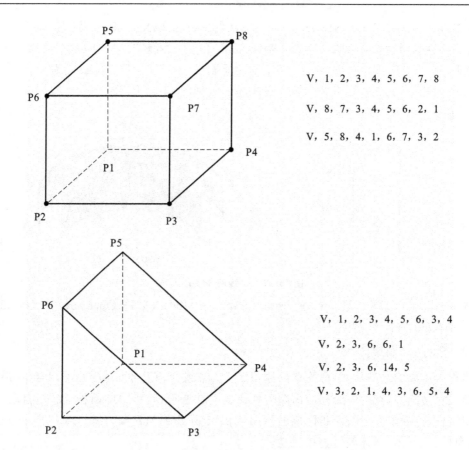

V, 1, 2, 3, 4, 5, 6, 7, 8

V, 8, 7, 3, 4, 5, 6, 2, 1

V, 5, 8, 4, 1, 6, 7, 3, 2

V, 1, 2, 3, 4, 5, 6, 3, 4

V, 2, 3, 6, 6, 1

V, 2, 3, 6, 14, 5

V, 3, 2, 1, 4, 3, 6, 5, 4

图 11-13　由点生成体

Menu Paths：Main Menu →Modeling →Operate →Extrude →Areas →Along Lines

VROTAT,NA1,NA2,NA3,NA4,NA5,NA6,PAX1,PAX2,ARC,NSEG

　　此命令为建立柱形体积,即将一组面(NA1~NA6)绕轴 PAX1、PAX2 旋转而成,以已知面为起点,ARC 为旋转的角度,NSEG 为整个旋转角度中欲分的数目。如图 11-14 所示。

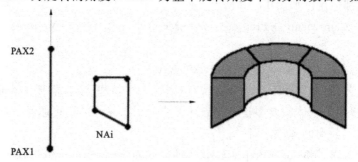

图 11-14　由面旋转生成体

Menu Paths：Main Menu → Modeling →Operate →Extrude →Areas →About Axis

11.2.3.8　布尔操作

　　布尔操作可对几何图元进行布尔计算,ANSYS 布尔运算包括 ADD(加)、SUBTRACT(减)、INTERSECT(交)、DIVIDE(分解)、GLUE(黏结)、OVERLAP(搭接),它们不仅适用于简单的图元,也适用于从 CAD 系统中导入的复杂几何模型。通常情况下,结构进行对应网格化几乎无法达到,故皆以自由网格化为主。布尔运算还可对所操作的对象进行编号。

GUI 命令路径为 Main Menu →Preprocessor →Modeling →Operate →Booleans。

11.2.4 网格划分

11.2.4.1 单元库、定义单元类型及其实常数

表 11-3 所示为 ANSYS 单元库包含的单元类别和对应的单元名称。

表 11-3 ANSYS 单元库

单元类别	维数	单元名称
结构点单元(Mass)	1/2/3-D	MASS21
结构线单元(Link)	2-D	LINK1
	3-D	LINK8,LINK10,LINK11,LINK180
结构梁单元(Beam)	2-D	BEAM3,BEAM23,BEAM54
	3-D	BEAM4,BEAM24,BEAM44,BEAM188,BEAM189
结构实体单元(Solid)	2-D	PLANE2,PLANE25,PLANE42,PLANE82,PLANE83,PLANE145,PLANE146,PLANE182,PLANE183
	3-D	SOLID45,SOLID64,SOLID65,SOLID92,SOLID95,SOLID147,SOLID148,SOLID185,SOLID186,SOLID187
结构壳单元(Shell)	2-D	SHELL51,SHELL61
	3-D	SHELL28,SHELL41,SHELL43,SHELL63,SHeLL93,SHELL143,SHELL150,SHELL181
结构管道单元(Pipe)	3-D	PIPE16,PIPE17,PIPE18,PIPE20,PIPE59,PIPE60

在做具体分析时,用户并不是直接引用 ANSYS 单元库中的单元类型,而是定义一个单元类型表,表中包含的单元类型编号分别指向 ANSYS 单元库中的某个单元类型,在创建单元或给几何对象分配单元类型时只引用表中的单元类型编号,在求解过程中程序通过单元类型编号自动调用单元库中对应的单元类型。

在前处理器 PREP7 中定义单元类型,选择菜单"Main Menu →Preprocessor →Element Type →Add/Edit/Delete",弹出如图 11-15 所示的定义单元类型对话框,该对话框含有下列几种操作。

(1)"Add"按钮:增加新的单元类型。

单击"Add"按钮弹出图 11-16 所示单元选项对话框,首先选中左侧 Library of Element Types 单元库列表框中的单元类别[如 Structural Solid(结构类实体单元)],右侧列表框中立即显示左侧选中类别的全部单元名称列表,选中其中的某个单元类型名称并立即显示在右侧下部文本框中。在 Element

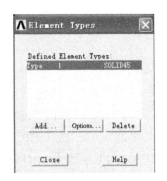

图 11-15 单元类型对话框

type reference number 文本框中输入定义单元类型的编号,该编号指向单元库中选中的单元类型。最后,单击"OK"或"Apply"按钮将该单元类型增加到单元类型表。

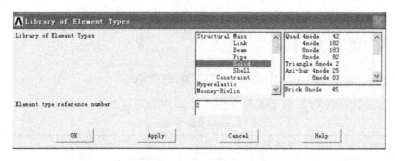

图 11-16　单元选项对话框一

(2)"Options"按钮:设置选中单元类型的功能选项。

许多单元类型都有可选择的配置选项供用户进行设置,主要用于控制单元的工作行为(如轴对称、平面应变、平面应力、接触行为方式、弹簧的刚度方向,等等)、自由度数目、单元形函数、结果输出控制等一系列单元属性,对于某些特殊场合十分重要。

如果已经定义的单元类型具有单元设置选项,单击"Options"按钮弹出选项设置对话框〔用户可以单击该对话框中"Help"按钮阅读单元帮助中的 KEYOPT(1)、KEYOPT(2)、KEYOPT(3)的说明,它们分别对应相应的 K1、K2、K3、…(注意编号不一定连续)〕,对每个选项进行设置,然后单击"OK"按钮完成设置。如图 11-17 所示。

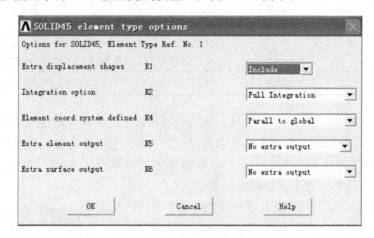

图 11-17　单元选项对话框二

(3)"Delete"按钮:删除选中单元类型。

选中定义单元类型对话框中已定义的某单元类型,然后单击"Delete"按钮执行删除。

(4)"Close"按钮:关闭定义单元类型对话框。

单击"Close"按钮关闭定义单元类型对话框,完成单元类型定义。

(5)"Help"按钮:阅读定义单元类型对话框的相关帮助。

11.2.4.2 定义材料模型及其属性

ANSYS 程序中能很方便地定义各种材料的属性,如结构材料属性参数、热性能参数、流体性能参数和电磁性能参数等。对于结构系统而言,定义材料模型的菜单如图 11-18 所示。

Main Menu → Preprocessor → Material → Material Models

选择上述菜单,弹出如图 11-19 所示定义材料模型对话框,左侧窗口按树结构列表显示已定义的材料模型,右侧窗口按树结构列表显示 ANSYS 材料模型库中提供的材料模型及其参数属性等。定义材料模型对话框含有下列几种操作:

① 给指定材料模型选择材料模型并输入属性参数。

② 增加新材料模型。

③ 复制材料模型及其属性参数。

④ 删除材料模型。

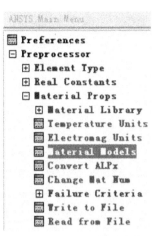

图 11-18 定义材料模型菜单

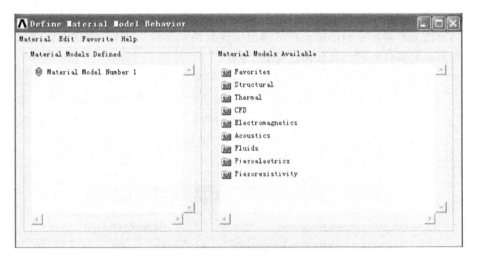

图 11-19 定义材料模型对话框

对于各向同性材料,材料坐标系可以是任意的,缺省情况下自动参照单元坐标系。如果材料是各向异性或正交各向异性材料,就必须通过修改单元坐标系来调整单元的材料坐标系。正交各向异性材料一般有 9 个基本材料参数(如弹性模量 EX/EY/EZ、泊松比 PRXY/PRYZ/PRXZ 或者 NUXY/NUYZ/NUXZ,剪切模量 GXY/GYZ/GXZ),它们的输入数值总是相对于单元坐标系的 X、Y、Z 方向或某个坐标平面内。对于各向同性材料,只需输入 X 方向 L 的弹性模量 EX 与泊松比 $PRXY$ 或者 $NUXY$,其他方向自动与这些参数一致。另外,对于复合材料层单元,允许给不同铺层指定不同的各向同性或正交异性材料等,材料方向由单元坐标系与铺层角度等联合确定。

(1)增加新材料模型。

第一次弹出如图 11-20 所示定义材料模型对话框时,左侧材料列表框列表中只显示 Material Model Number 1,自动缺省为当前材料编号。右侧材料模型库列表框提供可以指定给不同编号材料模型的模型库及其材料参数等。

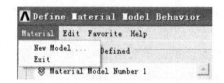

图 11-20　定义材料模型对话框

当需要新增加一个材料模型如 Material Model Number 2 时,选择如图 11-20 所示定义材料模型对话框的菜单"Material → New Model",弹出定义新材料模型编号对话框,在 Define Material ID 文本框中输入"2",然后单击"OK"按钮执行操作,在定义材料模型对话框的左侧列表框中立即显示一个新的材料模型 Material Model Number 2。如果需要为其指定材料模型与属性参数,必须在左侧列表中选中 Material Model Number 2,然后选中右侧列表中的材料模型或者属性参数项。

(2)复制材料模型及其属性参数。

如果需要定义新材料与已定义材料的模型与属性参数完全一致,就可以通过定义材料模型对话框的复制菜单复制已定义材料模型生成新的编号材料模型,并自动复制相关的材料属性参数。复制材料模型的操作过程如下:

选择定义材料模型对话框的复制菜单"Edit → Copy",弹出如图 11-21 所示复制材料模型对话框,在 from Material number 列表中选择某个已定义的材料模型编号,使其成为复制对象,在 to Material number 文本框输入复制所对应的新材料编号,单击"OK"或"Apply"按钮执行复制操作。如图 11-21 所示,是将 1 号材料的材料模型及其属性复制给 2 号材料,2号材料是没有定义的新材料。

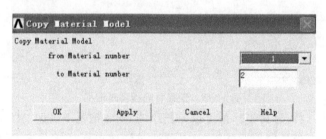

图 11-21　复制材料模型及其属性对话框

注意:复制所得的材料编号可以是没有定义的材料编号,无须提前利用定义材料模型对话框的菜单 Material → New Model 来增加新材料。

(3)删除材料模型。

对于多余的材料,可以利用删除材料模型菜单将它删除。删除材料的操作过程是:首先,选择定义材料模型对话框左侧列表中将要删除的材料编号(Material Model Number n,选中为蓝底);然后,选择该对话框中的删除菜单"Edit → Delete",程序立即执行删除操作。

（4）退出定义材料模型。

选择定义材料模型对话框退出菜单"Material→Exit"，程序马上关闭定义材料模型对话框。

11.2.4.3 使用网格划分工具 Mesh Tool

ANSYS 提供了一个网格划分工具 Mesh Tool，专门用于对 CAD 模型执行网格划分操作，并包含所有点、线、面、体的网格划分菜单所具有的同等功能。该工具高度集成 CAD 模型网格划分功能，操作简单方便，建议在绝大多数情况下利用该工具进行 CAD 模型的网格划分操作。

打开该工具选择下列菜单路径：

Main Menu→Preprocessor→Meshing→Mesh Tool

弹出图 11-22 所示控制面板，从上到下正好就是对 CAD 模型进行网格划分的过程。

① 分配单元属性选项。

Element Attributes：首先选择分配属性对象的类型（Global，KeyPoints，Lines，Areas，Volumes），然后单击"Set"按钮弹出拾取对象对话框，用鼠标拾取需要分配的指定类型的 CAD 对象，选择完成单击"OK"按钮，弹出属性设置对话框，设置 CAD 对象的单元属性（参见上面的属性分配介绍）。

② 密度控制选项。

a. Smart Size：打开/关闭智能尺寸控制，指定尺寸级别。

b. Size Control→Global：设置（Set）/清除（Clear）总体密度控制。

c. Size Control→Areas：设置（Set）/清除（Clear）面上网格密度控制。

d. Size Control→Lines：设置（Set）/清除（Clear）/复制（Copy）/颠倒（Flip）线上网格密度控制。

e. Size Control→Layer：设置（Set）/清除（Clear）层网格密度控制。

f. Size Control→Keypts：设置（Set）/清除（Clear）关键点网格密度控制。

③ 单元形状与划分器选择并执行划分/清除网格操作。

a. Mesh：指定划分网格操作的对象，对象确定后接下来的 3 个选项会相应地变化。

b. Shape：指定单元形状，面为 Tri（三角形）与 Quad（四边形），体为 Tet（四面体）与 Hex（六面体），其他类型 CAD 对象没有该项设置。

c. Free/Mapped/Sweep 及其设置：选择面或体的网格划分器类型，Free 为自由网格，

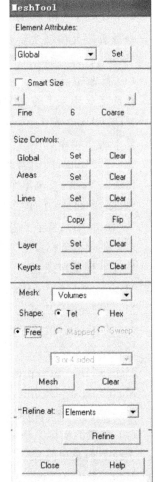

图 11-22 Mesh Tool 控制面板

Mapped 为映射网格,Sweep 为扫掠网格,其他类型 CAD 对象没有该项设置;选择 Sweep 时需要设置程序自动确定源面与目标面(AutoSrc/Trg)还是人工指定源面与目标面(PickSre/Trg)。

d. "Mesh(或 Sweep)/Clear"按钮:单击"Mesh"(或"Sweep")执行网格划分,单击"Clear"按钮清除 CAD 模型上的网格。

④ 网格加密操作。

a. Refine at:指定加密位置控制对象,即所有单元、节点、关键点、线、面或者体。

b. "Refine"按钮:单击按钮拾取加密位置对象执行加密操作。

⑤ 关闭/帮助操作。

a. "Close"按钮:关闭"Mesh Toll"对话框。

b. "Help"按钮:查阅"Mesh Toll"对话框的相关帮助。

11.2.4.4　修改有限元模型

修改有限元模型主要是指修改节点和单元的属性,如坐标、坐标系、方向、材料、单元类型、实常数、合并、网格加密、删除、复制、移动以及映射等一系列的操作。

(1) 修改节点。

在激活坐标系下修改/移动节点坐标值,选择下列菜单路径:

Main Menu →Preprocessor →Modeling →Move/Modify →Nodes

其下级子菜单如下。

Set of Nodes:同时修改一系列节点的坐标系。

Single Node:修改单个节点的坐标系。

Scale & Move:缩放/移动节点。

To Intersect:将节点移动到角点位置上。

(2) 在激活坐标系下复制节点。

选择下列菜单路径:

Main Menu →Preprocessor →Modeling →Copy →Nodes →Copy

Main Menu →Preprocessor →Modeling →Copy →Nodes →Scale & Copy

(3) 在激活坐标系下缩放节点。

选择下列菜单路径:

Main Menu →Preprocessor →Modeling →Move/Modify →Nodes →Scale & Move

Main Menu →Preprocessor →Modeling →Operate →Scale →Nodes →Scale & Copy

Main Menu →Preprocessor →Modeling →Operate →Scale →Nodes →Scale & Move

(4) 在激活坐标系下镜面映射节点。

选择下列菜单路径:

Main Menu →Preprocessor →Modeling →Reflect →Nodes

(5) 修改节点坐标系。

选择下列菜单路径:

Main Menu → Preprocessor → Modeling → Move/Modify → Rotate Node CS → To Surf Norm

Main Menu → Preprocessor → Modeling → Move/Modify → Rotate Node CS → To Active CS

Main Menu → Preprocessor → Modeling → Move/Modify → Rotate Node CS → By Angles

Main Menu → Preprocessor → Modeling → Move/Modify → Rotate Node CS → By Vectors

(6) 删除节点。

选择菜单路径：

Main Menu →Preprocessor →Modeling →Delete →Nodes

注意：如果节点属于某几何对象，如关键点、线、面或体，则只能通过清除网格的方法删除节点。只有利用直接创建节点单元的方法创建的节点才能使用该菜单进行删除操作。如果节点属于直接法创建的单元，则必须首先删除单元，然后才能删除节点。

(7) 合并重合节点。

菜单路径：

Main Menu →Preprocessor →Numbering Ctrls →Merge Items

(8) 在激活坐标系移动单元。

选择下列菜单路径：

Main Menu →Preprocessor →Modeling →Move/Modify →Nodes

其下级子菜单如下。

Set of Nodes：同时修改一系列节点的坐标系。

Single Node：修改单个节点的坐标系。

Scale & Move：缩放/移动节点。

To Intersect：将节点移动到交点位置上。

(9) 在激活坐标系下复制单元。

选择下列菜单路径：

Main Menu →Preprocessor →Modeling →Copy →Elements →Copy

Main Menu →Preprocessor →Modeling →Copy →Elements →Scale & Copy

(10) 在激活坐标系下镜面映射单元。

选择下列菜单路径：

Main Menu →Preprocessor →Modeling →Reflect →Elements

(11) 直接修改单元属性(TYPE,REAL,MAT,SEC 和 ESYS)。

菜单路径：Main Menu → Preprocessor → Modeling → Move/Modify → Elements → Modify Attrib

操作方法：选择该菜单，弹出拾取单元对话框，选中需要修改的单元，单击"OK"按钮后弹出修改单元属性对话框，从 Attribute to change 下拉列表中选择需要修改的单元属性项(TYPE,REAL,MAT,SEC 和 ESYS)，在 New attribute number 项输入该新属性编号，然后单击"OK"按钮执行修改操作。

（12）直接修改指定单元的材料号。

在 PREP7 和 SOLUTION 内都可以修改单元的材料号，选择下列菜单路径：

Main Menu →Preprocessor →Loads →Load Step Opts →Other →Change Mat Props →Change Mat Num

Main Menu →Preprocessor →Material Props →Change Mat Num

Main Menu →Solution →Load Step Opts →Other →Change Mat Props →Change Mat Num

操作方法：选择这些菜单，弹出修改材料号对话框，在 New material Number 项输入新的材料号，在 Element no. to be modified 项输入需要修改的单元号（或 ALL，表示当前全部的单元），然后单击"OK"按钮执行修改操作。

（13）增加/删除单元中节点。

如果用户需要改变单元类型，利用有中间节点的单元代替无中间节点的单元，则需要在已有单元上增加中节点，反之需要删除中节点。这两种操作的菜单分别如下。

① 增加单元中节点。选择下列菜单路径：

Main Menu → Preprocessor → Modeling → Move/Modify → Elements → Add Mid Nodes

② 删除单元中节点。选择下列菜单路径：

Main Menu → Preprocessor → Modeling → Move/Modify → Elements → Remove Mid Nd

（14）删除单元。

菜单路径：

Main Menu →Preprocessor →Modeling →Delete →Elements

注意：如果单元属于某几何对象，如关键点、线、面或体，则只能通过清除网格的方法删除单元。只有利用直接创建节点单元的方法创建的单元才能使用该菜单进行删除操作。

（15）清除几何模型上的网格。

① 清除关键点上定义的节点和点单元。

菜单路径：

Main Menu →Preprocessor →Meshing →Clear →Keypoints

② 清除线上定义的节点和线单元。

菜单路径：

Main Menu →Preprocessor →Meshing →Clear →Lines

③ 清除面上定义的节点和面单元。

菜单路径：

Main Menu →Preprocessor →Meshing →Clear →Areas

④ 清除体上定义的节点和体单元。

菜单路径：

Main Menu →Preprocessor →Meshing →Clear →Volumes

⑤ 利用 MeshTool 上清除按钮执行上述网格清除工作。

(16) 合并重合单元。

菜单路径：

Main Menu →Preprocessor →Numbering Ctrls →Merge Items

11.2.4.5　检查网格

网格划分完成后可以利用程序提供的网格检查功能检查网格的质量，参见图 11-23、图 11-24 所示网格检查菜单系统，对应菜单路径如下。

Main Menu →Preprocessor →Meshing →Modify Mesh →Check Mesh

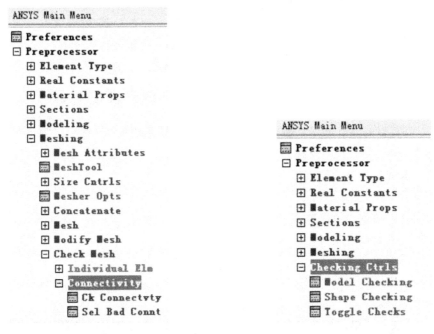

图 11-23　网格检查菜单一　　　　图 11-24　网格检查菜单二

其下级子菜单的功能与用法如下。

① Individual Elm：检查每个单元。

② Plot Bad Elms：检查每个单元的形态，分成三类，好的、警告、差的，还可以按类在图形窗口中画出这些单元进行检查。

③ Sel Bad Elems：选择出形态差的单元，或选择出形态差与警告性的单元。

④ Connectivity：检查网格连通性。

⑤ Ck Connectvty：检查连通性的状态。

⑥ Sel Bad Connt：选择连通性差的网格。

11.3　加载与求解

11.3.1　求解器环境与菜单系统

如图 11-25 所示，在求解器菜单系统的下边有一个子菜单项 Abridged Menus。

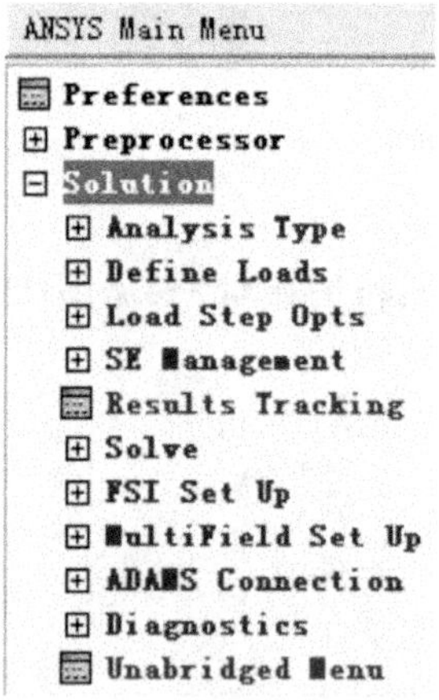

图 11-25　求解器菜单系统

显示 Abridged Menus 时：菜单状态适用于所有分析类型，提供全部菜单系统用于设置所有的分析类型选项和载荷步选项，包括当前求解分析类型不可操作和可操作的菜单项（显示为灰色的菜单项表示不可用）。

求解器菜单系统包括下列子菜单项（对应求解器的工作流程）。

① Analysis Type：选择分析类型并针对分析类型设置分析选项。

② Define Loads：施加各种载荷。

③ Load Step Opts：设置载荷步及其选项。

④ Solve：执行求解。

11.3.2　单载荷步求解过程

如果一个完整的求解过程只需要一个载荷步求解就可以完成，就称之为单载荷步求解（在求解器中，相当于完成求解器子菜单系统的一个流程），其分析步骤如下：

① 进入求解器；

② 选择分析类型；

③ 设置分析类型选项；

④ 施加边界条件与载荷；

⑤ 设置载荷步选项；

⑥ 执行求解；

⑦ 退出求解器。

下面按照展开菜单系统详细介绍单载荷步求解过程中几个重要步骤和相关设置，并介绍求解器控制对话框及其用法。

11.3.2.1　选择分析类型

首先，选择菜单 Main Menu →Solution →Analysis Type →New Analysis，弹出分析类型设置对话框，提供下列分析类型选项。

① STATIC(0)：静力/稳态求解，执行所有线性或非线性静力/稳态问题求解。

② BUCKLE(1)：特征屈曲求解，计算线性临界屈曲载荷。

③ MODAL(2)：模态求解，计算结构的模态振型与频率。

④ HARMIC(3)：谐响应求解，计算结构在不同频率激励下的响应行为。

⑤ TRANS(4)：瞬态求解，计算结构在时间历程载荷作用下的瞬态响应行为。

⑥ SUBSTR(7)：子结构，即计算超单元，生成超单元矩阵。

⑦ SPECTR(8)：谱求解，包含响应谱求解和随机振动求解两种。

选择某个分析选项，单击"OK"按钮关闭对话框。但是，如果选择 TRANS 分析类型，单击"OK"按钮则接着弹出瞬态分析方法选择对话框，选择合适的瞬态分析方法，单击"OK"按钮关闭对话框。

11.3.2.2　设置分析类型选项

选择菜单 Main Menu → Solution → Analysis Type → Analysis Options 可设置分析选项。该步骤主要是针对不同的分析类型设置它们各自的分析选项,包括通用几何非线性、求解器等一系列设置选项以及静动力学分析类型的其他专用选项。

下面针对线性/非线性的静力/稳态求解和瞬态完全法求解进行介绍,包含如下设置(对应 Solution Controls 对话框中 Basic 页片夹的 Analysis Options 选项与 Sol'n Options 页片夹的 Equations Solvers 选项):

① Nonlinear Options(非线性设置选项)。

a. Large deform effects:设置为 Off 表示关闭几何非线性开关,采用小位移算法;设置为 On 表示打开几何非线性开关,采用大位移算法。

b. Newton-Raphson option:牛顿-拉夫森迭代选项,设置为 Programchosen 表示程序选择。设置为 Full N-R 表示完全 N-R,设置为 Modified N-R 表示修正的 N-R,设置为 initial Stiffnes 表示初始刚度法。

c. Adaptive descent:自适应下降选项,设置为 ON if necessary 表示程序在必要时打开该功能,设置为 On 表示打开该功能,Off 表示关闭该功能。

② Linear Options(线性设置选项)。

Use lumped mass approx:设置为 No 表示采用一致质量矩阵,设置为 Yes 表示采用集中质量矩阵。

③ 选择合适的求解器并设置求解器选项。

a. Equation Solver:选择合适的求解器。

b. Tolerance/Level:控制迭代法精度水平的选项,是 1～5 之间的整数,用于确定迭代法收敛检查。精度水平 1 对应求解速度最快,即迭代次数少;精度水平 5 对应求解速度最慢,即精度高,迭代次数多(对应 Solution Controls 对话框 Sol'n Options 页片夹中的 Equations Solvers 选项,是针对 PCG 与 Iterative 求解器的)。

c. Single Precision:设置为 On 表示采用单精度计算,对于 PCG 可以减少 30% 的内存,但可能导致计算不收敛;设置为 Off 表示采用双精度计算。

d. Memory Save:设置为 On 表示求解时逐个单元进行存储单元矩阵,不组装总体刚度矩阵;设置为 Off 表示组装总体模型的刚度矩阵(缺省)。

e. Pivots Check:设置为 On 表示 frontal、sparse 与 PCG 在缺省条件下执行矩阵主元的非负行检查(不能为零与负值);设置为 Off 表示不执行主元非负行检查。

④ Stress stiffness or prestress:设置为 Stress stiffness On 表示考虑应力刚化效应,设置为 Prestress On 表示考虑预应力效应,设置为 None 表示两者都不考虑。

⑤ Temperature difference:绝对零度与用户采用温度单位之间的差值。

11.3.2.3　施加边界条件与载荷

ANSYS 具有四大物理场的分析功能,不同物理场分析具有不同的自由度、载荷与边界条件,这些都统称为载荷。有限元分析的主要目的就是计算系统对载荷的响应,所以载荷是求解的重要组成部分。

11.3.2.4　设置载荷步选项(时间、载荷步、载荷子步与平衡迭代)

在所有静态和瞬态分析中,时间总是计算的跟踪参数,即以一个不变的计数器或跟踪器按照单调增加的方式记录系统经历一段时间的响应过程。另外,与速率有关的蠕变或黏塑性分析等计算中,时间代表实际的时间,用 s、min 或 h 表示。但是,对于弧长法,时间比例表示当前施加载荷相对总载荷的比例系数,它不一定是单调增加,可以增加、减少或甚至为负,且在每个载荷步的开始时被重新设置为 0,所以在弧长法求解过程中时间不是计数器而是载荷比例系数。

时间控制就是按照时间历程顺序逐步求解在时间历程载荷作用下的系统响应历程。在整个时间历程中,载荷存在两种变化方式即 Steppedor Ramped b. c.,前者表示载荷按照阶梯突变方式变化,后者表示载荷按照线性渐变方式变化。依据载荷变化方式可以将整个载荷时间历程划分成多个载荷步即 Load Step,每个载荷步代表载荷发生一次突变或者一次渐变阶段。在载荷步时间段内,载荷增量可以进一步划分成多个子步即 Substep,每个子步内的载荷增量仅仅是当前载荷步内载荷增量的一部分,在子步载荷增量的条件下程序需要进行迭代计算即 Iteration,最终求解系统在当前子步时的平衡状态。以此类推,经过多个子步的求解就可以实现一个载荷步的求解,进一步经过多个载荷步求解就可以实现整个载荷时间历程的求解。如果载荷历程只需一个载荷步就可以完成计算则为单载荷步求解,否则就为多载荷步求解。

ANSYS 提供两种方式控制载荷步时间及其步长。

(1) 通过时间-时间步长方式控制。

选择菜单 Main Menu → Solution → Load Step Opts → Time/Frequenc → Time and Subsetps or Time-Time Step,弹出如图 11-26(a)所示对话框,设置下列选项。

① Time at end of loadstep:当前载荷步的终点时间。

② Time step size:子步步长。

③ Automatic time stepping:是否打开自动调整时间积分步长功能,设置为 Prog Chosen 表示程序自动确定是否采用自动时间步长功能,是缺省状态;设置为 On 表示打开自动调整时间积分步长功能;设置为 Off 表示关闭自动调整时间积分步长功能。

当 Automatic time stepping 设置为 Prog Chosen 或 On 时,需要进一步指定载荷子步的步长大小及其允许的取值波动范围,设置为 Off 表示不需要。

a. Minimum timestep:最小子步步长值。

b. Maximum timestep:最大子步步长值。

(2) 通过时间-载荷子步数目方式控制。

选择菜单 Main Menu → Solution → Time/Frequent → Time and Subsetps 弹出如图 11-26(b) 所示对话框,设置下列选项。

① Time at end of loadstep:当前载荷步的终点时间。

② Number of substeps:子步数目。

③ Automatic time stepping:意义与用法同上述控制方法。

当 Automatic time stepping 设置为 Prog Chosen 或 On 时,需要进一步通过指定子步数目及其允许的取值波动范围,设置为 Off 表示不需要。

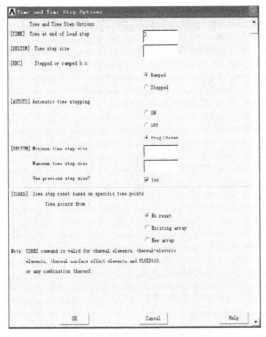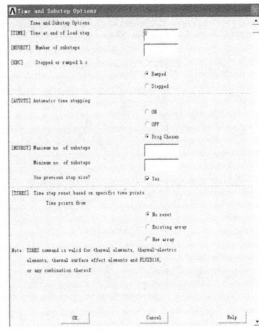

(a) (b)

图 11-26 时间控制与载荷步长设置

(a)按时间步长大小设置;(b)按载荷子步数目设置

a. Max no. of substeps:最大子步数目。

b. Min no. of substeps:最小子步数目。

11.3.2.5 设置载荷步选项(求解输出控制)

求解过程包含大量的中间时间点上的结果数据,包括基本解(基本自由度解)和各种导出解(如应力、应变等)。对于用户来讲,往往仅仅关心部分结果数据,在求解时只需控制输出这些结果数据到结果文件中就足够了。另外,如果将所有的结果数据计算出来并写进结果文件中,不但需要大容量的硬盘进行存储,而且需要大量计算与读写时间,极大影响计算速度。特别是对于瞬态计算或非线性等求解问题,随着模型的规模增大,结果数据会急剧增加,甚至可能出现硬盘容量不足而中止求解的现象。同时,我们必须获得足够多的中间时间点上的结果,以便准确获得响应历程的波动、峰值与周期等信息。所以,求解输出控制十分必要,它包含两个方面的内容,写入结果文件中的结果项与频率。

选择菜单 Main Menu → Solution → Load Step Opts → Output Ctrls → DB/Results File,弹出如图 11-27 所示求解输出控制对话框,设置下列选项。

(1) Item to be controlled:选择写入结果文件的结果项。提供的选项有:设置为 All items 表示输出所有求解结果项;设置为 Basic quantities 表示输出基本求解结果项;设置为输出其他类型的结果项:节点 DOF 解、节点反力、单元解、单元节点载荷等单元结果等。

(2) File write frequency:指定写入结果文件的频率。提供的选项有:设置为 Reset 表示重新设置;设置为 None 表示不输出任何结果项;设置为 At time points 表示采用表载荷计算时输出所有时间点上的结果;设置为 Last substep 表示仅仅输出每个载荷步的最后一

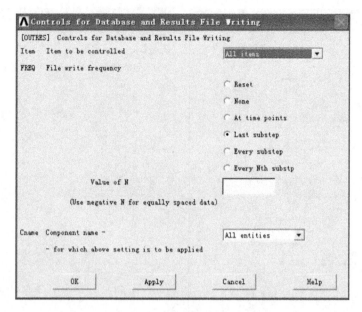

图 11-27　求解输出控制对话框

个子步的结果，为缺省选项；设置为 Every substep 表示输出所有载荷子步的结果；设置为 Every Nth substep 表示每隔 N 个子步输出一次。

（3）Component name：输出结果的模型组件，可以有选择地输出部分模型上的结果。提供的选项有：设置为 All entities 表示所有模型结果；选择定义模型组件，表示仅仅输出组建包含的部分模型的结果（定义组件选择菜单 Utility Menu →Select →Comp/Assembly → Create Component）。

另外，有时关心积分点结果，希望在后处理中观察单元积分点的结果信息，这时选择菜单 Main Menu →Solution →Load Step Opts →Output Ctrls →Integration Pt，弹出如图 11-28 所示对话框，提供的选项有：设置为 YES if valid 表示将积分点结果扩展到所有单元的节点上，但不包括发生塑性、蠕变成膨胀行为的单元（缺省选择）；设置为 YES 表示将积分点结果扩展到所有单元的节点上，但只将线性解进行扩展，而不扩展单元的塑性、蠕变或膨胀的解项；设置为 NO-copy them 表示直接将所有单元的积分点结果复制（不是扩展）到节点。

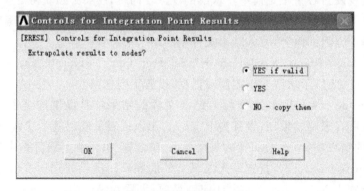

图 11-28　积分点结果控制对话框

11.3.3 多载荷步求解过程

前面介绍单载荷步时已经讲过,当一个载荷历程被划分成多个载荷步进行求解时,相当于在单载荷步的基础上连续进行多次的连续求解过程,即重复单载荷步的施加载荷、设置载荷步时间控制、设置载荷步选项、求解输出控制以及求解,直至完成整个时间历程求解。这里不再讲述某个求解的具体过程及其设置,主要针对下面两种多载荷步求解方法进行讨论。

11.3.3.1 连续多载荷步求解法

连续多载荷步求解法是连续多次进行施加载荷、载荷步设置与求解过程实现完整时间历程的求解方法,只需通过菜单方式就可以实现,过程十分简单。其主要缺点是,在交互使用时,用户不得不在计算机完成上一步求解后才能进行下一个载荷步工作,对于数量较多的载荷步很容易产生人为错误,所以只在少量的载荷步求解过程中使用。

下面是一个典型的连续多载荷步求解过程命令流,通过分析该命令来理解该方法。

/SOLU

…

!载荷步 1

D,…!时间边界条件

SF,…!施加载荷

Time,…!载荷步设置

SOLVE!求解载荷步 1

!载荷步 2

SF,…!施加载荷

Time,…!载荷步设置

…

SOLVE!求解载荷步 2

!＊同理,求解后续载荷步

11.3.3.2 表载荷求解法

利用 APDL 的表技术进行多载荷步求解,可以方便地解决载荷-时间历程中的任意时间上的载荷插值,对描述载荷更加轻松方便。

采用 Table 表载荷技术实现整个求解的分析过程,步骤如下。

(1) 清除内存准备分析。

① 清除内存:选择菜单 Utility Menu →File →Clear & Start New,单击"OK"按钮。

② 更换工作文件名:选择菜单 Utility Menu →File →Change Jobname,输入 Solve-Table-Load,单击"OK"按钮。

③ 定义标题:选择菜单 Utility Menu →File →Change Title,输入文字"Table Load Solution Example",单击"OK"按钮。

④ 读入分析模型,选择菜单 Utility Menu →File →Resume from,弹出浏览文件对话框,打开上节已建好的模型文件 Solve-Do-loop.db,然后单击"OK"按钮。

（2）定义载荷-时间表参数。

选择菜单 Utility Menu →Parameters →Array Parameters →Define/Edit，弹出"Array Parameter"对话框，单击"Add"按钮弹出"Add New Array Parameter"对话框，Par 输入表名称 FZ_KP，Type 选择 Table，I，J，K：维数分别输入 5，1，1，单击"OK"按钮；再单击"Array paramemr"对话框的"Edit"按钮弹出如图 11-29 所示对话框，按照图示赋值载荷表，然后选择对话框菜单 File→Apply/Quit，单击"Close"按钮。

（3）利用表载荷执行连续瞬态动力求解。

① 进入求解器，选择静力分析：选择菜单 Main Menu →Solution →Analysis Type → New Analysis，选中"Transient"，单击"OK"按钮，弹出"Transient Analysis"对话框，选择 "Full"（完全法），单击"OK"按钮。

② 固定 $X=0$ 位置上的边线：选择菜单 Main Menu →Solution →Define Loads →Apply → Structural →Displacement →OnLines，弹出拾取线对话框，用鼠标拾取 $X=0$ 位置上的边线（编号为 4），单击"OK"按钮，弹出施加线约束对话框，在 DOFs to be constrained 列表中选择"All DOF"，单击"OK"按钮。

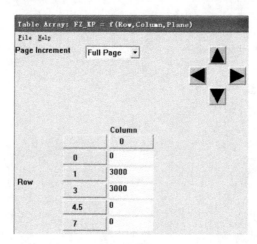

图 11-29　FZ_KP 表赋值对话框

③ 在坐标为（10，2，0）的关键点上施加 Fz 集中力：选择菜单 Main Menu →Solution → Define Loads →Apply →Structural →Force/Moment →On Keypoints，弹出拾取关键点对话框，用鼠标拾取坐标为（10，2，0）的关键点（编号为 3），单击"OK"按钮，弹出施加关键点集中力对话框，将 LAB 设置为 FZ，Apply as，选择 Existing table，单击"OK"按钮弹出选择载荷表对话框，选中列表框中的 FZ_KP，单击"OK"按钮。

④ 载荷步时间控制与输出控制：选择菜单 Main Menu →Solution →Analysis Type → Sol'n Controls，弹出"Solution Controls"求解控制对话框，首先单击 Basic 页片夹，设置下列选项：

a. Analysis Options 选择列表中的 Small Displacement Transient。

b. Time at end of loadstep 输入 7。

c. 选择 Number of substeps（控制子步数）。

　　d. Number of substeps 输入 50。

　　e. Write items to Results File 项选择 All solution items(所有解)。

　　f. Frequency 项选择 Write every substep(将每个载荷子步结果写入文件)。

　　g. 其他项均选用为缺省状态值。

　　然后,单击 Transient 页片夹,选择 Ramped loading(渐变增加载荷)。

　　⑤ 执行求解:选择菜单 Main Menu →Solution →Solve →Current LS,单击"OK"按钮执行求解。

　　⑥ 退出求解器:选择菜单 Main Menu →Finish。

　　(4) 在 POST26 中绘制位移响应曲线。

　　① 进入 POST26 后处理器:选择菜单 Main Menu →TimeHist Postpro,同时弹出 Time History Variables 对话框,选择对话框菜单 File →Close 关闭该对话框。

　　② 获取(10,2,0)位置上节点的编号存入变量 n_fz:在 ANSYS 的命令行输入窗口输入 n_fz=NODE(10,2,0)后回车。

　　③ 定义变量 2 记录 n_fz 的 UZ(t):选择菜单 Main Menu →TimeHist Postpro →Define Variables,弹出 Defined Time-History Variables 对话框,单击"Add"按钮,接着弹出 Add Time-history variable 对话框,选择 Nodal DOF Result,单击"OK"按钮,弹出 Define Nodal Data 拾取对话框,拾取图形窗口中任意节点,单击"OK"按钮,弹出 Define Nodal Data 对话框,将 Ref number of variable 设置为 2,node number 修改为 n_fz,User-specified label 项输入 UZ-KP,item,Comp 项右侧窗口内选择 UZ,单击"OK"按钮,再单击"Close"按钮。

　　④ 绘制变量 2 的曲线:选择菜单 Main Menu →TimeHist PostPro →Graph Variables,弹出 Graph Time-History Variables 对话框,在 1st variable to graph 输入 2,单击"OK"按钮绘制曲线。

11.3.4　中断与重启动求解过程

　　在求解过程中经常由于某种原因需要中断求解过程和重启动中断的求解过程,或者从时间历程中的某个中间时间重新启动求解,并重新调整后续的载荷及其设置选项重新计算后续时间历程响应。特别是,中断与重启动求解经常用于非线性求解过程中,如非线性求解一般需要很长的求解时间,可以在求解获得一个或几个收敛解后中断求解过程,利用后处理功能检查收敛解的正确性,判断计算是否需要调整或继续进行下去。另外,当非线性求解收敛失败时,可以在最后一次收敛载荷步的载荷子步进行重启动,重新调整求解选项继续执行求解。在瞬态求解过程中,如果某个时刻施加了错误的载荷,后续时间的结果将是完全错误的,这时只要从正确时间的载荷重启动求解就可以继续求解工作,不必重新从零时刻进行求解。从这些实例情况可以看出,中断与重启动求解可以避免错误,减少大量重复求解时间,减少工作量,十分方便有效。

　　在实践中,对于复杂的非线性问题或者长时间的瞬态计算问题,建议读者充分发挥中断与重启动功能,减少计算的重复性,实现计算中途反复调整计算设置或载荷,及时检查计算进程状态等目的。

11.3.4.1　中断求解过程

用户可以中断正在运行的 ANSYS 求解过程,如求解时单击求解进度对话框中的"Stop"按钮。对于非线性求解,一旦中断求解过程产生一个求解中断文件,命名为 Jobname.abt,缺省条件下程序自动将最后一次收敛的载荷子步写出到重启动文件,以便可以从该载荷子步进行重启动求解。

11.3.4.2　重启动求解

ANSYS 允许两种不同类型的重启动求解:单点重启动与多点重启动。单点重启动只允许用户在一个求解时间点上进行重启动求解,多点重启动则允许在多个求解时间点上进行重启动求解。重启动只适用于静力/稳态与完全法瞬态分析求解,其他的求解类型不支持。

首先,重启动需要在中断的求解过程中或者上次求解过程中生成重启动文件,缺省条件下求解过程自动将最后收敛的载荷步写出到重启动文件。如果需要人工指定生成多个重启动文件,则在求解过程中设置生成重启动文件的选项,在 Solution Controls 求解控制对话框的 Sol'n Options 项中设置 Restart Control 选项,或者选择菜单 Main Menu →Solution → Load Step Opts →Non linear →Restart Control,弹出如图 11-30 所示对话框,设置下列选项。

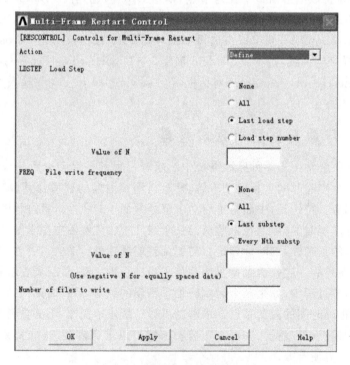

图 11-30　重启动文件控制对话框

(1) Action:设置重启动的动作,选择 Define 选项,表示定义重启动文件。

(2) LDSTEP:控制每个载荷步写出重启动文件的选项。设置为 None 表示所有载荷步不写出重启动文件,设置为 All 表示所有载荷步写出重启动文件,设置为 Last loadstep 表示每隔 N 个载荷步写出一个重启动文件。

（3）FREQ：控制每个载荷步中的载荷子步写出重启动文件的频率选项，设置为 None 表示所有子步不写出，设置为 All 表示所有子步写出重启动文件，设置为 Last substep 表示只有最后的子步写出重启动文件，设置为 Every Nth substep 表示每隔 N 个子步写出一个重启动文件。

（4）Number of files to write：控制总共需要写出的重启动文件的数目选项。

11.3.5　载荷种类及其施加方式

在 ANSYS 程序中，载荷包括边界条件和外部或内部作用力。另外，不同物理场中有不同的载荷，对于结构而言载荷包括以下六大类。

（1）自由度约束（DOF constraint），一般是将模型中的某个或某些自由度指定为零或者非零值，自由度被指定为零时表示固定约束，被指定为非零时表示该自由度只有一定的强制位移。在结构分析中自由度约束可以被指定为位移和对称边界条件等。

（2）集中力（Force），包括力和力矩两种，具有方向和大小，是施加在模型节点或者关键点上的集中载荷。

（3）面载荷（Surface load），是施加于某个表面上的分布载荷，在结构分析中就是压力载荷，可以是线压力也可以是面压力。

（4）体载荷（Body load），是在空间内分布的载荷，结构分析中指温度载荷。

（5）惯性载荷（Inertia load），由物体惯性引起的载荷，如线加速度、角速度和角加速度引起的结构惯性载荷。

（6）耦合场载荷（Coupled-field load），是 ANSYS 特有载荷，是将 ANSYS 一种物理场分析所得到的结果当作另一种物理场分析的载荷，例如可将热分析所得温度分布施加到相同拓扑网格的结构分析中作为温度载荷计算热应力。

施加载荷的方式有以下两种途径：

（1）在实体模型上施加载荷。

将载荷施加到关键点、线、面或体上，程序在求解时将自动转换到有限元模型上，独立于有限元网格而存在，往往操作简单、快捷，但要注意实体坐标系与有限元节点等坐标的一致性。

（2）在有限元模型上施加载荷。

将载荷施加到节点或单元，也是有限元分析的最终载荷施加状态，所以不会出现载荷施加冲突等问题，但将随有限元网格的改变而自动删除。

注意：在执行求解命令之前，程序会自动将所有的实体模型载荷转化为有限元模型载荷，如果两种方式在相同位置定义了相互冲突的同种载荷，则总是用实体载荷转化来的有限元载荷覆盖直接施加在有限元模型上的载荷。

12 边坡模拟案例

12.1 边坡开挖与支护的 ANSYS 模拟

由于受地形、地质条件的制约,在工程中往往存在不同规模的各种边坡,同时在施工过程中,因开挖也会人工形成一定规模的边坡。无论是自然边坡还是人工边坡,在工程的实施过程中,其稳定性对整个工程的安全性都有重要的影响,因此在设计及施工过程中,需要对这种边坡进行稳定性分析,并提出相应的整治或加固措施。下面以二维边坡为例,介绍利用 ANSYS 进行边坡稳定性分析的一般过程。

二维边坡简化模型如图 12-1 所示。

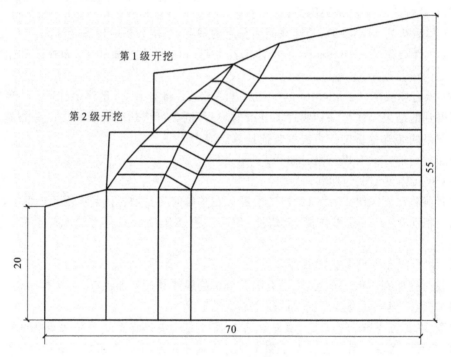

图 12-1 二维边坡简化模型

12.2　边坡二维有限元模型

12.2.1　CAD 模型的导入

在 CAD 内建立的边坡模型，通过一系列命令导入 ANSYS 中，从而减少建模过程。通过 CAD 导入建立的 ANSYS 面模型参见图 12-2。

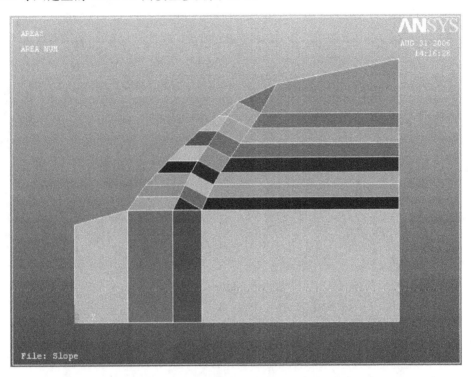

图 12-2　CAD 导入建立的 ANSYS 面模型

点击" 🖫 "或" SAVE_DB "保存文件 slope. db，并另存为 Slope-a. db。

12.2.2　单元和材料的定义

1. 单元的定义（图 12-3）

在本实验中，涉及坡体和锚杆两个部分，其中坡体为岩体材料土，锚杆为钢材体。考虑与实际工程相吻合，对于坝基，我们采用平面应变单元 Plane42 进行模拟，对锚杆 ANSYS 杆单元 Link 进行模拟分析。该单元不仅具有一般实体和岩体材料的性质，还可以模拟钢筋、开裂等。单元定义过程如下。

① 首先进入 ANSYS 前处理状态：Main Menu →Preprocessor。

② 点击 Element Type →Add/Edit/Delete，开始定义单元 Plane42（三维用 Solid45）。

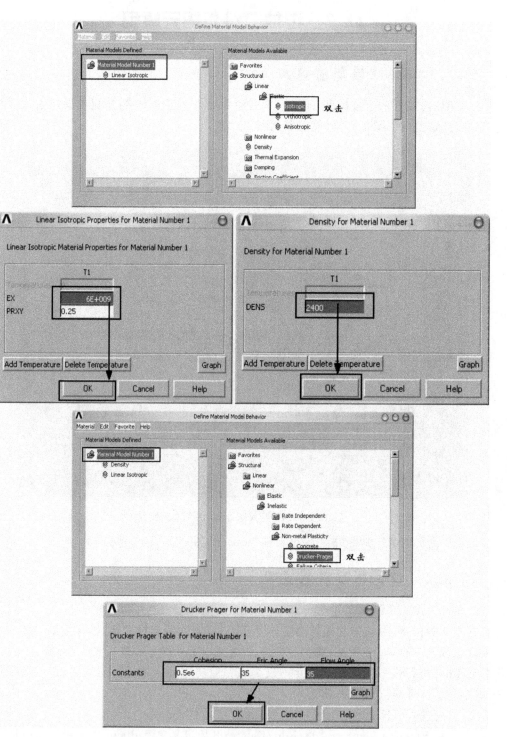

图 12-3　单元的定义过程

2.设置锚杆参数(图 12-4)

对于 Link1 二维杆单元,在 ANSYS 需输入的实参主要为截面积 AREA,可以通过如下方式确定(这里以 $\phi 32$ 钢筋为例,其截面积为 $8.042 \times 10^{-4} \mathrm{m}^2$)。

① Real Constants →Add/Edit/Delete⋯,弹出对话框中点击"Add⋯";

② 选择 Type2Link1,点击"OK";

③ 在弹出的对话框中,在 AREA 栏输入"8.042×10^{-4}",点击"OK",完成设置。

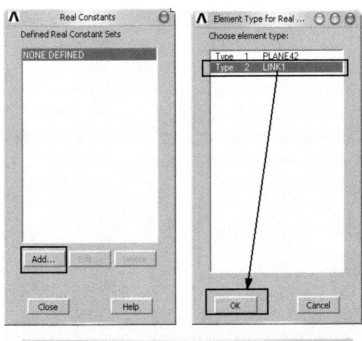

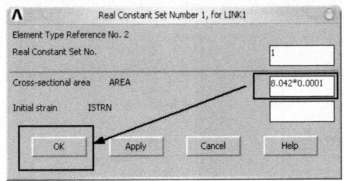

图 12-4　锚杆实参的设置

3.材料的定义

在本实验中,涉及两种材料,即坡体材料和锚杆材料(本实验中,坡体材料设定为弹塑性 DP 材料,计算材料弹塑性分析),分别定为 1 号材料和 2 号材料。

Material Props →Material Model⋯,在弹出的对话框中设置材料。

（1）坡体材料设置（图 12-5）。

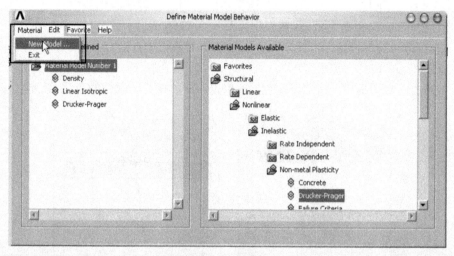

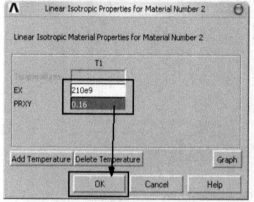

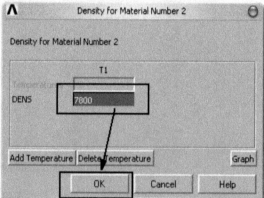

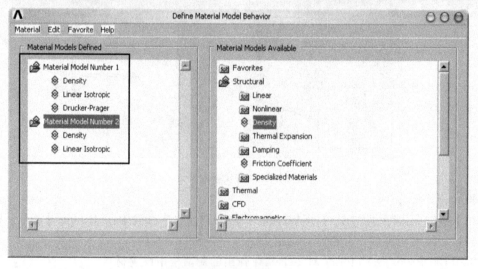

图 12-5　坡体材料设置

（2）锚杆材料设置（图 12-6）。

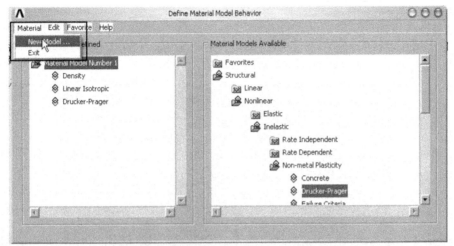

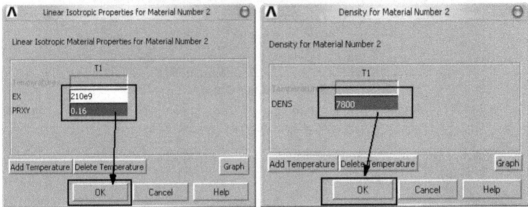

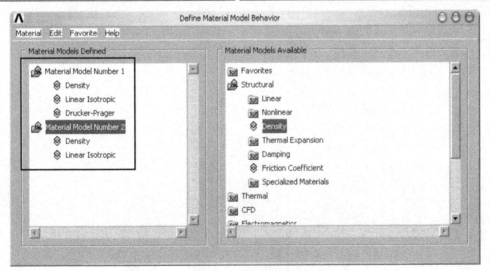

图 12-6　锚杆材料设置

12.2.3　网格划分

1.面、线属性设置

指定面属性:Meshing →Mesh Attributes →All areas…,在弹出的对话框中作如下设置(图 12-7)。

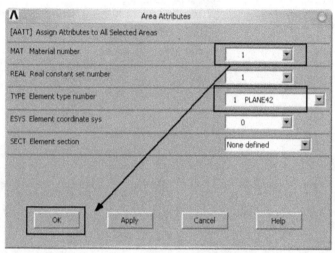

图 12-7　指定面属性设置

指定线属性:Meshing →Mesh Attributes →Picked Lines…,弹出线选择框,选择所有的锚杆/线,点击"OK"后,在对话框中作如下设置(图 12-8)。

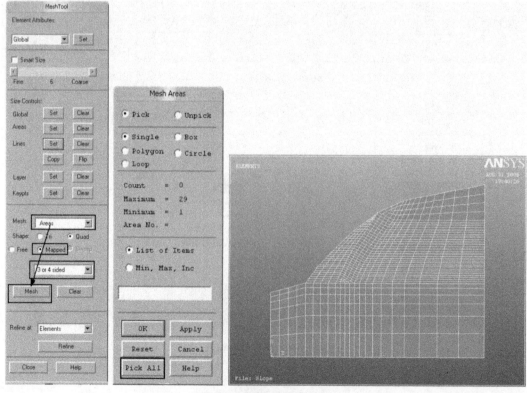

图 12-8　指定线属性设置

通过上述过程,完成了对坡体和锚杆材料的设定。

2.设置线划分密度

Meshing →MeshTool。

3.划分坡体单元

① Meshing →MeshTool…,弹出对话框中作如下设置后,点击"Mesh";

② 在弹出的面选择对话框中,点击"Pick All",即完成了坡体的网格划分(图 12-9)。

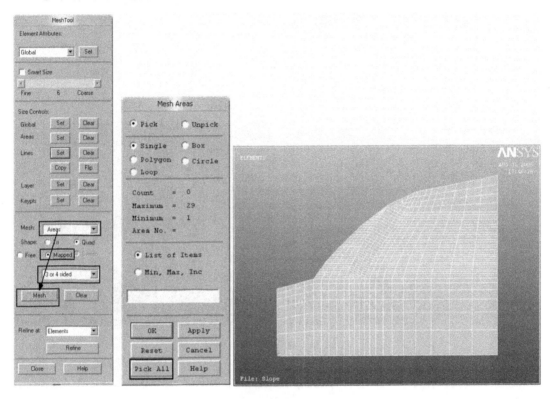

图 12-9　坡体单元网格划分界面

4.划分锚杆单元(图 12-10)

① 显示面 Ultities Menu →Plot →Areas;

② 选择锚杆所在的线(Ultities Menu →Select →Entities)后,显示所选择的线 Ultities Menu →Plot →Lines;

③ Meshing →MeshTool…,弹出对话框中作如图 12-10 所示设置后,点击"Mesh";

选择所有的元素(Utilities Menu →Select →Everything),并显示单元(Utilities Menu →Plot →Elements)。

④ 在弹出的线选择框中,点击"Pick All",即完成了坡体的网格划分;

点击" 💾 "或" SAVE_DB "保存文件 slope.db,并另存为 Slope-mesh.db。

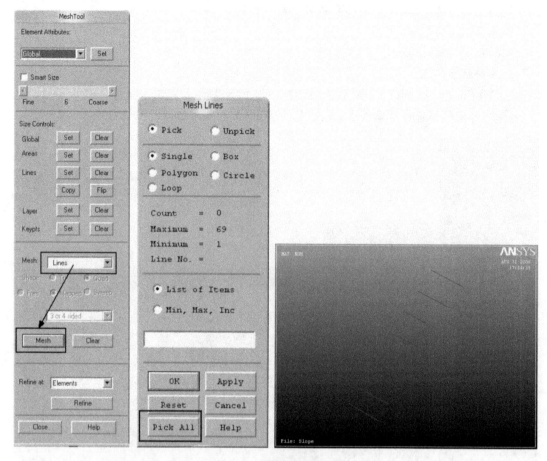

图 12-10　锚杆单元网格划分

12.2.4　边界条件和初始条件

边界条件的设置需进入 Solution 求解器:

Main Menu→Solution

1. 边界条件

本问题的边界条件为:坡体左、右两侧的水平法向约束;坡体底部的铅直法向约束。

① Define Loads→Apply→Structural→Displacement→On Nodes,弹出节点选择对话框(图 12-11)。

② 框选左、右边界节点后,点击"OK",按图 12-12 设置后,点击"Apply";完成左右边界设置。

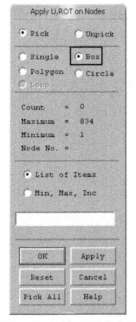

图 12-11　节点选择对话框

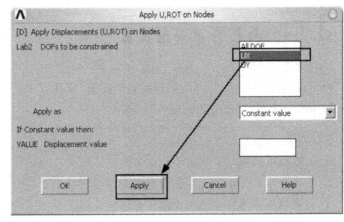

图 12-12　完成左右边界设置

③ 框选底部边界节点后,点击"OK",按图 12-13 设置后,点击"OK";完成底部边界设置。

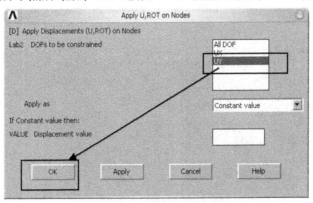

图 12-13　完成底部边界设置

2. 初始条件

本实验中的初始条件为自重应力场,因此必须设置铅直向的重力加速度 g。

① Define Loads →Apply →Structural →Inertia →Gravity →Global,弹出如图 12-14 所示对话框。

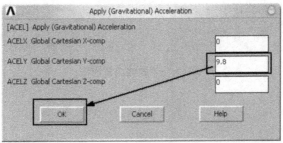

图 12-14　设置重力加速度

② 在 ACELY 后的空白框内填入"9.8"后,点击"OK"完成。

点击"　 🖫　"或"　SAVE_DB　"保存文件,且将文件另存为 Slope-model 0.db.

12.3　边坡施工过程模拟

12.3.1　弹塑性求解的设置

1. 打开 Full N-R

由于存在单元的"生""死",同样要打开 Full N-R:

Solution 状态下,在命令行输入"Nropt,full"。

> Nropt,full

2. 设置求解控制

① 点击"Sol′n Controls",在弹出的对话框中设置。

② 打开线性搜索 Line search。

③ 在图 12-15 中,点击"Set convergence criteria"(设置收敛准则),在弹出的对话框中点击"Replace"…;在弹出的对话框中选择"Structural"和"Force F",在"TOLER"中改变"0.001"为"0.003",点击"OK",回到上级对话框,点击"Close"后完成设置。如图 12-16 所示。

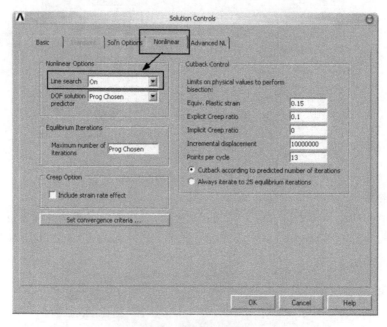

图 12-15　线性搜索界面

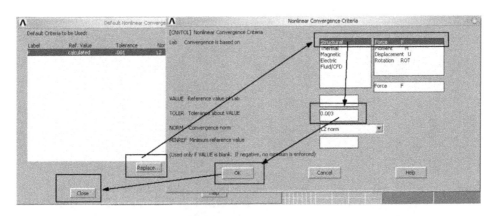

图 12-16　设置收敛准则

④ 回到上级对话框,完成求解设置,如图 12-17 所示。

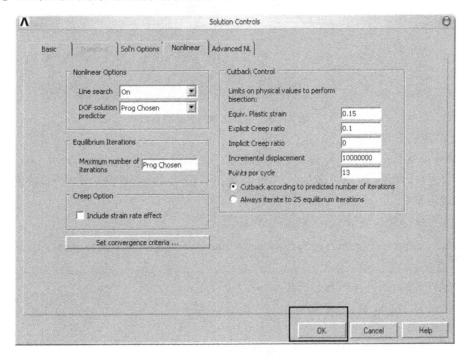

图 12-17　求解设置完成

12.3.2　天然边坡的模拟

初始应力状态为自重应力状态,完成上面的边界条件和重力加速度设置后,"杀死"锚杆单元后,即可进行计算。

1. 指定初始应力状态的荷载步为 1

点击"Analysis Type → Sol′n Options",在弹出的对话框中输入相应设置后,点击"OK"。如图 12-18 所示。

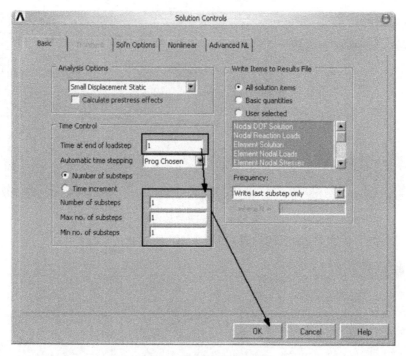

图 12-18　指定初始应力状态

2."杀死"锚杆单元

因锚杆单元材料号为 2,可以通过其单元属性来选取:

① 点击"Utilities Menu →Select…",在弹出如图 12-19 所示的对话框中,按图中设置后,选中锚杆单元。

② 在命令行输入"Ekill,all","杀死"锚杆单元。

a.选择所有的单元:Utilities Menu →Select →Everything;

b.右键→Replot,显示所有单元。

3.运行求解

点击"Solve →CurrentLs";或直接在命令行输入 Solve。

点击" 🖫 "或" SAVE_DB "保存文件,并另存为 Slope-ini. db。

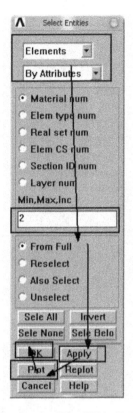

图 12-19 "杀死"锚杆单元

12.3.3   开挖无支护过程模拟

1. 第 1 级开挖模拟

① 指定完建状态的荷载步为 2。

点击 Analysis Type →Solution Controls，在弹出的如图 12-20 所示的对话框中输入相应设置后，点击"OK"。

② "杀死"第 1 级开挖单元。

通过选择附着于开挖区/面山的单元来选取。

a. 选择显示面：Utilities Menu →Plot →Areas；

b. 选择第 1 级开挖区/面：Utilities Menu →Select…，弹出如图 12-21 所示的对话框，按图中设置后，选中开挖区/面；

c. 选择附着于面上的单元（图 12-22）；

d. 在命令行输入"Ekill, all"："杀死"第 1 级开挖单元；

e. 选择所有的单元：Utilities Menu →Select →Everything；

f. 右键→Replot，显示所有单元。

③ 运行求解。

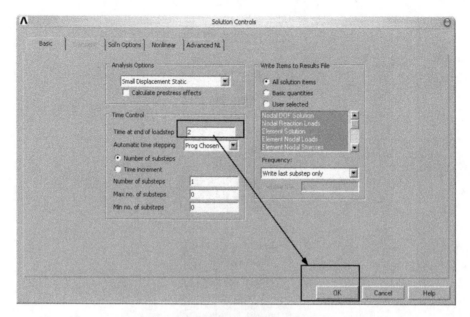

图 12-20　指定完建状态的荷载步为 2

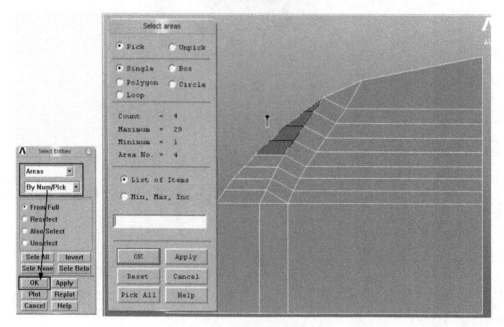

图 12-21　开挖面选择

点击"Solve→Current Ls"，或直接在命令行输入"Solve"；

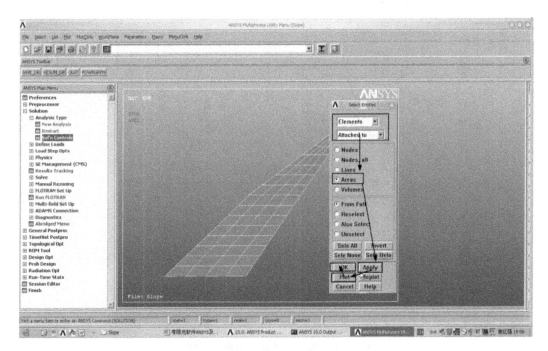

图 12-22　选择附着于面上的单元

点击" 🖫 "或" SAVE_DB "保存文件文件。

2. 第 2 级开挖模拟

① 指定完建状态的荷载步为 3。

点击 Analysis Type →Solution Controls，在弹出的如图 12-23 所示的对话框中输入相应设置后，点击"OK"。

②"杀死"第 2 级开挖单元。通过选择附着于开挖区/面山的单元来选取。

a. 选择显示面：Utilities Menu →Plot →Areas。

b. 选择第 2 级开挖区/面：Utilities Menu →Select…，在弹出如图 12-24 所示的对话框后，按图中设置，选中开挖区/面。

c. 选择附着于面上的单元（图 12-25）。

d. 在命令行输入"Ekill,all"，杀死第 2 级开挖单元。

e. 选择所有的单元：Utilities Menu →Select →Everything。

f. 右键→Replot，显示所有单元。

③ 运行求解。

点击"Solve →Current Ls"，或直接在命令行输入"Solve"。

点击" 🖫 "或" SAVE_DB "保存文件，并另存为 Slope-no. db。

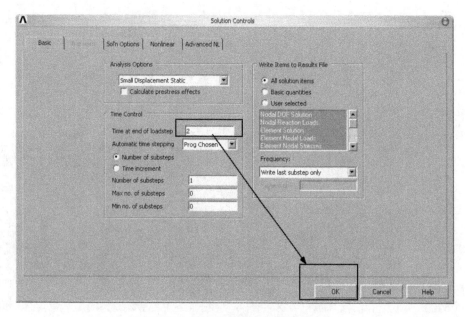

图 12-23　指定完建状态的荷载步为 3

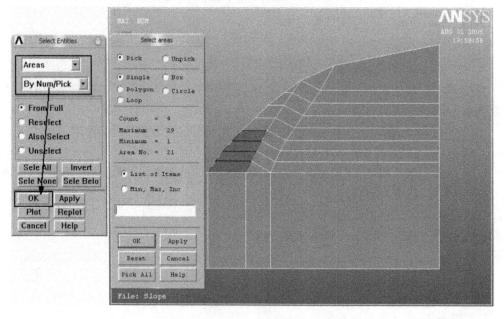

图 12-24　选中开挖面

3.计算结果查询

首先进入通用后处理模块(POST1)：Main Menu→General Post Proc。

① 创建荷载工况。

将天然边坡、第 1 级开挖工况、第 2 级开挖工况分别定义为荷载工况 1、荷载工况 2、荷载工况 3。

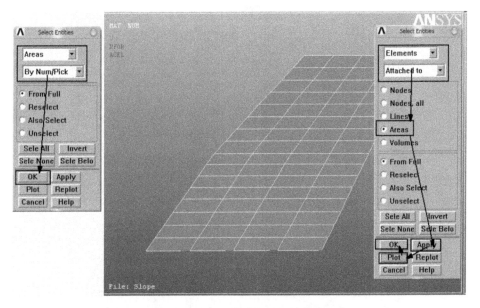

图 12-25　选择附着于面上的单元

② 查看天然边坡应力场。

a. 读入荷载工况 1，Load Case →Read Load Case…，如图 12-26 所示。

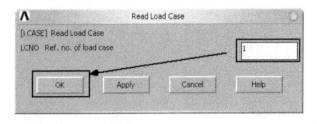

图 12-26　读入荷载工况 1

b. 查看最大主应力，Plot Results →Contour Plot →Nodal Solu，如图 12-27 所示。

③ 查看第 1 级开挖后的二次应力场。

a. 读入荷载工况 2，Load Case →Read Load Case…，如图 12-28 所示。

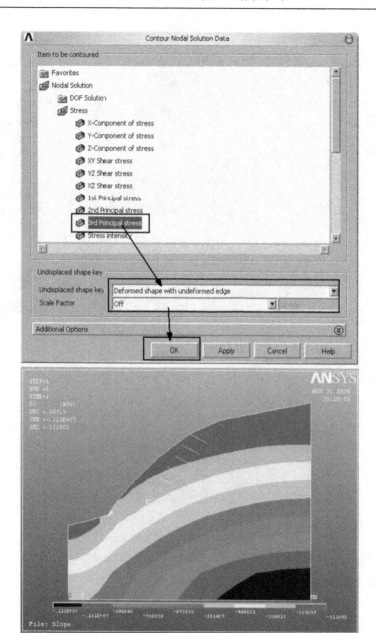

图 12-27　天然边坡应力场

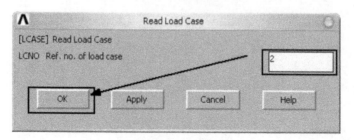

图 12-28　读入荷载工况 2

b. 选择第 1 级中未开挖的单元，即反选第 1 级开挖单元。

c. 查看最大主应力 Plot Results →Contour Plot →Nodal Solu。如图 12-29 所示。

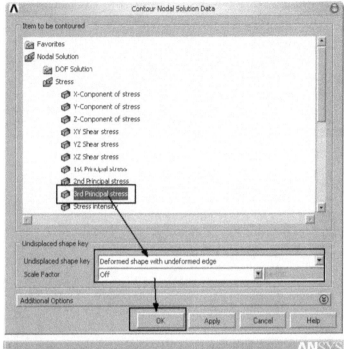

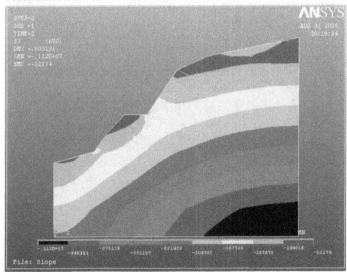

图 12-29　第 1 级开挖后的二次应力场

④ 查看第 1 级开挖后的附加应力场。

a. 减去天然情况的荷载工况，Load Case →Subtract。如图 12-30 所示。

b. 查看最大附加主应力，Plot Results →Contour Plot →Nodal Solu。如图 12-31 所示。

⑤ 查看第 1 级开挖后的附加位移场。如图 12-32 所示。

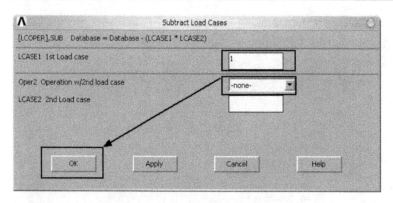

图 12-30　减去天然情况的荷载工况

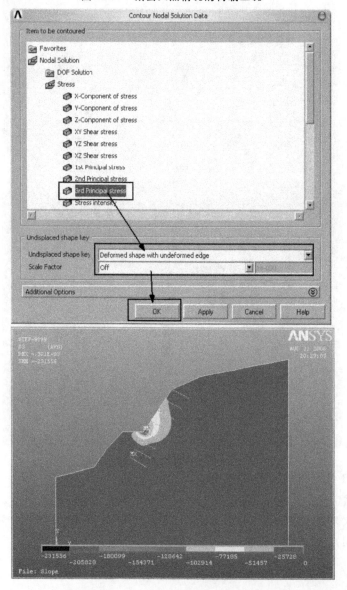

图 12-31　第 1 级开挖后的附加应力场

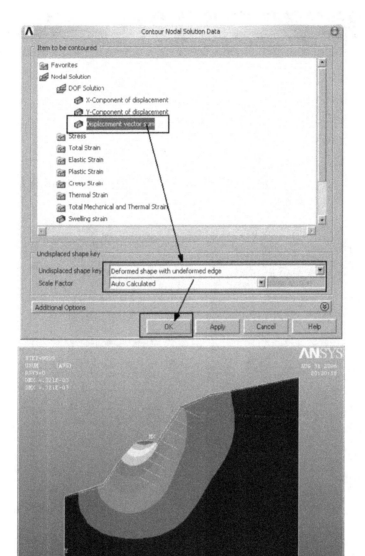

图 12-32 第 1 级开挖后的附加位移场

查看第 2 级开挖的二次应力场和附加应力场、位移场的方法与上面过程相同,这里不一一赘述。

12.3.4 开挖有支护过程模拟

边坡开挖过程的模拟过程为:开挖一级、支护一级。因此,对于天然工况,整个开挖支护过程分为 4 步:开挖第 1 级→支护第 1 级→开挖第 2 级→支护第 2 级。

重新启动 ANSYS,读入模型数据文件 Slope-model 0.db。

具体模拟过程如下：

1. 天然边坡的模拟

具体过程与上节相同。

2. 第 1 级开挖模拟

① 指定完建状态的荷载步为 2。

点击"Analysis Type →Solution Controls"，在弹出的如图 12-33 所示的对话框中输入相应设置后，点击"OK"。

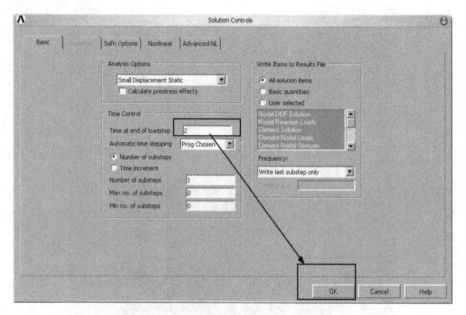

图 12-33　指定完建状态的荷载步为 2

② "杀死"第 1 级开挖单元。

通过选择附着于开挖区/面上的单元来选取。

a. 选择显示面：Utilities Menu →Plot →Areas；

b. 选择第 1 级开挖区/面：Utilities Menu →Select…，在弹出的如图 12-34 所示的对话框后，按图中设置，选中开挖区/面；

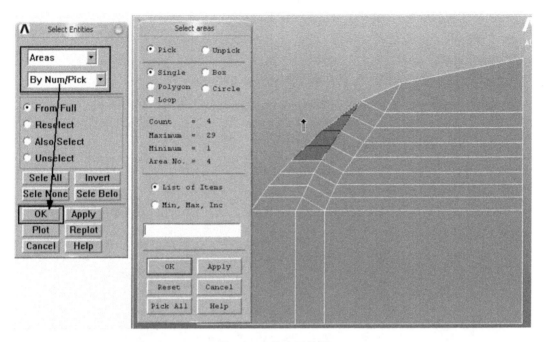

图 12-34 选中开挖面

c. 选择附着于面上的单元；

d. 在命令行输入"Ekill, all"，杀死第 1 级开挖单元，如图 12-35 所示；

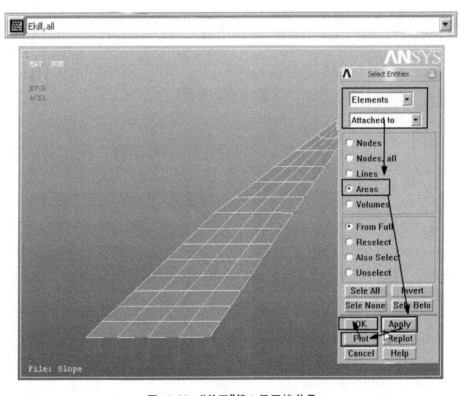

图 12-35 "杀死"第 1 级开挖单元

e. 选择所有的单元：Utilities Menu →Select →Everything；

f. 右键→Replot，显示所有单元。

③ 运行求解。

点击"Solve →Current Ls"，或直接在命令行输入"Solve"。

点击" 💾 "或" SAVE_DB "保存文件。

3. 第 1 级锚杆模拟

① 指定完建状态的荷载步为 3。

点击 Analysis Type →Solution Controls，在弹出的如图 12-36 所示的对话框中输入相应设置后，点击"OK"。

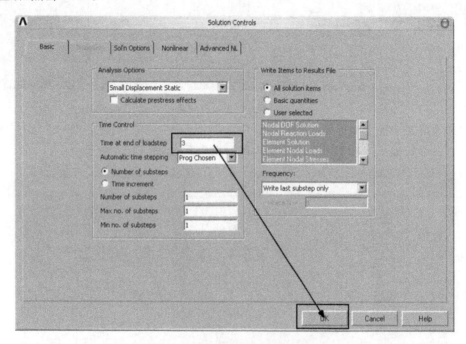

图 12-36　指定完建状态的荷载步为 3

② "激活"第 1 级锚杆单元。

通过选择附着于开挖区/面上的单元来选取。

a. 选择显示线：Utilities Menu →Plot →Lines；

b. 选择第 1 级锚杆/线：Utilities Menu →Select…，在弹出如图 12-37 的对话框后，按图中设置，选中锚杆/线；

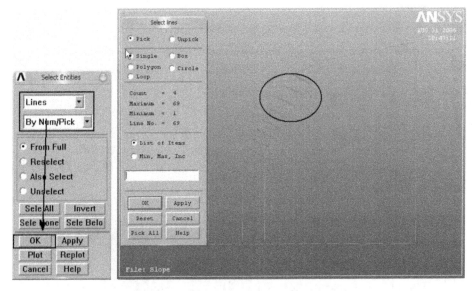

图 12-37　选择附着于开挖区/面上的单元

c.选择附着于线上的单元;

d.在命令行输入"Ealive,all",激活第 1 级锚杆单元,如图 12-38 所示;

e.选择所有的单元;UtilitiesMenu→Select→Everything;

f.右键→Replot,显示所有单元。

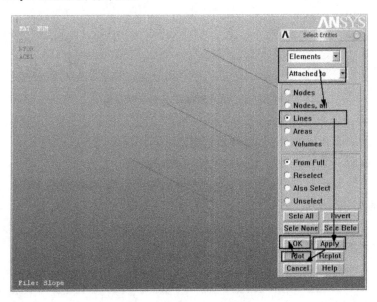

图 12-38　激活第 1 级锚杆单元

③ 运行求解。

点击"Solve →Current Ls",或直接在命令行输入"Solve";

点击" 🖫 "或" SAVE_DB "保存文件。

4. 第 2 级开挖模拟

① 指定完建状态的荷载步为 4。

点击"Analysis Type →Sol'n Controls",在弹出的如图 12-39 所示的对话框中输入相应设置后,点击"OK"。

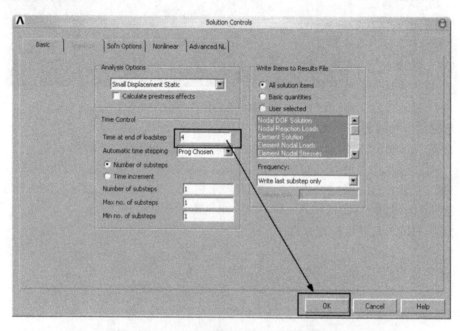

图 12-39　指定完建状态的荷载步为 4

② "杀死"第 2 级开挖单元。

通过选择附着于开挖区/面上的单元来选取。

a. 选择显示面:Utilities Menu →Plot →Areas;

b. 选择第 2 级开挖区/面:Utilities Menu →Select…,在弹出如图 12-40 所示的对话框后,按图中设置后,选中开挖区/面;

c. 选择附着于面上的单元;

d. 在命令行输入"Ekill,all",杀死第 2 级开挖单元,如图 12-41 所示;

e. 选择所有的单元:Utilities Menu →Select →Everything;

f. 右键→Replot,显示所有单元。

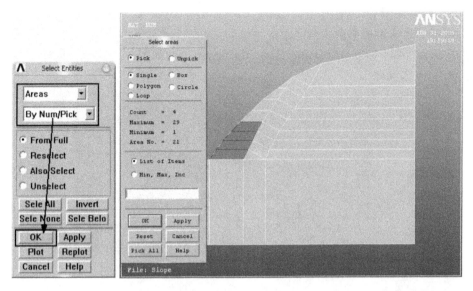

图 12-40 选中开挖区/面

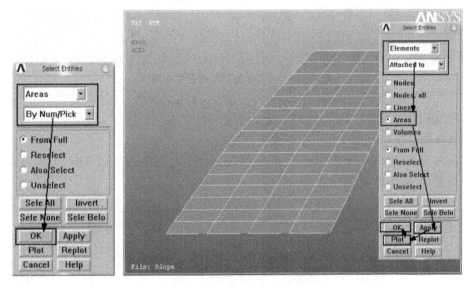

图 12-41 "杀死"第 2 级开挖单元

③ 运行求解。

点击"Solve→Current Ls",或直接在命令行输入"Solve";

点击" 📳 "或" SAVE_DB "保存文件,并另存为 Slope-no.db。

5.第 2 级锚杆模拟

① 指定完建状态的荷载步为 5。

点击"Analysis Type→Solution Controls",在弹出的如图 12-42 所示的对话框中输入相应设置后,点击"OK"。

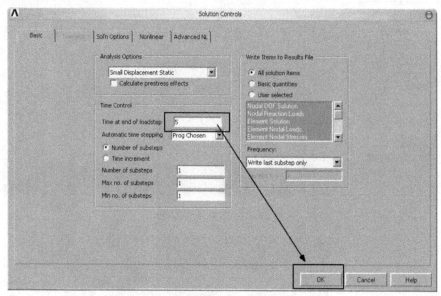

图 12-42　指定完建状态的荷载步为 5

② "激活"第 2 级锚杆单元。

通过选择附着于开挖区/面上的单元来选取:

a.选择显示线:Utilities Menu→Plot→Lines;

b.选择第 2 级锚杆/线:Utilities Menu→Select…,在弹出如图 12-43 所示的对话框后,按图中设置后,选中锚杆/线;

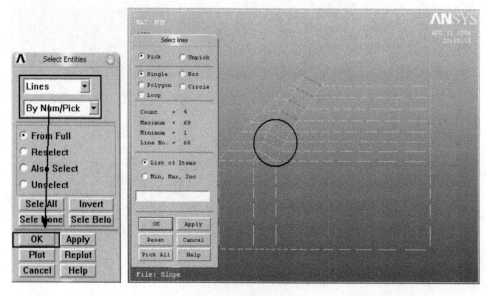

图 12-43　选择锚杆/线

c. 选择附着于线上的单元；

d. 在命令行输入"Ealive,all"，激活第 1 级锚杆单元(图 12-44)；

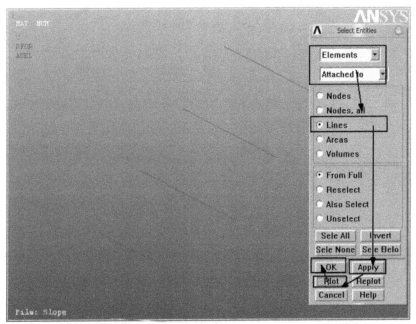

图 12-44　激活第 1 级锚杆单元

e. 选择所有的单元：Utilities Menu →Select →Everything；

f. 右键→Replot，显示所有单元。

③ 运行求解。

点击"Solve →Current Ls"，或直接在命令行输入"Solve"；

点击" 💾 "或" SAVE_DB "保存文件。

6. 计算结果查询

首先进入通用后处理模块(POST1)：Main Menu →General Post Proc。

① 创建荷载工况。

将天然边坡、第 1 级开挖、第 1 级支护、第 2 级开挖、第 2 级支护分别定义为荷载工况 1、荷载工况 2、荷载工况 3、荷载工况 4、荷载工况 5。

② 查看第 1 级开挖后的二次应力场。

a. 读入荷载工况 2，Load Case →Read Load Case…，如图 12-45 所示；

b. 选择第 1 级中未开挖的单元，即反选第 1 级开挖单元；

c. 查看最大主应力，如图 12-46 所示。

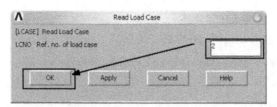

图 12-45　读入荷载工况 2

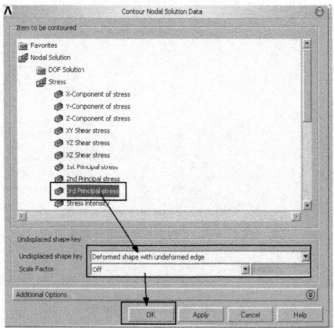

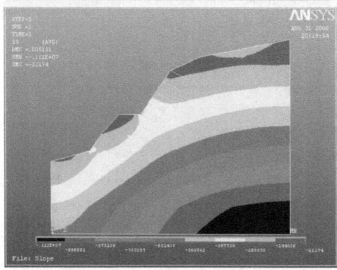

图 12-46　第 1 级开挖后的二次应力场

③ 查看第 1 级开挖后的附加应力场、位移场。

a. 减去天然情况的荷载工况，Load Case →Subtract，如图 12-47 所示。

b. 绘制最大附加主应力 Plot Results →Contour Plot →Nodal Solu，如图 12-48 所示。

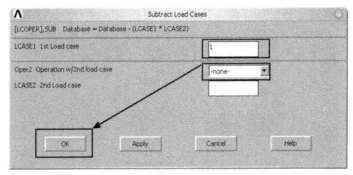

图 12-47　减去天然情况的荷载工况

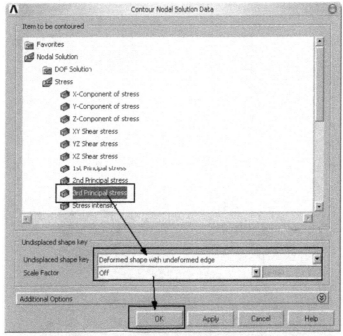

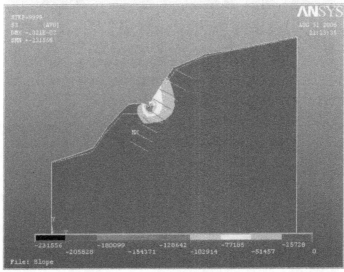

图 12-48　第 1 级开挖后的附加应力场

c.查看第 1 级开挖后的附加位移场,如图 12-49 所示。

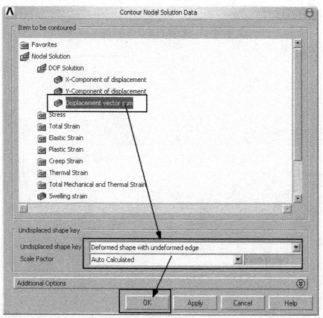

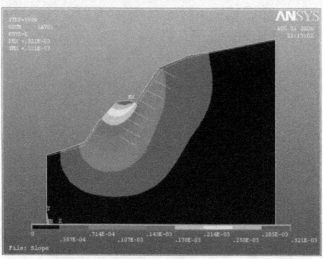

图 12-49 第 1 级开挖后的附加位移场

④ 查看第 1 级支护后的附加应力、变形。

a.选择第 1 级中未开挖的单元和激活的锚杆单元。

b.读入荷载工况 3,Load Case→Read Load Case…,如图 12-50 所示。

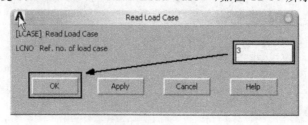

图 12-50 读入荷载工况 3

c.减去第 1 级开挖的荷载工况,如图 12-51 所示。

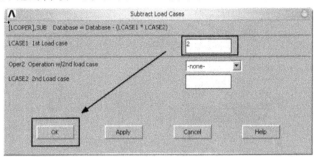

图 12-51　减去第 1 级开挖的荷载工况

d.绘制最大主应力,如图 12-52 所示。

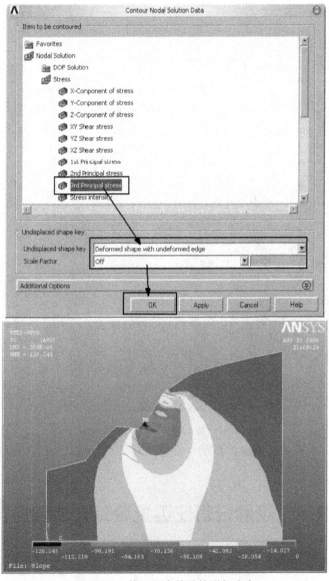

图 12-52　第 1 级支护后的附加应力

⑤ 查看第 1 级开挖后的附加位移场(图 12-53)。

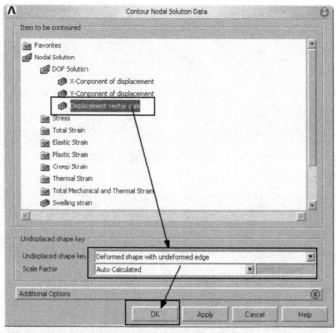

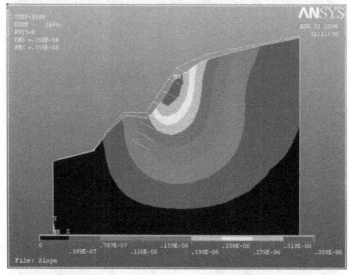

图 12-53　第 1 级开挖后的附加位移场

查看第 2 级开挖和第 2 级支护后的二次应力场和附加应力场、位移场的方法与上面过程相同,这里不一一赘述。

12.4　接触分析在边坡稳定性中的应用

对于地质体中的各种断层以及边坡中的滑面等结构面,可以用 ANSYS 中的接触分析来模拟。本节以前面建立的边坡模型为例,建立滑面的接触模型进行滑面力学性质分析[假定两种材料,覆盖层材料(开挖部分)和坡体岩体材料,覆盖层与坡体之间为接触]。

启动 ANSYS,设置好文件夹和文件名称。

读入前面保存的 Slope-a.db 数据文件。

12.4.1　定义单元与材料

1.定义单元

定义覆盖层和岩体的单元为平面应变单元(方法如上)。

2.定义材料参数(图 12-54)

进入前处理模块:Main Menu →Preprocessor。

根据前面的方法,假定覆盖层参数(材料号 1):$EX=2e8$,$u=0.3$,$Dens=2300$;坡体岩体材料(材料号 2):$EX=2e9$,$u=0.25$,$Dens=2400$;岩体与覆盖层之间的摩擦系数为 0.5 (材料号 3)。

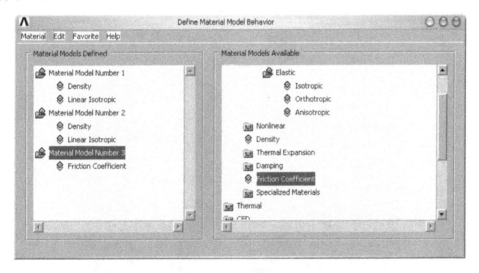

图 12-54　定义材料参数

12.4.2　创建接触模型

对象总是成对存在,对于二维问题来讲,接触是指线与线之间的接触问题。因此,在边坡滑面上,必定存在两条重合或不重合的线(本实验中为重合的线),具体方法如下。

1.将覆盖层向左复制/平移一定距离

① Modelling →Copy →Areas…。

② 选定覆盖层区域/面,点击"OK",如图 12-55 所示。

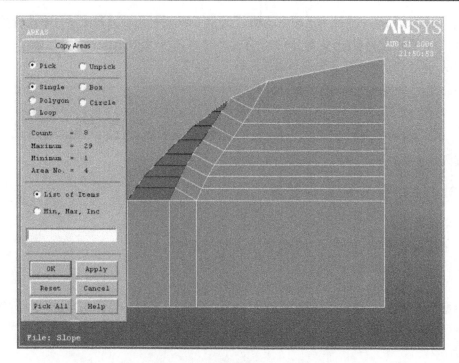

图 12-55　选定覆盖层区域/面

③ 在弹出的对话框中,在 DX 框中输入"-50"(即向左平移 50 个单位距离),如图 12-56 所示。

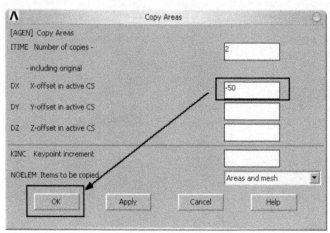

图 12-56　向左平移 50 个单位距离

2. 删除原来的覆盖层区域/面(包括面上的点和线)

① Modelling →Delete →Area and Below,如图 12-57 所示。

② 右键→Replot。

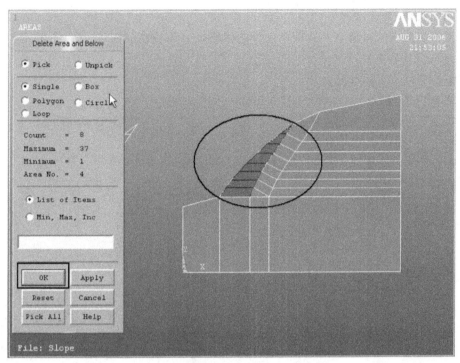

图 12-57 删除原来的覆盖层区域/面

12.4.3 划分单元

单元的划分如图 12-58 所示。

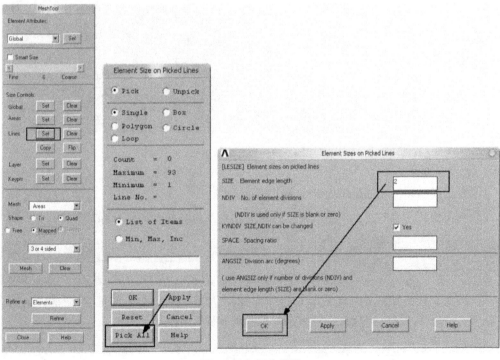

图 12-58 划分单元

1.指定材料/面属性

将覆盖层区域的面指定为材料 1,坡体岩体指定为 2(方法如前)。

2.指定线划分密度

设置所有线的单元长度为 2。

3.划分实体单元

对覆盖层和坡体岩体划分网格:Meshing →MeshTool…,如图 12-59 所示。

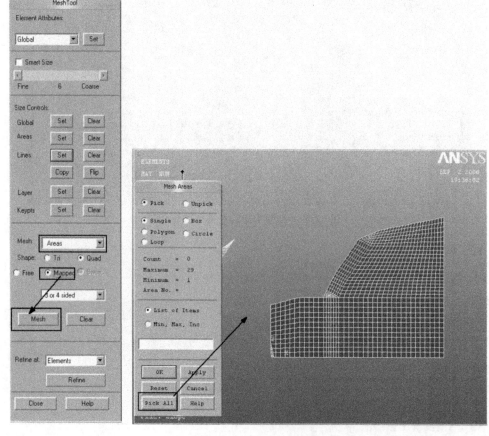

图 12-59　划分实体单元

4.创建接触单元

① 显示线:Utilities Menu →Plot →Lines。

② 点击快捷工具栏上的"囬",弹出接触管理器 Contact Manager,如图 12-60 所示。

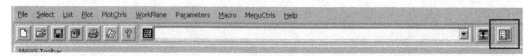

③ 点击接触向导"Contact Wizard",弹出如图 12-61 所示的对话框,对话框设置后,点击"Pick Target",选择目标面(一般为刚度较小的材料一侧)。

④ 选择覆盖层一层的接触面,如图 12-62 所示。

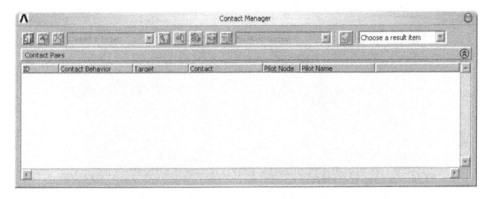

图 12-60 接触管理器

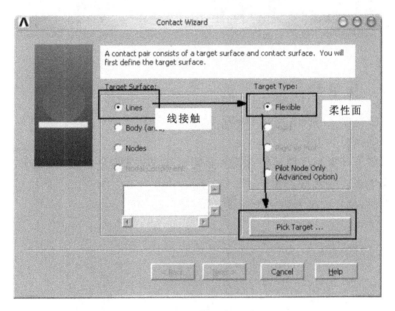

图 12-61 选择目标面

⑤ 点击"OK"后弹出对话框,点击"Next",弹出对话框,点击"Pick Contact",选择接触面(一般为刚度较大一侧的接触面,本实验中为坡体岩体一侧)。

⑥ 点击图 12-63(e)中的"Optional settings…",在弹出的对话框中对接触分析进行设置。

⑦ 返回上一级,点击"Creat",即完成接触单元的创建,如图 12-64 所示。

⑧ 选择所有并显示面:Utilities Menu →Select →Everything,Utilities Menu →Plot →Element。

⑨ 将覆盖层移动回原来位置:Modelling →Move/Modify →Areas →Areas,如图 12-65 所示。

⑩ 右键→Replot。

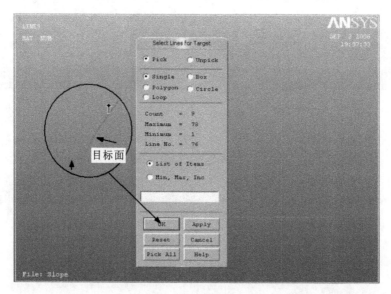

图 12-62 选择接触面

12.4.4 接触分析

首先进入求解模块:Main Menu →Solution。

1.定义非线性项

接触分析属于高度非线性问题,因此,必须对非线性求解进行设置,如图 12-66 所示。

2.定义边界条件和初始条件

如前述方法,施加边界和重力加速度。

3.求解

Solve →CurrentLs。

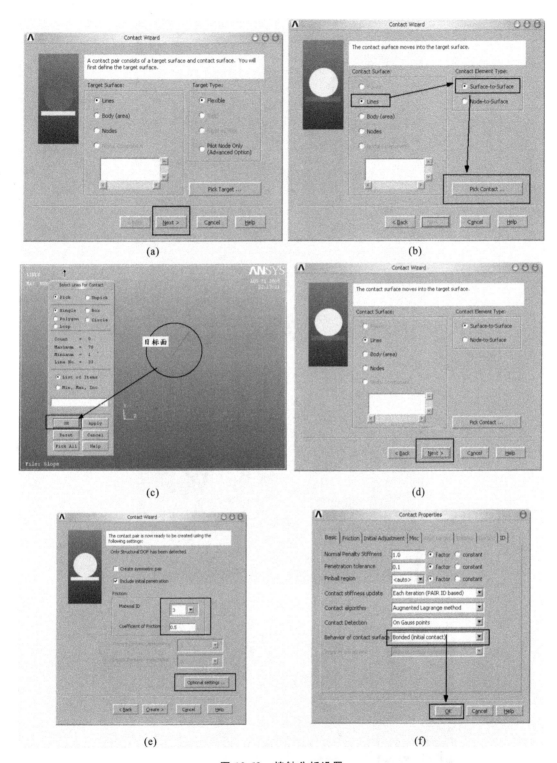

图 12-63　接触分析设置

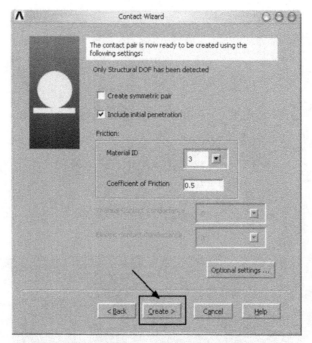

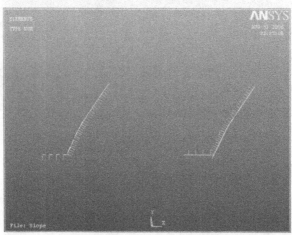

图 12-64　完成接触单元创建

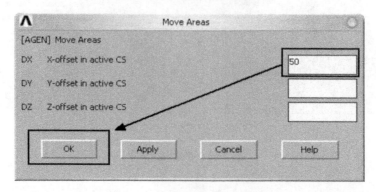

图 12-65　覆盖层移动回原来位置

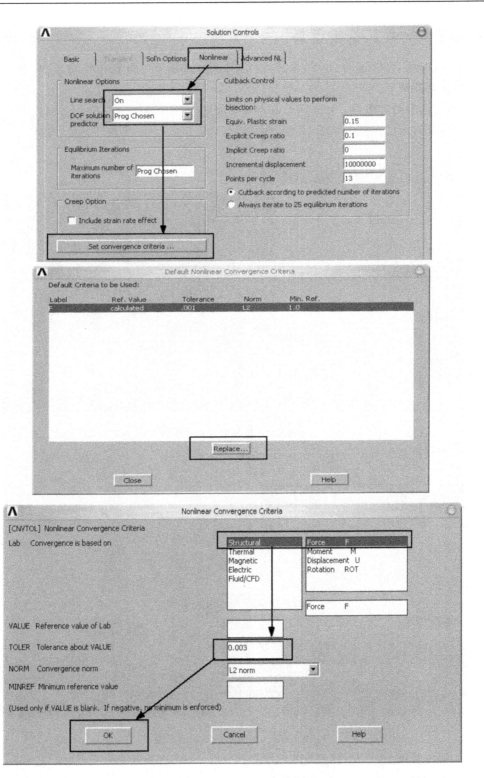

图 12-66 接触分析设置

12.4.5　计算结果查询

对于接触面,可以通过 ANSYS 工具绘制或列出接触面上的正应力、剪应力、合应力、裂缝宽度、滑动距离等。

首先进入后处理模块:Main Menu→General Post Proc。

(1)绘制接触面正应力如图 12-67 所示。

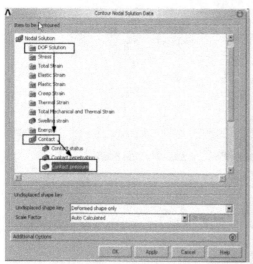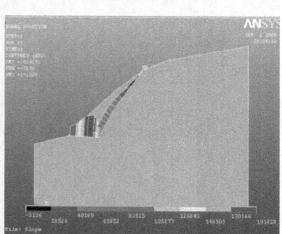

图 12-67　绘制接触面正应力

(2)绘制接触面摩擦应力如图 12-68 所示。

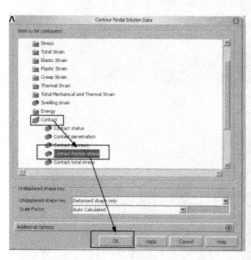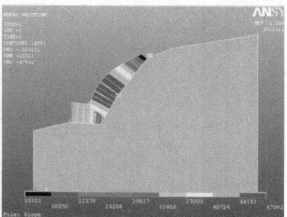

图 12-68　绘制接触面摩擦应力

(3)绘制接触面合应力如图 12-69 所示。

(4)绘制接触面裂缝如图 12-70 所示。

(5)绘制接触面滑动距离(图 12-71)。

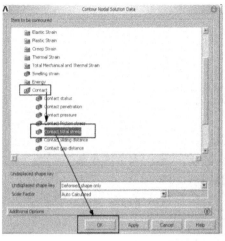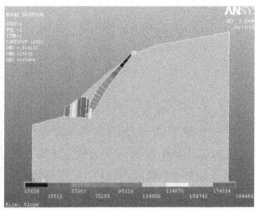

图 12-69 绘制接触面合应力

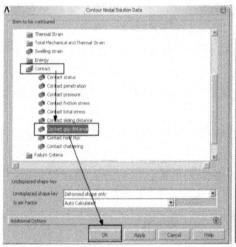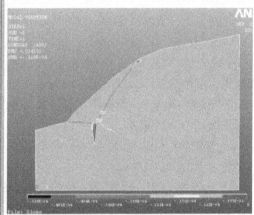

图 12-70 绘制接触面裂缝

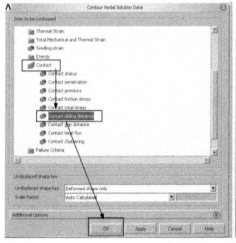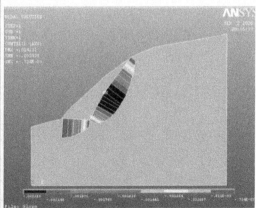

图 12-71 绘制接触面滑动距离

参 考 文 献

［1］张世雄,任高峰.固体矿床采矿学［M］.武汉:武汉理工大学出版社,2016.

［2］赵文.岩石力学［M］.长沙:中南大学出版社,2010.

［3］王玉杰.爆破工程［M］.武汉:武汉理工大学出版社,2009.

［4］付志亮.岩石力学试验教程［M］.北京:化学工业出版社,2011.

［5］徐永圻.采矿学［M］.徐州:中国矿业大学出版社,2003.

［6］中华人民共和国国土资源部.DZ/T 0276—2015 岩石物理力学性质试验规程［S］.北京:中国标准出版社,2015.

［7］胡仁喜.ANSYS 14.0 有限元分析从入门到精通［M］.北京:机械工业出版社,2013.

［8］阮奇桢.我和 LabVIEW:一个 NI 工程师的十年编程经验［M］.第 2 版.北京:北京航空航天大学出版社,2012.

［9］任高峰,张聪瑞,谭海."一设一实一创"卓越人才培养模式探索与实践［J］.华中师范大学学报,2016,6:65-67.

［10］谭海,王玉杰,陈先锋,等.采矿工程专业露天采矿技术综合实验教学实践［J］.露天采矿技术,2015,11:91-93.

［11］池秀文,吴浩,黎华,等.地理空间信息技术支持下采矿工程专业实践教学的改革研究［J］.课程教育研究,2012,1:12-13.